U0397083

老年公寓设计

老年公寓设计

[美] 美国建筑师协会老年住宅设计中心 编

姜 楠 译

广西师范大学出版社
· 桂林 ·
images
Publishing

图书在版编目(CIP)数据

老年公寓设计/美国建筑师协会老年住宅设计中心编;姜楠译.—桂林:广西师范大学出版社,2017.9
ISBN 978-7-5495-9755-0

Ⅰ.①老… Ⅱ.①美… ②姜… Ⅲ.①老年人住宅-建筑设计 Ⅳ.①TU241.93

中国版本图书馆CIP数据核字(2017)第128375号

出 品 人:刘广汉
责任编辑:肖　莉
助理编辑:齐梦涵
版式设计:吴　迪

广西师范大学出版社出版发行
(广西桂林市中华路22号　　邮政编码:541001
网址:http://www.bbtpress.com)
出版人:张艺兵
全国新华书店经销
销售热线:021-31260822-882/883
恒美印务(广州)有限公司印刷
(广州市南沙区环市大道南路334号　邮政编码:511458)
开本:502mm×965mm　　1/8
印张:31.5　　字数:150千字
2017年9月第1版　　2017年9月第1次印刷
定价:288.00元

目录

M 获得优秀奖
S 获得特殊贡献奖

美国建筑师协会序

随着婴儿潮一代（第二次世界大战后美国1946年至1964年婴儿潮人口高达7600万人，这个人群被通称为“婴儿潮一代”）开始领取社会保险金，新趋势表明他们依然愿意保持忙碌。而这一意向不难理解，其驱动力正是对和那些在他们出现健康问题时，能够照顾、安慰他们的人保持亲密关系的渴望。但是除此之外，也有其他原因，他们希望通过生活在一个由不同年龄、不同生活方式的人所构成的社区中，来感受与不同的人接触带来的活力。好的社区或公共设施设计自然可以造福社区中的每个人，但是它对于老年人来说更加重要。无论是精心设计的浴室、厨房还是公共空间，都是促进独立性和真正社会化必不可少的建筑设计。

本书为那些针对老年人服务的地方进行设计的人们提供设计依据。他们的设计可以提供两代人之间的互动机会，不过这种机会往往是老年人自己也渴望的。

不久之前，在建筑设计中提供开明的护理意味着设计出分立的老年人设施，以专门为他们服务。这类设施通常位于一个宁静的田园中，远离城市的喧嚣忙碌。这种设计意图是好的，但这确实提出了一个问题——创造一个向内聚焦的、较为封闭的、单一文化的社区是否是明智的呢？切断与周围世界的连接对于老人来讲真的能获得健康吗？

这本书并不是说，对于一个场所或农村或城市全都适合。不过，本书中29个项目由最新的两年一次的设计竞赛所验证和认可，可以给建筑师和他们的客户提供更多的选择，以满足不同人群的物质、精神和生活方面的追求。本书的设计目标不仅仅是使得老龄人口更加健康，而且也可以为老龄人口提供成长和继续贡献社会的机会。

问题的另一面：老人的日常互动能为我们提供些什么呢？

我们讨论的老龄问题中，有待解决的问题远多于其中包含的机会。本书中的项目所关注的不是解决问题，而是开放其可能性。本书中，老龄人口被认为是可以充实壮大社区的一种资源。事实上，一些设施设计成建筑群，可以打造出更宜居、可持续的社区。而且养老设施中的设计还能带给老人们各种服务——他们可以购物、生活、工作、活动等。这显然是一个新兴且受欢迎的趋势。

美国建筑师协会的合作伙伴——全美非盈利养老服务联合会(LeadingAge)在这方面所作的研究工作，就是将核心元素描述为质量、关怀、创新、卓越和社区。这些价值观与美国建筑师协会的承诺完美契合——以忠实和创造性地推出最多的专业服务为基本职责，成为为建筑师提供资源的领导者。

我想祝贺全美非盈利养老服务联合会和美国建筑师协会老年住宅设计中心（DFA）为这些非凡的前沿案例研究架设了一个论坛。这种伙伴关系不仅使得婴儿潮一代的那些极有价值的项目发展类型更上一层楼，还对我们在下一步进行老龄化设计提供了见解和信息，这将使我们所有人都能受益。

Russell Davidson

罗素·A. 戴维森（Russell A. Davidson），美国建筑师协会院士，
2016年美国建筑师协会会长

全美非盈利养老服务联合会序

祝贺《老年公寓设计》一书的供稿人和设计师！本书中的项目，无论是已建成的还是那些仍然在画板上进行规划的项目均体现出了老年生活社区设计的宏大愿景。全美非盈利养老服务联合会是一个致力于建立美国老年人的未来住房质量和服务标准的协会，协会激励行业同仁通过创新服务、传递新的服务模式、获取奖项，取得大家的认可。由《老年公寓设计》评审委员会确定的主题不仅反映了我们所处领域的进步，也体现出当前老龄人口的新偏好。

住宅社区经济实惠的特点，必定也是这一区域最大的需求以及全美非盈利养老服务联合会优先考虑的事情。这些社区被评审委员会挑选出来作为引领当代美学的代表，以体现更广泛的设计趋势，满足不同年龄、不同收入群体的愿望。创新性的方法——主题颜色、不同的材料、错落的布置等在适当预算内可以创造出生动有趣而又庄重高贵的设计。这些项目还具有独一无二的合作伙伴关系和可持续的设计，可以进一步强化居民们和更大社区的服务项目。

本书捕捉到了新一代老年公寓的发展模式中的进步之处。在下一代老年公寓中，老人们可以获得短期康复、技能护理与温暖的回忆。这些项目进行了创新性和灵活性的规划，成功地分离了私人和公共空间，区别对待每一个不同的、独特的家庭，同时也提供了具有丰富的自然光和出入户外便捷的高品质的公共空间。这些设计包括如房后环绕型门廊和远离中心区域后台支持功能等住宅特点。

在更广泛的背景下，其实是城市和混合功能项目培育了当今和未来老龄人口渴望连接的社会。这些项目突出并整合了聚焦老龄化的社区项目与两代人之间的相处机会。其中一些项目包括城郊步行道设置，另一些项目则展示了如何整合市场和建设迷人的多样化社区经济适用房。此外，混合功能的、公交导向式的城市填充项目突出了城市规划在创建老龄化友好型社区中所扮演的关键作用。早些年间，我们现有的老年社区通过翻新和重新定位展示过一些最前沿的设计创新。好的战略总体规划使得社区无论是在应对自然灾害的损害，还是面临新趋势或者应对消费者的偏好，都可以继续向前发展。众多项目是通过引入家庭式模式升级看护服务来实现这一战略，而另一些项目则是侧重增强公共空间、健康计划和餐饮场所设置、强调消费者的自我选择和更加健康的生活方式来实现的。除此之外，在引领未来之时，不仅要注重新老结构结合以继承我们的过去，还要在未来的老龄生活社区设计中融入更多的可能性。

Katie Smith Sloan

凯蒂·史密斯·斯隆（Katie Smith Sloan），
全美非盈利养老服务联合会会长兼首席执行官

评审委员会声明

现在大家对《老年公寓设计》这本书的期望很高，因为里面的信息不仅来自评审委员会，而且还来自业主、居民、建筑师和设计师等，大家希望将之作为标准进行出版，也希望自己的项目可以被认可且能进一步成长。幸运的是本书并没有让我们失望。评审委员会希望能抛砖引玉，使更多读者看过后的第一反应是我想住在那里。

评审委员会由一些不同背景的人组成：三个建筑设计师、两个执业建筑师和一个业主或开发商、一个室内设计师、两个运营商，一个领导大型可持续护理退休社区（CCRC）和其他设施的总监。浏览本书中的每个项目都会带给你独特的视角，都会回到这些问题——“行业何在？”“为何这个项目如此独特？”——之上。

评审委员会很快就如何定义提交的作品胜出而达成了共识——每个项目必须有一些独到之处，即跳出常规的非凡之处。看起来吸引人或仅仅功能良好的项目是不够的，必须有一些新事物以创新性方式去克服某些极端障碍。看起来高端和使用昂贵材料的项目对于我们来说未必满足需要，昂贵的材料代替不了好的设计。在许多设计中，我们寻找和发现其真实性。过去的设施布置只是“像”人们想要的，我们不会寻找“像”小酒馆或一个假的冰淇淋店的设施布置，而是要发挥其真正用途的设施布置，比如在外观上、感觉上、细节上和运营上都要是一个真正的小酒馆才行。

评审委员会还认为，重要的是应该看到这些项目处于更为广泛的老龄生活环境的发展时期。比赛发生在一个建筑市场中有趣的时间点上——经济在衰退后蓬勃发展起来，但大量的大型项目却在经济衰退后的复苏中并未完工。出于这个原因，许多送审的可选项目被放在未建工程分类之中。

总体而言，在送审的项目中，其类型具有难以置信的多样性。我们看到了从项目规模和类型、美学、地理分布，到设计师和建筑师类型的多样性，从小型整修社区到大型新建社区的项目均不乏独特理念和创新。

通过对送审项目的筛选来确定它们对于老龄生活社区而言其设计的反映是否突出，主题是否明确，从是否宜居到是否能够引领未来趋势：

左：在朗伯斯住宅（Lambeth House）对面的护理站——下一代户型的代表
摄影：爱丽思·奥布莱恩（Alise O' Brien）
右：维拉·海丽（Vera Haile）突破模式的经济适用房案例
摄影：大卫·维客利（David Wakely）

- 下一代户型：当户型确定为老龄生活社区时，细致入微的设计创新就成为推动更适合居住的模式。这些创新包括更大的、分立的公共和私人空间，这更接近典型的家庭——有着更多不同类型和规模的公共空间。布置环境时提供更多的分立卧室和公共生活空间，同时远离较大的开放空间。
- 社区连接，城市位置和混合功能：我们在《老年公寓设计》中看到有关这一主题的，数量更多、质量更佳的整合社区和两代人之间的老龄社区城市填充项目。许多城郊项目包含的功能和设计反应更常见于城市填充项目。此外，这些项目推动着设计美学的发展，进一步模糊了老龄人口住房和普通住房功能之间的界限。
- 成功改造与重新定位：我们接连看到许多不同规模的、翻新、重新布置的成功项目。除了增加现有建筑的住户和升级更新使之更符合现代美学之外，这些项目中体现出的增加康乐设施和餐饮场所方面的趋势开始增强。
- 突破模式的经济适用房：经济适用房项目继续引领着当代美学的发展。许多送审项目由独特的伙伴关系发展而来，往往包括提升生活体验的多用途空间等。而且许多有趣的设计预算控制还比较严格。

我们期待更多类型的送审项目，包括国际项目。虽然已经有一些国际项目，其中之一还获得优秀奖，但我们仍然希望有更多的国际作品送审，如中国、印度和世界其他地方，具有独特文化气息的作品。评审委员非常期待能继续建造优质的生活环境，让我们一起展望老年生活社区的光明未来。

《老年公寓设计》评审委员会代表
亚历克西斯·丹顿（Alexis Denton），美国建筑师协会会员，
绿色建筑认证专家（LEED AP），加利福尼亚州旧金山，
史密斯集团（SmithGroupJJR），
评审委员会主席

评审委员会成员

亚历克西斯·丹顿（Alexis Denton），
美国建筑师协会会员，绿色建筑认证专家

加利福尼亚州旧金山，
史密斯集团

亚历克西斯·丹顿，建筑师和老年学专家，在史密斯集团领导老龄生活社区项目的设计。是加州大学伯克利分校建筑学学士和南加州大学建筑与老年学硕士，并持有加州建筑师执照。她在史密斯集团旧金山办公室工作，专注于规划设计老年生活社区。她被认为是美国最杰出的老年生态环境研究者，还是美国建筑师协会老年住宅设计中心顾问，专注于老年人建筑设计和老龄人口研究。

马克·B. 布朗宁（Mark B. Browning），
美国建筑师协会会员，绿色建筑认证专家

俄亥俄州辛辛那提市，
PDT 事务所 (PDT Architects, LLC)

作为 PDT 事务所老年公寓的设计主管，马克过去 20 年来主要专注于促进老龄人口住房和服务的创新工作。他负责那些努力提高住户舒适度、独立性、能力的项目。他的理念是在不忽视运营效率重要性和长期价值的情况下，给居民以最高程度的支持。作为许多州级和国家级老龄生活相关组织的成员，他已经参与了很多营利性和非营利性工作。马克的工作为这些地方和国家组织所认可，包括美国建筑师协会老年住宅设计中心。他具备 Eden 护理认证助理资格 (Certified Eden Associate)，并一直倡导通过创新设计与研究，推进行业发展，并积极参加国内和国际相关会议。最近的工作集中在如何将老龄住宅的西方模式应用于新兴的中国老龄行业之中。

L. D. 伯顿（L. D. Burton）

北卡罗莱纳州温斯顿·塞勒姆，
阿伯·阿克斯联合卫理公会退休社区有限公司
(Arbor Acres United Methodist Retirement Community, Inc.)

阿伯·阿克斯联合卫理公会退休社区是北卡罗莱纳地区一个有影响力的延续性护理社区 (Casualty Care Research Center)，L. D. 伯顿是其环境艺术部主管和首席安全官。在该服务领域工作了 16 年后，伯顿仍然对老龄化社区服务充满热情。自 2001 年加入阿伯·阿克斯联合卫理公会退休社区以来，他通过参加全美非盈利养老服务联合会领导学院 (LeadingAge Leadership Academy) 扩大了他的工作基础，现任全美非盈利养老服务联合会设施管控委员会 (Facilities Management Steering Committee for LeadingAge) 成员，曾在全美非盈利养老服务联合会领导学院担任教练，还在全美非盈利养老服务联合会领导学院教育委员会 (The LeadingAge North Carolina Education Committee) 任职。具有超过 13 年的多部门领导经验的伯顿，对于部门建设、解决问题、灾难修复和危机管理的热情不减。他如同暴风雨中的岩石一般，以风格果断、思路清晰和坚韧不拔而著称。

瓦萨·伯德（Vassar Byrd）

俄勒冈州波特兰，
玫瑰别墅老年生活社区 (Rose Villa Senior Living Community)

瓦萨·伯德具有经济学硕士学位，作为一个经济学家开始了她的职业生涯，在华盛顿特区和俄勒冈州波特兰工作。在该领域工作 10 年后，她选择了为营利性的老龄生活行业的工作机会，这完全改变了她的事业方向。她获得了老年学硕士学位，并于 2006 年成为不以营利为目的的老年延续性护理社区——玫瑰别墅的首席执行官。她将财务的严谨性和住户的愿景结合到工作中，专注于建立居民间的伙伴关系，为社区创造充满生机活力的情感、社会和自然的环境。她热衷于老龄工作，在工作中敢于打破常规，以创新的方式为老龄生活社区工作赋予新的视角。瓦萨为社区带来了广阔的经验，促进了新的发展和更加积极的老龄生活，这也是今日玫瑰别墅社区得以在财务上成功和注入新的力量的关键。

玛丽亚·洛佩兹（Maria Lopez），认证健康护理室内设计师（CHID），美国室内设计资格委员会 (NCIDQ)

马里兰州史蒂文森，
玛丽亚·洛佩兹室内设计有限公司 (Maria Lopez Interiors LLC)

玛丽亚·洛佩兹专注于健康护理室内设计超过 28 年，专攻老年护理方向。玛丽亚完成了一系列健康护理项目——从广阔的新园区到用于特别护理的小型房屋装修等。她有被公认为能提出支持护理模式的创造性解决方案，同时还能达成财务目标，令住户居民成为每个项目的焦点。她强调以人为本的住宅健康护理设计，在功能上对看护人员和家人提供支持，将居住环境营造得看起来和感觉上就像自己的家一样。玛丽亚重塑了现有的医护模式后将之植入住宅环境中，开发出新产品以及利用现有的产品以支持她的设计。玛丽亚拥有普瑞特艺术学院建筑学学士学位，曾经在几家建筑公司工作，后来成为老龄社区工作室室内设计主管，最后成立了自己的公司。在她的领导下，成人日间护理中心作为政府扶持项目扩张到了 16 个州。玛丽亚也是美国健康护理室内设计师学院 (AAHID) 的 50 名创建者之一，并担任第二届董事会主席，目前作为测试开发方面的联络人。玛丽亚还担任环境保护和老龄设计作品展评审委员和美国建筑师协会老年住宅设计中心成员。

杰伊·伍尔福德（Jay Woolford）

华盛顿州西雅图，
老年住房援助集团 (Senior Housing Assistance Group)

杰伊·伍尔福德拥有超过 25 年的老年住宅从业经验。目前，他是华盛顿州最大的经济适用房提供商——老年住房援助集团的执行总监。老年住房援助集团目前经营 28 个社区，服务超过 5500 名中低收入老人。在杰伊的领导下，老年住房援助集团专注于通过与其他非营利组织合作，为居民提供安全的独立生活环境而进行必要的支持和服务。杰伊目前担任全美非盈利养老服务联合会设施管控委员会华盛顿董事会主席，之前在老龄生活及社区服务委员会担任要职。他还服务于西雅图中心社区大学技术咨询委员会 (Seattle Central Community College technical advisory council)、华盛顿专业教育咨询委员会和华盛顿州州长经济适用房董事会政策咨询小组 (AHAB)。在他领导的老年住房援助集团期间，杰伊参与了全国各地各种类型可持续护理退休社区项目的开发。这些项目包括传统的生活护理、股权资产交易（合作公寓和托管公寓）、费用等。杰伊还帮助开发老龄服务合作项目，以此来为社区提供支持和服务。从他作为一个建筑师开始，在其早期职业生涯就比较专注于老龄住房，随后对环境、地点、支持和社区的兴趣与日俱增，而且最开始杰伊开始学习的专业是艺术和哲学研究，不过最后却以建筑学学士学位毕业于康奈尔大学 (Cornell University)。

项目与获奖

小型项目//建筑项目//规划、概念设计项目

RLPS建筑设计事务所

花园村——美食餐厅与村庄公地

宾夕法尼亚州新荷兰//花园村

设施类型（完成年份）：独立生活（2014年）
目标市场：中、中上
地点：郊区；灰地
项目面积（平方米）：2090

该项目所涉及翻新、现代化改造的总面积（平方米）：2044
翻新、现代化改造的目的：升级环境
项目提供者类型：基于信任的非营利性组织

下图和对页图：美食餐厅与乡村公地是由一个过时的餐厅经过重新内部装修后，变成的一个充满活力的空间，不仅花园村的居民，也有来自周边城镇的邻居到这里来度过美好的时光

项目总体描述

社区中心的升级翻新始于对之前休闲餐饮场所的改造，将之重塑成餐厅风格，可以创造出新的就餐体验。室内装修创造出了鲜明的品牌形象，强化了当代、轻工业的乡村风。大量使用与当地农耕生活相关的地区性元素——罐头瓶作为统一风格的元素。食物排队发放点更换成新的美食站，并设立各种餐位开放给大家。翻修的第二阶段是升级大门口和打造富有魅力的活动区，以提高利用率，增加人们对此地第一印象的视觉吸引力，包括升级大堂和接待处，杂货店装修合并了咖啡店和改进了“公园”使之成为一个内部花园区。最后，一个以前未被充分利用的客厅被转换为活动剧场和演讲区。

项目目标

主要目标是什么？

- 认识到需要一种氛围以反映老年生活的新态度和特别的用餐体验。考虑到即将迎来的婴儿潮一代老龄人口，社区要对此乡村公地进行有远见的重新整修。以一个新的形象升级乡村公地，且与周边兰开斯特县社区农业和轻工业的外观、风格相通。
- 支持食品服务生产方面的改变——特别注重健康、本地货源、按订单选择的方式。新的美食餐厅的经营目标是营造一种充满活力、吸引人的气氛。中心装饰是一个烧木头的砖炉式比萨饼烤箱辅以牛排烧烤架，操作台、前菜台、甜品吧、饮料柜台和其他便利设施。美食餐厅不仅在店内集成配置了触摸屏点餐机，还接受工作人员与居民在网上进行预订，其方便快捷也反映出花园村致力于进步、充满机遇的生活方式。

创新：什么样的创新或独特功能会被纳入该项目的设计？

美食餐厅真正达到了创造独特的用餐体验的目标——感觉像退休社区里一个“真正的”餐厅一样。事实上，美食餐厅是对公众开放的，其就餐者不只是居民和他们的客人。在规划和实施中，能够使业主愿景得以实现的任何细节都不会被忽视。这个过程开始是通过业主、建筑师、室内设计师和餐饮顾问等进行一系列愿景研讨会，设计团队一起讨论当今的行业动态，考察创新的餐饮场所和市场上的食品供应商，并评估整合当前休闲餐饮场所的最优方案，以打造出独一无二的花园村。项目实施的第一步是将食物站的食物排队发放点替换成开放餐饮区。各式各样的通道和马赛克瓷砖、堆放的木头和悬空的货架，以及很有特色的签名罐头瓶为这些功能区提供了视觉上的吸引力。餐饮区的设计重点在于创造贴心的座位配置以营造出宽敞、开放的氛围。餐位之间的谷仓架子和板条作为视觉衬托，让人感到开阔明亮。轻工风的天花板做成阻声空气层，装饰墙砖元素与旧砖无缝贴合，配以风化的木头和粗糙的现代金属混合物。照明的选择进一步强化怀旧风，却仍符合现代工业美学。照明罐头瓶特别有趣——它们提供了视觉趣味的焦点元素，装着水果和蔬菜的罐头瓶颜色鲜艳且充满生

总平面图

气和活力。美食餐厅和 Refresh ™咖啡馆消除了大家对老年人不会出现在卡座、酒吧椅或宴会桌上用餐的看法。这里有三种座位选择，除了传统的二人座位，四人座位和六人座位配置外，还进一步补充了十二人座位和在当地制作的 4 米长桌。种类繁多的座位选择可以营造出几代人在用餐时能进行良好交流对话的气氛。当被问及对新用餐环境的反应时，一位 83 岁的顾客很快回答说：“它让我觉得自己又年轻了！”

挑战：最大的设计挑战是什么？

最大的挑战是帮助花园村通过升级乡镇活动中心以保持其文化特色。消费者的期望自花园村 18 年前开业以来已经发生了巨大的变化。解决办法是注重开放和重塑它的几个前门部分的空间，以体现出社区终身学习与生长的文化活力。设计于 20 世纪 90 年代末的乡镇活动中心在空间上被物理屏障所分隔，所以针对它的解决方案是创建一个开放性的，极具魅力的、畅通自由和充满生气的乡村活动中心。在主大厅入口，设计师采用纯手工木质梁柱结构，令人想起当地乡村无处不在的谷仓。20 世纪 90 年代的摆饰花盆、喷泉和“乡镇时钟”元素被移除，代之以休闲座位区，方便人们就座交谈，打发时间。

杂货店和礼品店周围的墙和门被移除，在前门增加了咖啡店以招揽更多顾客。原先一个很少被使用的客厅，现在被设置成剧场，用来排片播放电影、举办讲座或进行一些重大活动。原来的“公园”——一个现成的室内外场地，用间接照明进行了升级以进一步增强乡镇活动中心的室外空间感。

另一个挑战是在园区最忙碌的区域保持运营时对其进行升级。就像一盘棋，策略就是事先精心考虑每一步一样。适当的分阶段实施和预先计划是这一为期 6 个月的建设项目成功的关键。整个装修过程保持其正常运行是业主对设计团队和承包商的明确要求。本项目把咖啡厅迁移到公园里——一个室内庭院，使得美食餐厅可以建立起来。中庭区域的再造为临时接待台留出了余地。多阶段施工过程中允许居民通过窗户查看进度以了解空间再造进度，这也有助于保持积极的合作关系和合作精神。

最后的挑战是解决之前“花园咖啡馆”不成比例的吊顶高度以保障其对老年人的“友好性”。以空间比例调整的方式减轻低矮天花板的压迫感。设计团队移除了现有的吊顶，并允许金属板、钢筋龙骨、管道系统暴露于外。这样立即显现出更大、更高、更具活力的空间感。精心设计的阻声空气层被高高置于整个空间之上，以确保顾客们的交流在新的开放餐饮和烹饪氛围中的私密性。裸露的天花板和头顶的管线机构被涂成棕黑色以使整体轻工设计审美观更为突出，而悬浮的白云造型则体现出干净、现代的形象感。

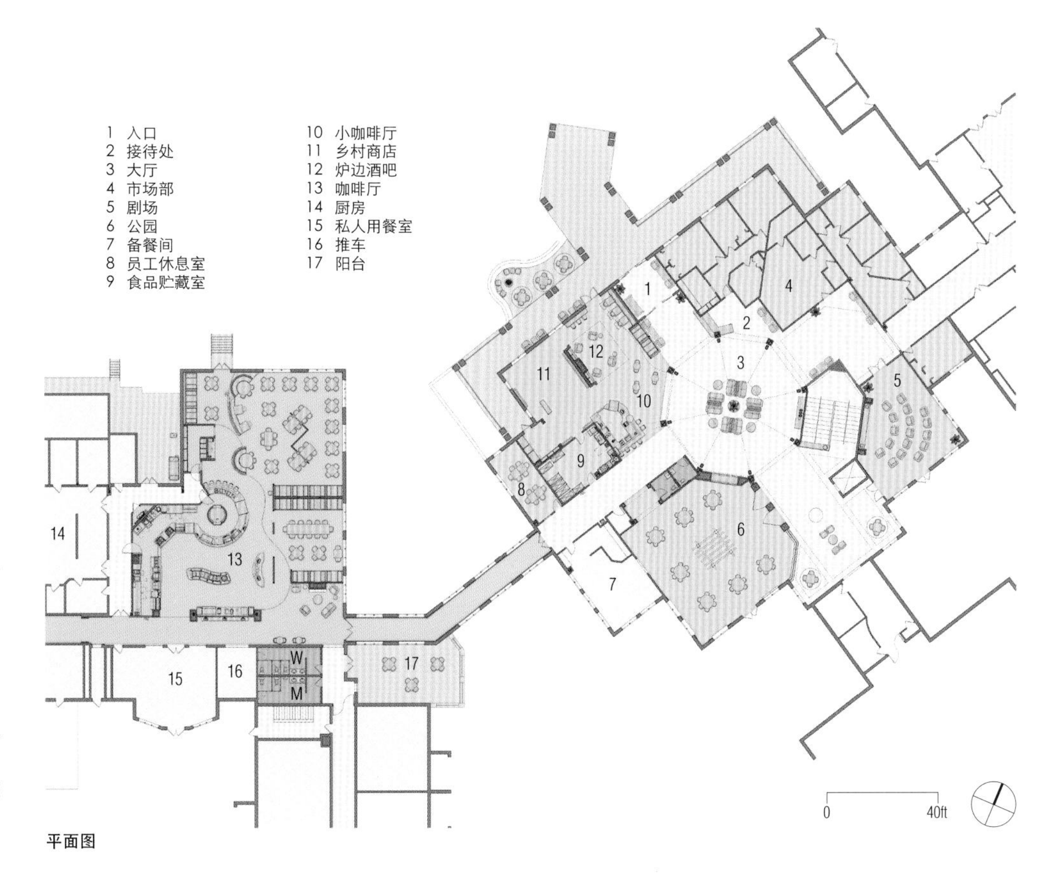

平面图

左下图：美食餐厅和咖啡店消除了大家对老年人不会出现在卡座、酒吧椅或宴会桌上用餐的看法

右下图：一个未被充分利用的客厅空间现在是被有效利用的大众剧场

对页图：大堂提供了充足的自然光线和舒适的空间以供大家聊天或打发时间
顶图：乡村公地入口包括一个生气勃勃的咖啡店和舒适的座位区
上图：阻声空气层被高高置于在整个空间之上，以确保顾客们的交流在新的开放餐饮和烹饪氛围中的私密性

营销、入住：关于营销会遇到什么问题？如何能充分入住？

整个美食餐厅和乡村公地装修项目显著的营销目的，就是理念领先和在问题出现前就进行修复来代之以破败修复。这些空间改造现在已成为花园村的主要工作重点，且正在悄然改变当前社区流行的退休观念。

合作：利益相关者、居民、设计团队，其他协作方在规划设计过程中是如何做的？

设计团队由社区的首席执行官、首席财务官、首席运营官、设施主管、食品服务主管、建筑师、室内设计师、工程师、食品服务顾问、承包商等组成。整个团队都参与了从项目启动会议到设计和规划的全过程。因此整个团队参与了每个阶段项目，沟通渠道通畅。同时，一系列的社区展示介绍用来与居民共享升级建议。当规划更加定型时，升级区域的大规模效果图和“漫游”电脑动画在开放参观日对居民展示，大家可以预览未来的变化，并直接与设计团队探讨。最后，在施工期间，让居民、工作人员和家庭成员可以通过窗户查看建设中的改造区域以跟踪进展，进而看到各处变化。

绿色、可持续特性：项目设计中哪方面对绿色、可持续性有较大的影响？

改善室内空气质量；采光最大化；现有建筑结构和材料再用。

设计初衷：项目中包含绿色、可持续的设计特点的初衷是什么？

体现客户和项目提供者的目标和价值观；保留现有居民；改善居住环境。

技术：请描述项目中为提供护理或服务是如何使用创新、辅助、特殊技术的？

美食餐厅集成了一些最新技术到餐饮环境中。一些触摸屏点餐机放置于餐厅和最受欢迎的用餐点，以缓解订餐排队现象。顾客可以选择在餐厅或从他们房子或公寓的任何地方，通过智能手机、平板电脑或笔记本电脑下订单。电子菜单看板显示易于阅读的菜单，是对触摸屏点餐机的补充，也很容易更新内容，以反映不断变化的、本地来源的季节餐食选项。电子菜单看板也稍稍反映了现代化的补充，不过也和当地农耕风格形成鲜明的对比——使该区域生气勃勃，体现出一种张力。这种技术降低了部分人工成本，有助于降低运营成本。最终，避免当地居民增加开销。

评审委员会评价

老年生活餐厅的重构被证明是相当困难的。用餐可以说是在不增加园区面积的情况下，一段在完全不同地方的旅程——一个居民扩展社交领域的机会，一个激发所有感官而不仅仅是味蕾的机会。花园村的美食餐厅不仅充分利用了它的建筑面积，还有其现存的区域环境。其开放、活泼、吸引人的空间变成了一个独立的、在兰开斯特县任何地方都算得上品牌的标志性餐厅。

很多有意为之的东西使之与众不同：农场、工业美学（梅森玻璃罐灯引人注目）；注重当地传统特色（数百个水果蔬菜彩色罐头瓶美丽迷人，与当地文化色彩产生共鸣）；创新技术（触摸屏点餐机）；可与工作人员互动的提供新鲜冷热熟食的烹饪点；非常难得的是，为老年人提供的座位选择（卡座和酒吧椅）；能提供私密和视觉乐趣的开放空间；颠覆性的设计（如将低矮的天花板改成无遮蔽的管道系统），即增加了高度，又饶有兴趣。这些设计创新致力于新的运营模式，令人印象深刻。这些设计使得餐厅如此与众不同，使得老人居民感觉每天去的地方舒适惬意，就像每次在不同的地方一样。

对页左上图和左下图：不同的座位选择为多代人餐饮交流对话营造了氛围
右上图：触摸屏点餐机
摄影：内森·考克斯（Nathan Cox）

阿门塔 · 艾玛建筑设计事务所

派恩维尤的格鲁夫——克伦威尔圣约村

康涅狄格州克伦威尔//克伦威尔圣约村

设施类型（完成年份）：辅助生活（2015年）
目标市场：中、中上
地点：郊区
项目面积（平方米）：566

该项目所涉及翻新、现代化改造的总面积（平方米）：566
翻新、现代化改造的目的：重新布置
项目提供者类型：基于信任的非营利性组织

下面图：从厨房的公共区一览
对页图：客厅公共区

项目总体描述

到 2050 年，美国罹患阿尔茨海默症或其他类痴呆症的老年人数量估计将达到 1380 万人，是目前数字的 3 倍。翻新格鲁夫辅助生活侧厅是一个通过周到的设计方案和干预措施对医疗研究方法产生影响的例子这可以支持在这些生活的每个人。在项目第一阶段，16 个居民公寓被翻新成带有新公共活动区、餐厅、厨房、生活空间的 18 个居民公寓侧厅，而且设计师采用了“小型房屋项目”的概念、照明策略、可继续学习的空间以及户外花园，以在日常活动中激励居民。漆面颜料的选择照顾到了老年人退化的视力。横纵交错的表面对比色可以帮助老年居民感受到边界，而地板图案的微妙变化则增加了不少趣味。不加太多反差的明确空间感，也不会使老人产生不安的感觉。住宅的壁灯置于公寓入口，可定制的相框旨在帮助老年居民识别他们的房间。

项目目标

主要目标是什么?

- 将现有辅助生活区改造成给老年痴呆症患者记忆支持的辅助生活区。
- 保持或增加目前居民房间数量。
- 改善和扩大公共区域，将之营造出舒适如家的感觉，包括生活区、餐厅和厨房等。
- 改善公共区域的自然光和人造光，创造一个连接大自然的开放健康的生活环境。
- 增加以学习、娱乐与治疗为目的的室内活动空间。
- 创造娱乐和治疗的户外空间，改善室内整体的外观和感觉。

设置更小的卧室以鼓励老年居民走出自己的房间，进入一个更大的公共空间进行社交和活动。9 个卧室毗邻中央生活区、餐厅、厨房区，家居用品一应俱全，给人如家一般的感觉。这个设计充分利用了南面外墙，沿着这面墙延伸出生活区、用餐区、厨房区一直扩至走廊。通过最大限度的打开南面空间和平面的规划，住在此处的居民们基本不会看到朝外的窗户。这有助于调节昼夜节律，帮助缓解老年人的睡眠障碍。由于老年居民通常在室内花费大量的时间，其昼夜视觉连接的能力就显得很重要。设计师主要使用 LED 光源，也增加了多层次的人造光线，引入暖光以达到夜间舒缓的效果。南端大厅的两

个超大房间被分割成活动室用于学习和治疗。充足的自然光线也是这个房间必不可少的，研究表明它有助于学习并提高治疗效果。门口增设玻璃门，可以共享自然光，一览从走廊到外面的景色。花园空间是根据现有的庭院所建立起来的，毗邻新公共区，鼓励老人们进行活动。花园小路迂回，花坛吸引着蝴蝶和小鸟。架高式种植床可以让居民搞些园艺——栽花种草。老年居民可在门廊或露台会见家人和朋友。格鲁夫记忆花园有意设计成在一个安全环境中可以为老人提供完整的家一般的感官体验。

创新：什么创新或独特的功能被纳入了该项目的设计？

学习治疗室——该活动室是为记忆治疗新理念 SAIDO 学习治疗法而专门设计的。

SAIDO 学习治疗法（日本理化学研究所脑科学研究中心 [RIKEN] 的西道隆臣 [Saido] 博士）始于日本，对老年居民进行为期 30 分钟的数学、阅读和写作练习，每周至少五天，这种疗法已被证明可以逆转或延缓老年痴呆的进程。

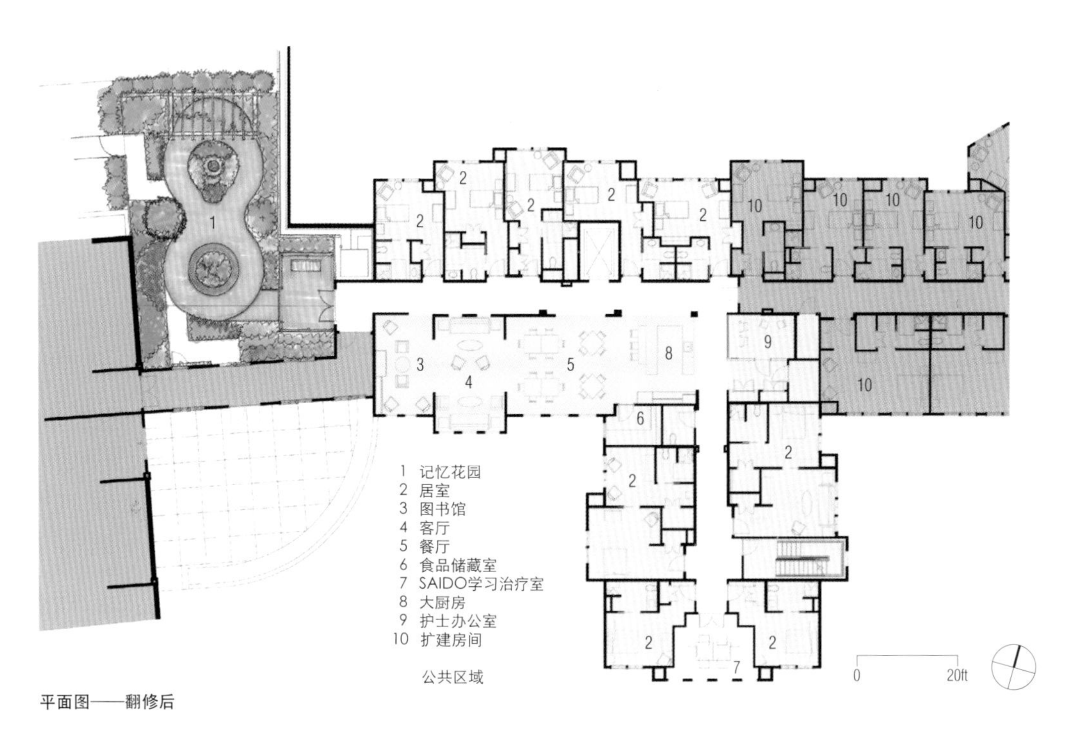

平面图——翻修后

左图：图书馆

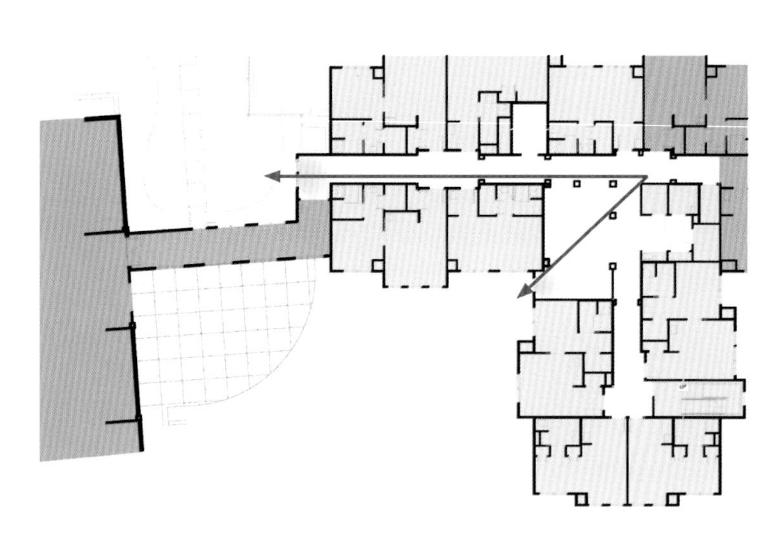

采光示意图——现有视图

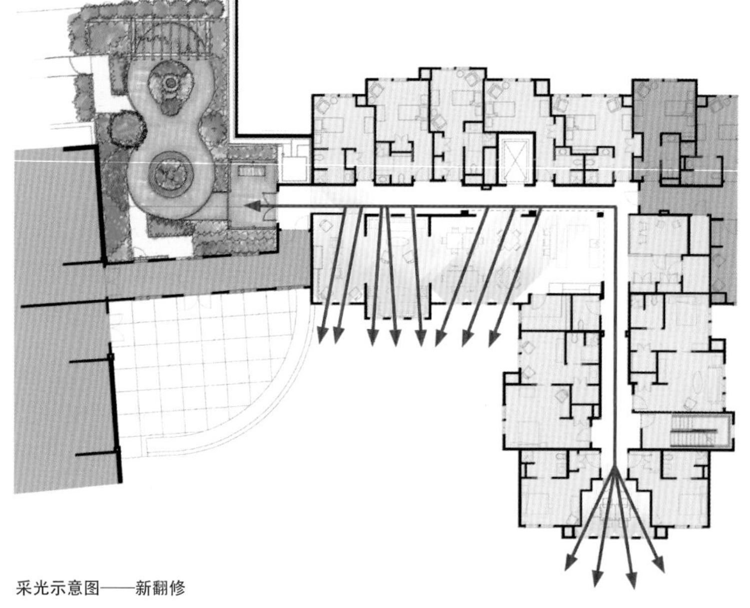

采光示意图——新翻修

格鲁夫是新英格兰地区（位于美国大陆东北角、濒临大西洋、毗邻加拿大的区域。新英格兰地区包括美国的六个州，由北至南分别为：缅因州、新罕布什尔州、佛蒙特州、马萨诸塞州、罗德岛州、康涅狄格州。）第一个采用此疗法的老年设施。该房间需要 3 张 60 厘米长的桌子并成一张 180 厘米长的桌子，让护理者坐在一边，另一侧坐两个老人（有时是在轮椅上）。其他必需品则是 SAIDO 学习所必需的良好的照明和储备。充裕的自然光也是必不可少的，因为研究表明它有助于提升学习与治疗效果。毗邻厨房的是一个有 8 幅老年居民在艺术疗法期间所作——画作构成的艺术画廊。配有石英感应计数器烹饪台的装饰性厨房用具可显示食物的加热情况。老式炊具被移除，台面和锅变成了平板触摸模式。公共图书馆的内嵌书架设计对于老年居民来说就像在家里一样触手可得。

挑战：最大的设计挑战是什么？

增加密度是个挑战。解决方案是设计较小的卧室，以鼓励居民走出自己的房间，进入一个更大的公共空间来进行社交活动。另一个挑战的处理承重墙、管道和暖通空调等上上下下已被占用的现有结构，尤其主要目标是要创造一个采光充足的开放空间。最大限度地打通拐角处现有的开放式走廊，将其定位成房屋核心区域的决策是个关键，因为它位于 9 个房间群的中央，可以提供最好的日照光线，并毗邻记忆花园，能鼓励老人进行最多的活动。

有限的预算也是一个挑战，沿用现有墙壁，利用现有的结构开口和现有的管道及暖通空调位置，再利用现有的楼道灯位置，安装高效率的 LED 灯具以提供更高的明亮度，这样效能也更好。

营销、入住：营销方面有什么问题吗？

现在有很多人明白，他们需要这样一个社区，所以格鲁夫的增长速度超出预期。

合作：利益相关者、居民、设计团队，其他协作方在规划设计过程中是如何做的？

设计过程中，有大量的合作以及业主提供了参考意见，特别是在表面处理和家具的选择上。也许，最大的合作是在 SAIDO 学习室构建上。设计团队提出拆分大厅尽头的两个超大房间作为一个活动室，使南端走廊的采光加倍。不过业主则介绍了使用这一空间进行 SAIDO 学习疗法的想法，通过研究观察 SAIDO 学习是如何进行的，来协助设计团队界定房间的功能标准。

绿色、可持续特性：项目设计中哪方面对绿色、可持续性有最大的影响？

可持续发展的关键特征是能源效率、采光最大化、再利用现有建筑结构和材料。

设计初衷：项目中包含绿色、可持续的设计特点的初衷是什么？

设计初衷是体现客户和项目提供者的目标及价值观；降低运营成本，提高入住率。

技术：请描述项目中为提供护理或服务是如何使用创新、辅助、特殊技术的？

本项目利用老年痴呆监视系统——一个屡获殊荣的老年痴呆症护理驻留监控系统。这个创新系统提供了一种当患有痴呆症的老人不再能够理解常规医护呼叫系统如何工作时，用来帮助其呼唤医生的一种手段。老年痴呆监视系统通过被动传感器连续收集每个老年居民的数据，包括失禁，从床上跌落等。而运动传感器则遍及整个房间。根据从传感器收集到的数据来系统识别个体的行为模式。当老人偏离正常行为时，紧急警报将发给护理人员以获得及时响应。

对页左上图：走廊
对页右上图：SAIDO 学习室

对页左上图：花园
对页右上图：栅栏环绕的前廊座位区
对页底图：藤架座位区和庭院
摄影：罗伯特·本森（Robert Benson）和阿门塔·艾玛事务所

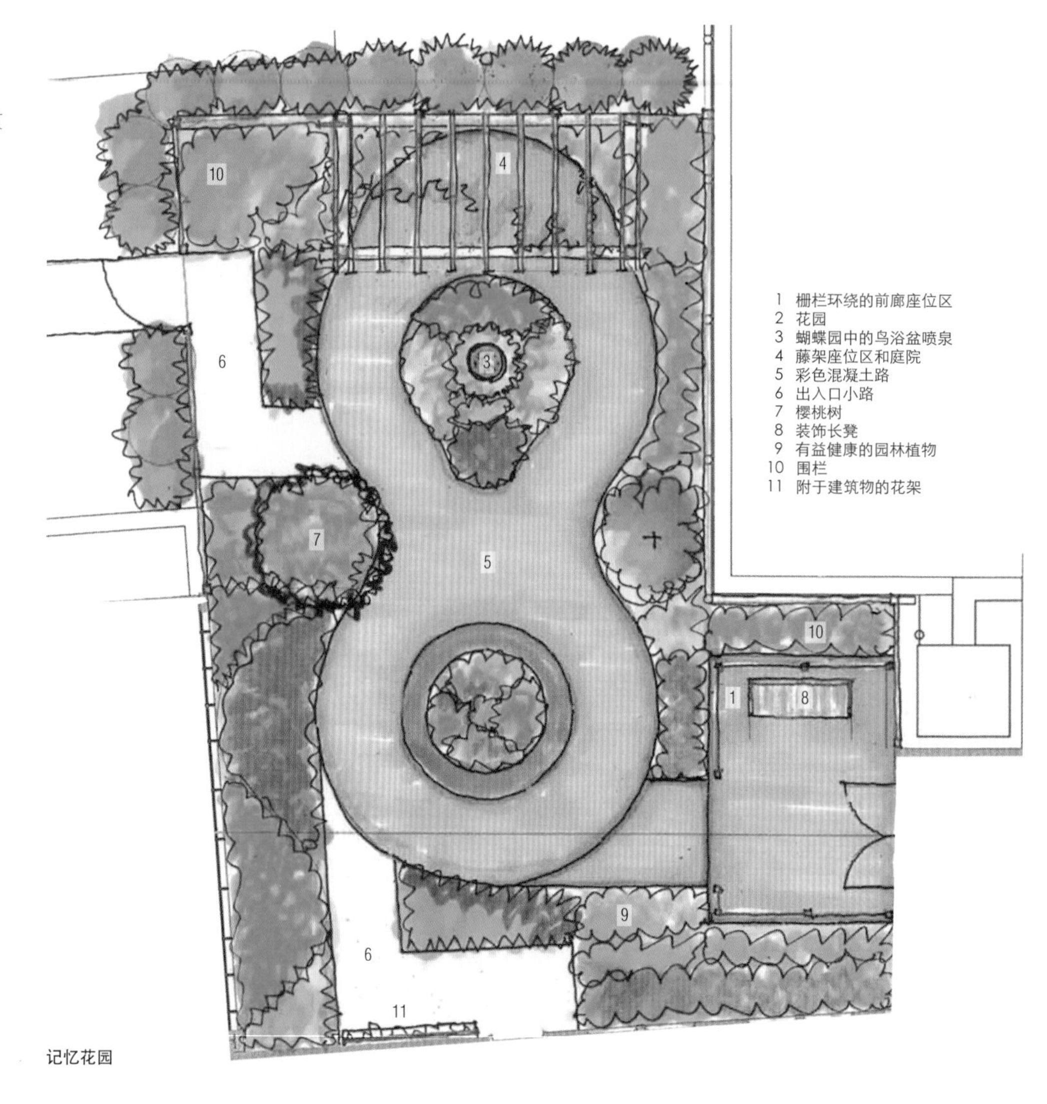

记忆花园

评审委员会评价

在阿尔茨海默症和痴呆症患者的世界里，每个细节都是问题！克伦威尔充分利用可用的设计工具、记忆支持研究和老年居民的愿望，为人们带来了一个对过时模式的最新且广泛的全面重构。完成的作品效果出众，值得他们为之付出的所有努力。这种奉献精神和同理心在采光、自然与人工方面是显而易见的。昼夜视觉连接的能力对于那些需要记忆支持的人很重要，它创造出了一种能够鼓励老年人多做活动的开放性。即使在晚上，温暖的照明也有助于为那些夜间难以入睡的人创造舒缓平静的效果。从吊顶天花板到软地板的多层次质地过渡，对于明确分界，界定温暖舒适环境的空间至关重要。主题延伸于外——有水景、步行道、居民和访客喜欢的分层布置的植被；你无论是在园中劳作学习还是寻求安宁，你都会得到照料。远离生活区的前廊被设计为新花园，创造了一个自然的富有创意的过渡。

兰伯特建筑事务所

寇盆宁翻修项目

北卡罗来纳州温斯顿·塞勒姆//阿伯·阿克斯联合卫理公会退休社区

设施类型（完成年份）：独立生活（2012）
目标市场：中、中上
地点：郊区
项目面积（平方米）：2211

该项目所涉及翻新、现代化改造的总面积（平方米）：2211
翻新、现代化改造的目的：升级环境
项目提供者类型：基于信仰的非营利性组织

下图：外墙重修以提高美感和吸引力，减轻严重渗水问题
对页左图：个性化的走廊
对页右图：卧室风机盘管从凸窗处移开，以提供额外的楼面面积

项目总体描述

当居民从这栋建筑搬到新建的阿斯伯里广场，这个空设施需要升级并服务于一个新的目的——作为独立居民公寓。建筑师把这个老化的设施改造成了 20 个拥有适合的便利设施并且其内饰面可定制的单间公寓。

项目目标

主要目标是什么？

- 布局：目标是重新布置之前的辅助设施，使之成为独立的生活公寓。合并被承重墙分开的两室为一个独门单卧室。力求通过最小的结构改变得到最大的效果。
- 建筑基础设施：目标是更换破旧的有限可用空间的建筑系统。通过大量文件、计算机 3D 模型和建筑现场实物模型进行测算模拟，每个阶段微调的结果都在建筑项目开始时便被无缝集成进去。
- 围护结构：目标是改善保温、防潮性能。通过广泛的调查显示，项目普遍存在渗水、发霉、生锈等现象，所以设计师采用了最新的防潮技术来建造一个全新的保温围护。
- 功能：目标是在不增加面积的情况下，让建筑给人以开放宽敞的感觉。卧室风机盘管从凸窗处迁移，以获得更多的建筑面积；打开厨房直通到起居室。其结果是，一些现有居民从较大的独立房间搬到新翻修的单间中。
- 总体建设：目标是提升美感与出入便利性。翻新表面和扩大大厅面积，邻近的健身中心也可以共享，大厅出入口扩大以便停车，内部也建立了一个更大的共享居民客厅。

创新：什么样的创新或独特功能被纳入了该项目的设计？

扩建与健身中心相邻的共用大厅。

挑战：设计时最大的挑战是什么？

场地限制等的局限和挑战包括但不限于：

- 公共空间路径规划：第一个挑战是通过在天花板和地板之间的空间进行公共空间的路径规划。该区域有一道大约 4.27 米长，

2.86 米高的承重墙。施工期间，广泛的调查研究可以使团队解决大多数的路径规划问题，并迅速的按时开工建设。为进一步协调工作，设计师建立了一个实物模型来进行检查比对。通常首先通过线和硬纸板组成的模型，其次是实际的管线和灯具等。实物模型使业主可以确保他们关于功能、适用性和外观等的详细需求得到满足。而且在工程师们都满意之后，该系统才能全部按照设计进行实施。

- 窗户框架：第二个挑战源于所有建筑物上窗户的替换需求。开始的计划是用两款凸窗中的一款替换所有现存的窗户，并仅更换其相邻外包层。一旦窗户被移除，人们能明显地看到现有的钢钉框架存在普遍渗水迹象。这个问题主要是窗户和外包层的抹灰不严、检查不细造成的。该区域下方有些窗户还装有风机盘管，用来遮蔽部分光线，不过有时还是会出现渗水现象。在这些区域，所有的框架不得不更换掉。新框架有助于改变粗糙的开口规格，使用标准尺寸的窗口，也有助于抵消一些额外的框架成本。

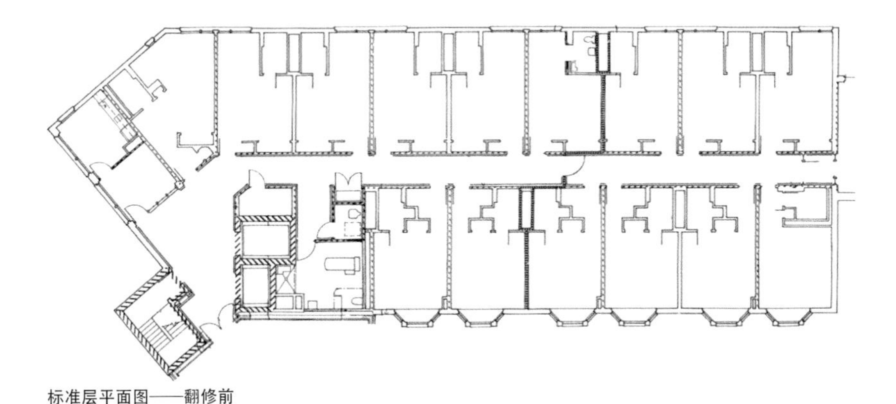

标准层平面图——翻修前

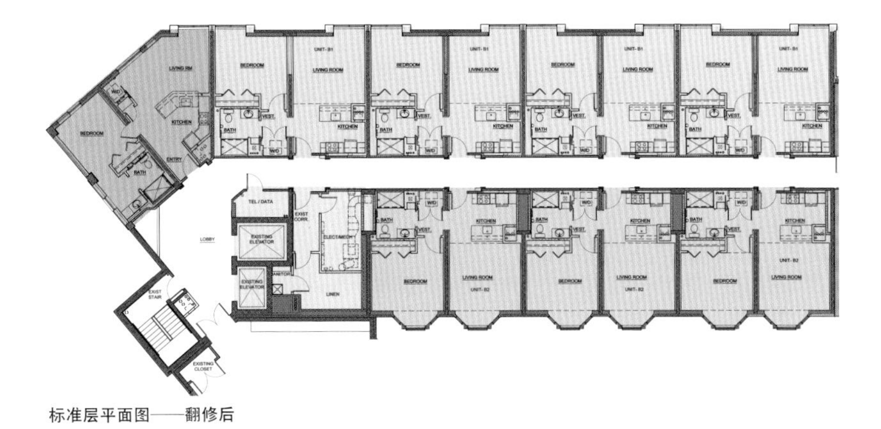

标准层平面图——翻修后

• 建筑外表皮：第三个挑战是重建建筑外表皮。更换窗户和隔间施工使得 45% 的建筑外表面受到影响。最初的计划是建筑物外表面的剩余砖结构不动。当为新凸窗进行拆迁施工时，就比较容易综合评估剩余的外墙。团队很快发现，虽然砖贴面背后的排水平面厚度尚可，却不能起到很好的防潮气密效果。同时他们也注意到，砖的数量和间距是不一致的。这会导致轻钢龙骨过于薄弱而无法承载砖贴面。这个问题的解决办法只有移除现有的砖、屋面板和螺柱框架，取而代之的是新的螺柱框架、窝点玻璃屋面板、流体通风和防潮层，并适当锚定和粘接砖贴面。该成本被先前其他区域节约的应计成本所抵消掉。

营销、入住：关于营销会遇到什么问题？如何能充分入住？

作为阿伯·阿克斯的一个可靠收入来源，该公共设施需要在 11 个月内完全翻修并准备入住。寇盆宁项目在预算内按时完成，现在是一个价格实惠的公寓，使居民们拥有了新的健身中心，可步行至餐厅、美容院和邮局。

对页图和左图：开放性概念的厨房、生活、餐饮区
摄影：R. H. 威尔逊

兰伯特建筑事务所

健身中心翻修扩建项目

北卡罗莱纳州温斯顿—塞勒姆//阿伯 · 阿克斯联合卫理公会退休社区

设施类型（完成年份）：可持续护理退休社区或其中一部分（2013）
目标市场：中、中上
地点：郊区
项目面积（平方米）：110

项目中涉及新建筑的总面积（平方米）：62
该项目所涉及翻新、现代化改造的总面积（平方米）：110
翻新、现代化改造的目的：升级环境
项目提供者类型：基于信任的非营利性组织

下图：外观翻修扩建
对页图：提供健身中心服务的大厅与相邻的住宅楼

项目总体描述

最初这个区域只作为室内游泳池，却不能满足可持续护理退休社区关注老年人健康的扩展理念。新设施的入口处展示出了为扩大健康中心提供新身份的机会，如同最近翻修的毗邻住宅楼的大厅入口。现有的泳池被移除，并用三个特别用途的泳池替换：一个是双道泳池，一个加热泳池，一个高温 SPA 泳池。更衣室完全翻新，增加了额外的淋浴设备，并为有氧运动和抗阻训练健身区提供了空间，毗邻一个健身课多功能室。这两个区域还环绕着一条 81 米长的环保小道。

项目目标

主要目标是什么？

- 整体功能：目标是扩建现有的 20 世纪 80 年代室内游泳池，使之成为一个功能齐全的健身中心。增加有氧运动、力量训练和小组练习器械，以激发全社区参与健身锻炼为目标。
- 功能——水上项目：目的是修复现有泳池——对于小组练习来说太深，对于消遣来说又太热的问题。游泳池将被拆除，代之以单独的温水池、训练池、冷水泳池以及一个涡流水疗 SPA。多样化水上项目吸引了不同兴趣的人们。
- 功能——健身：目标是通过合并步行道，在健身区构建环形空间，在非常有限的空间里涵盖有氧运动、力量训练、小组联席和步行锻炼等项目，结果是所有预期功能均成功实现。
- 建筑外观：目标是提升美感，改善出入口。原来泳池周围立面被翻新，并翻修与住宅楼毗邻的新大厅。其结果是前厅处建设了较大的停车场，为居民创建了一个较大的公共空间。
- 建筑支撑设施：目标是翻新更衣室、增加储物柜、升级泳池设备。在相同占地面积下，通过扩充更衣室功能，将泳池改为盐水净化，使得健身中心或相邻住宅楼闻不到氯的气味。

创新：什么样的创新或独特功能会被纳入该项目的设计？

新设施的入口处展示出了其双重的作用——为扩建的健康中心提供了新的身份特征，同时也是最近翻修的毗邻住宅楼的大厅入口。这也提供了一个解决以前门厅到住宅都能闻到氯的味道的解决方案。

挑战：设计时最大的挑战是什么？

各种健康项目设施的安置是我们设计时最大的挑战。步行道环绕有氧运动、力量训练和小组练习器械等项目，需要我们能最理想的利用空间，容纳所有的训练元素。

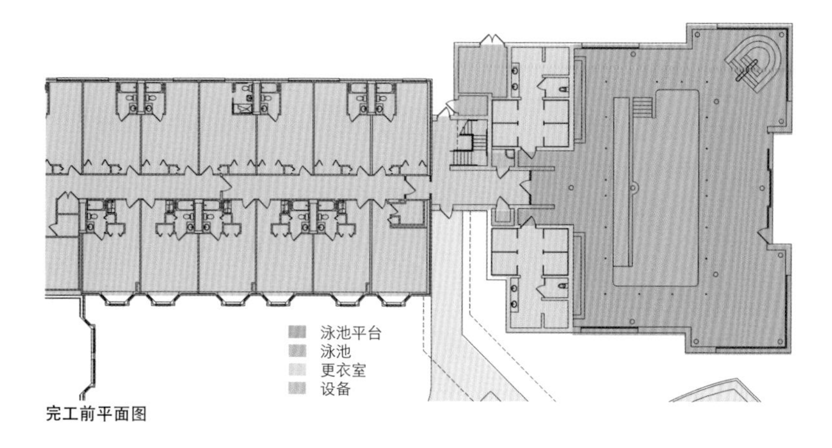

完工前平面图

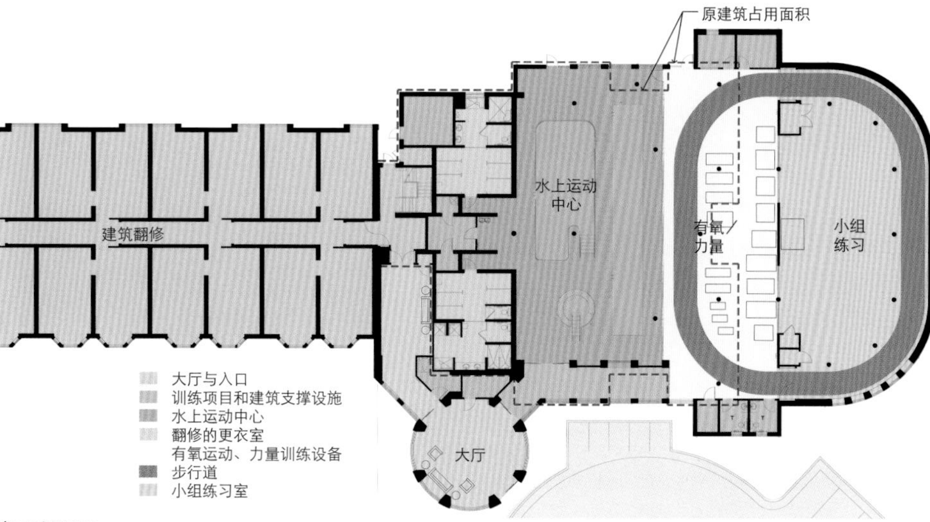

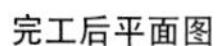
完工后平面图

左上图和对页左上图：一个环绕设备区的81米长的步行道与多功能室

右下图：单泳池被拆除，取而代之的是一个较浅而温暖的训练池和较低温度的双道泳池，治疗温泉则在新的位置

右上图：健身课多用途室和其他社区活动

对页右下图：温暖的训练池

摄影：R. H. 威尔逊

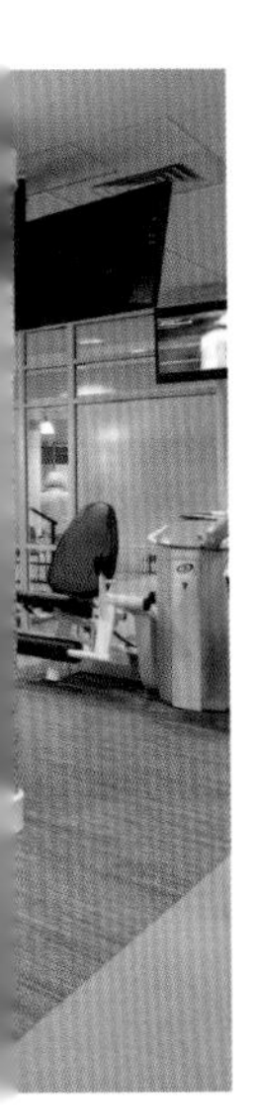

瓦戈纳与鲍尔建筑设计事务所

朗伯斯滨河养老社区

路易斯安那州新奥尔良//朗伯斯养老社区

设施类型（完成年份）：辅助生活、长期护理（2013年）
目标市场：中、中上
地点：城市；棕地（待重新开发的城市用地）
项目面积（平方米）：18005

该项目所涉及翻新、现代化改造的总面积（平方米）：1962（新增面积5570）
翻新、现代化改造的目的：重新布置
项目提供者类型：无宗教派别非营利性组织

下图：东向建筑物正面视图和停车场
对页图：圣安娜建筑视图

项目总体描述

朗伯斯是一个持续护理退休社区，坐落在新奥尔良。2005 年的卡特里娜飓风之后，朗伯斯筹措资金的一级市场发生了显著的改变——重新定位该组织以适应正在变化的消费者和环境的需求，这种公共建筑物的长远战略规划变得十分必要。现有园区包括 118 个独立生活公寓，51 个辅助生活公寓和 39 个专业护理床位（私人和半私营）。经过三年多的广泛调查研究，为了在不断变化的市场中茁壮成长（而不是仅仅作为一个持续护理退休社区 CCRC 生存下去），组织需要转变的方向已经很清晰了。第一，由于此次灾难，赖以自立的一级市场（在西方国家，一级市场又称证券发行市场、初级金融市场或原始金融市场）损失了超过 40%，应优先考虑创建一个整体健康中心以鼓舞人们，并随着年龄的增长,为他们提供大量的便利设施。健康中心是为独立居住的及需要辅助生活和健康护理的居民而设计的，吸引着社区外 55 岁以上的成员——那些会考虑去朗伯斯安度晚年的新奥尔良居民。第二，新奥尔良卡特里娜飓风使得园区的护理工作遭受巨大损失之后，扩大专业护理这一新的长远战略规划被制定出来。只有两个私人付费护理计划能够继续在灾后运行六年。目前的 39 个半私人和私人房间，使消费者对同住一室并不满意，所以，用 56 个拥有以个人为中心的医护设施的私人房间替换这 39 个床位（虽然距上次更换只有 13 年）时机较为成熟。使用空地（以获得充足空间）贯穿该护理项目的重新布置的项目，增加了 10 个辅助生活公寓和 16 个私营记忆护理室（保留了护理执照）以满足人们与日俱增的需求。这些项目获得的收入不仅壮大了组织，而且可以增加必要的收入，以维持没有任何资本和运营费用可延续的朗伯斯居民健康中心的建设工作。这个项目的另一个关键组成部分是组织承诺在新奥尔良项目中至少承担其项目成本的 80%。这只是组织在新奥尔良风灾之后为恢复工作所做奉献的一小部分——82% 的项目费用投入在了新奥尔良项目当地！

项目目标

主要目标是什么？

- 路径明确：许多专业护理设施都有着交错复杂的走廊过道，令居民和参观者失去方向感。在通路设计上千篇一律缺少变化。特别是天花板的设计，使得这些设施毫无个性，沉闷压抑。该项目寻求通过对走廊进行限制性处理，使之一眼能望到两个宽敞的大厅尽头来消除这个问题。天花板饰面和高度的变化以及灯具也有助于调节通路空间。
- 良好的采光和视野：快乐舒适的环境中让人有家的感觉，其中最重要的元素之一就是阳光。该项目寻求在所有空间都能得到充足的自然光，且每个居室都有一个凸窗，可以满足这一要求，走廊尽头也有窗户，能清晰地辨明方向，虽然窗户有所限定，但其空间长度和规模一目了然，甚至能很容易感受到户外天气状况。在建筑的第三层，屋顶光线

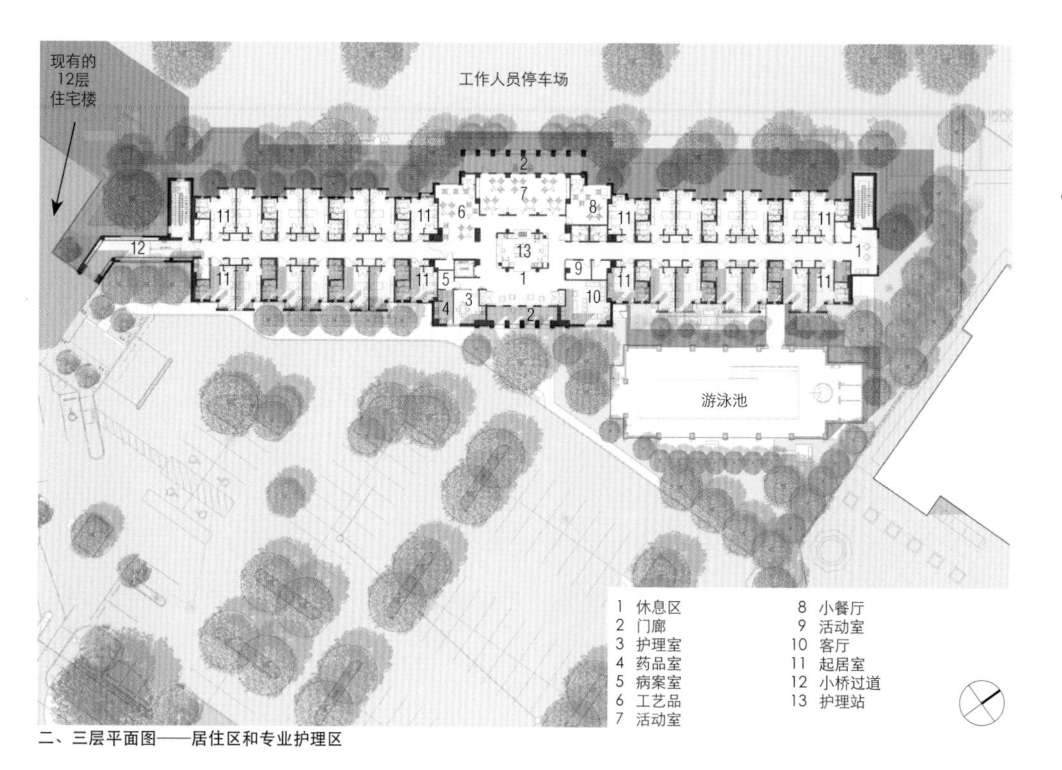

二、三层平面图——居住区和专业护理区

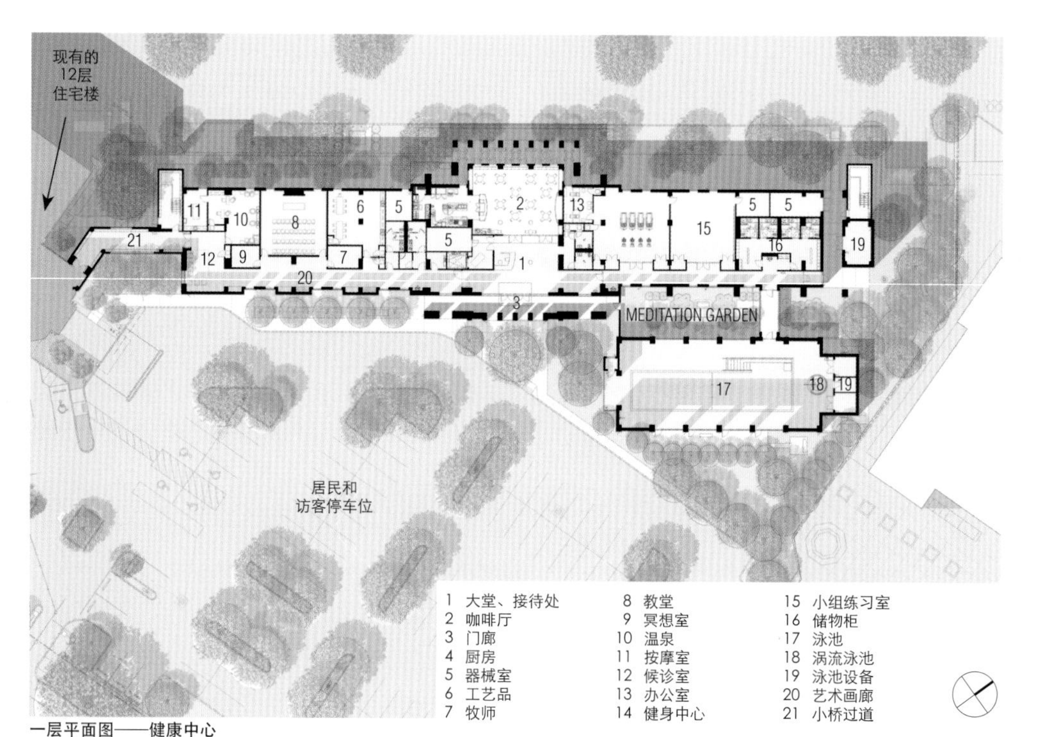

一层平面图——健康中心

带来了温暖，南面的阳光照进走廊，不仅使天花板的视觉高度多变，而且在阳光照射进来的地方坐着聊天或阅读也十分惬意。

- 社区的场所感：通过限制专业护理中心的规模，营造出了 2 个护理楼层的社区感。4 个护理走廊，每层 14 个居民，这是个易于老人理解的、适当大小的环境。每层楼都有一个社交中心和兼具厨房功能的敞亮的护理站（走廊有着良好的能见度），为老年居民提供了一个额外的辨识方向的设施。鼓励老年居民坐在中央一个大桌子旁边和伙伴们及看护人进行日常活动，这个位置于所有人来说，辨识度都极高。进餐也在此，更加强了一种共同归属感。一旦回到他们的房间，老年居民还能通过凸窗边缘看到他们的邻居。这也营造了一种社区的场所感。这种凸窗的功能类似于前面的门廊和画廊，也是新奥尔良街区历史上每个住宅的典型特点。觅潮百叶窗（Mecho）可以保护居民隐私或控制进光量。窗外是密西西比河的景色，往西看是不断变化的河流交通，往东看是茂盛的橡树林，这一切都使得居民更加热爱这座独特的本土城市。健康中心的一层为朗伯斯其他居民提供了强烈的社区的场所感。笔直的艺术画廊与原来的塔式建筑相连，健康中心的南端有咖啡厅、小教堂、按摩室、沙龙、工艺品中心、冥想室。入口大厅和咖

对页左下图：客厅
对页右下图：活动室

啡厅北面是一个有活动室的健身中心，力量、有氧运动中心和一个头顶是天然木梁的 23 米长的三泳道室内海水游泳池。当地制造的木模砖砌镶面层把建筑和新奥尔良迷人的历史联系在一起。

- 朗伯斯可持续发展的未来：一个主要目标是为老年居民营造新的场所感和更大的社区活动空间。最大的变化体现在朗伯斯独立生活的居民住宅上。新的健康中心已经有了直接和积极的影响：10 年来第一次出现（卡特里娜飓风以来）独立生活公寓等候名单。独立生活公寓普查显示自健身中心开放以来，入住率一直稳定在 98%，等候名单已经排到两年半以后，这也是连续 7 年入住率持续低于 90% 后的第一次。独立生活公寓明显吸引着比以前更年轻更活跃的老年人（在 2 年内平均年龄从 84 岁降至 78 岁）。

创新：什么样的创新或独特功能被纳入了该项目的设计？

- 从地面到天花板的低辐射玻璃都提供了明朗的视野，并最大限度地提高了所有居室的采光和社交空间。
- 在走廊壁橱里安置暖通空调系统，以尽量减少室内环境噪声，消除当系统工作或需要维护时员工对住户的打扰。
- 在整个健康中心和专业护理楼层广泛使用美国樱桃木制品元素。
- 使用外表面镀锌的凸窗，在每个护理室为住户和访客创造一个休息空间。在新奥尔良，这类门廊在许多有年头的房屋中很常见。这些凸窗有着门廊的功能，让居民可以看到与他们相邻的邻居。
- 23 米长的三泳道室内海水游泳池，其头顶是由天然木材、胶合叠层梁和屋顶板构建而成的。
- 健康中心被大堂和野杜鹃咖啡厅分成两部分。北侧是健身区和一条一侧有房间的走廊。南侧是精神、文化和情绪健康区，包括艺术工作室、礼拜堂、冥想室、沙龙、按摩室等。走廊被设计成一个艺术画廊，包括两个修复好的、有历史意义的彩色玻璃窗。它们最初是圣安娜建筑上的（大约 1852 年），由本社区组织于 2011 年获得。
- 在一楼的设计中，使用开阔的窗户为走廊提供采光和能看到花圃的视野。在三层窗户和游泳池之间修设的日式灵感冥想花园，为人们提供了一个阴凉安静的地方以进行沉思与对话。
- 用深绿色的锌板托架配以本地制造的木模砖砌镶面层，促使人们回顾新奥尔良的历史。
- 宽敞的室外门廊位于建筑物东西两个方向的中心，可以让在第二、第三层被护理的

老年居民离开建筑，坐在摇椅上呼吸清新的空气，欣赏美景。

- 居室的设计以避免"盒子"式的外观为前提。背靠背的共享一个凸窗的单元设计提供了一个不寻常的房间布局，点亮了凹室或角落，可用于阅读、写信或接待客人来访。这个独特的开窗设计提升了老年居民居室的趣味和空间规模。居民浴室的特色滑动门在打开时，可通过"借用"的空间来增加卧室的尺寸。7.5 厘米 ×15 厘米的地砖镶嵌成图案，也增加了浴室区的趣味和规模。

挑战：设计时最大的挑战是什么？

- 现场、现有环境：里克大街(Leake Avenue)(河滨路 [River Road]) 和大停车场之间的楔形区域被限制在一片狭长的土地上发展。此外，连接到相邻大楼的需求也对翻新建筑现有楼层净高提出了挑战。设计团队适当调整了翻新建筑的楼层的间高度，以建设小桥过道——在桥上形成一个 1:20 坡道的方法建设，这样还可以被同层的窗户图案所遮蔽，使之不显得突兀。快速跟踪计划表和施工类型：计划表要求解决方案可以在一个相对较短的时间内进行建设。由于居室布局的重复性，设计团队采用了不寻常的建设策略。一种很容易成型的单向托梁混凝土结构用于第二层和中心枢纽区的所有楼层。第三层和居室屋顶区则构建了一个预制钢立筋承重墙系统（无限结构）。由于原建筑系统提供的楼板较薄，所以这样做可以在这些区域或比现有楼层天花板更高的区域快速安装墙板。
- 朝阳方位：因为建筑物是东西走向的，所以翻新建筑的朝向并不理想。建筑东西两面不可避免地暴露在新奥尔良炎热的气候之下，而老年居民则一天大部分时间都待在卧室中，早上和下午日头较低，光线较强，这需要独特的解决方案。作为新奥尔良特色的、普遍存在的两层门廊，锌包钢托架在主结构下组成悬臂，在每个支架边缘或"遮阳板"边缘设有边长 1.2 米的玻璃饰面朝南或向北。从地面至天花板安装玻璃的区域，以相似高度的玻璃组合而成，面朝东西方向（但不直接与居民的睡床相邻），从床头来看是一个大转角玻璃，在确保居民相邻房间隐私的同时，可以提供很多阳光。西向房间凹进处中间有较小的可操作景观窗（也可用于紧急情况下消防员进出）可看到密西西比河，东向房间则能看到近处美丽的橡树。

营销、入住：关于营销会遇到什么问题？如何能充分入住？

开业当天专业护理设施入住率为 100%，并自开业两年以来一直保持在 98% 以上。平均每周有关于护理的新咨询 8 次（需求不能满足）。记忆支持设施自开业以来一直保持在 100% 的入住率。扩建的辅助生活设施则遇到了更多的挑战。虽然 10 个新公寓自开业以来一直保持入住，不过在经全面普查后显示，辅助生活设施的利用率也平均高达 94%。健康中心需要作出决定，以使老年人搬进朗伯斯更加容易一些。（根据市场供给情况进行销售）

合作：利益相关者、居民、设计团队，其他协作方在规划设计过程中是如何做的？

一个有"当地"背景的团队一起展望这个项目。鉴于卡特里娜飓风灾害之后的城市状况和该项目本地化的强烈愿望，组织致力于帮助新奥尔良在项目中受益。本地建筑师、工程师和承包商在设计阶段之前就聚集在一起，与组织进行了超过两年的接触。该组织利用内部员工、经理和主管们，以及最重要的是，居民的发展愿景和需求策略。这里面的许多人也参与了整个设计阶段。该组织的首席执行官被授权进行创新设计，他在此之前服务于美国建筑师协会老年公寓评审委员会。该经历使得组织受益于全国领先的设计，而且还积极联络全美非盈利养老服务联合会供应商，学习如何创新。此外，该项目基本上是一个设计——建造项目，从第一天起就与建筑师、结构工程师、总承包商、机械、电气分包商进行合作。

外联：为更大范围的社群提供的外联服务都是哪些？

健康中心是特意设计成可以将更大范围的社群引入园区之中。咖啡厅（野杜鹃花咖啡厅）

对面左上图：南面走廊
对面右上图：居民居室
对面底图：护理站

向大众开放，可以消除大家对老龄化社区的偏见（从星期二到星期六，可以为超过 64 人同时提供早餐和午餐）。任何人都能来到咖啡厅和居民们同时进餐，并享受各种服务。健身中心由一个游泳池、更衣室、健身房和健身工作室组成，也向公众开放（年龄 55 岁及以上的人群）。目前有 85 个外部成员和 92 个独立住户，而且登记人数每天都在增加。建立了邀请从小学到高中的学生免费使用游泳池的项目。作为交换，学生们为朗伯斯提供社区义工服务（目前只有在游泳季节有 18 名学生参与，该计划于 2016 年 9 月进一步扩大）。

绿色、可持续特性：项目设计中哪方面对绿色、可持续性有较大的影响？

场地设计考虑；能源效率；材料的精心选择。

设计初衷：项目中包含绿色、可持续的设计特点的初衷是什么？

体现客户、项目提供者和设计团队的目标和价值观；为更大范围的社群做出贡献；提升入住率。

评审委员会评价

评审委员会非常赞赏整个设计环境的营造，从总体设计到当地材料的采购都细致入微。当代元素令传统的新奥尔良建筑焕发出新的生机。凸窗设计使得约会变得饶有趣味。颇有历史感的彩色玻璃的再利用体现了独创专业护理的微妙之处。

设计干净、优雅、精致、有趣。泳池公众区一侧的不透明面板和隐私区的透明面板方面的设计细节很显然备受关注。建筑部分也考虑到了阳光随着时间沿着走廊反射到屋顶和天花板的变化给大家带来的愉悦感觉。评审委员会也赞赏护理站的运作方法。设计团队没有低估它的作用，将其设置为非制度性，但却日常化的枢纽机构。

左下图：教堂
右下图：健身室
对页左上图：健康中心
对页右上图：黄昏冥想园
对页下图：健康中心咖啡厅
摄影：爱丽丝·奥布莱恩

HKIT建筑设计事务所

维拉·海丽老年住宅区和圣安东尼餐厅与社会服务中心

加利福尼亚州旧金山//维拉·海丽老年住宅区

设施类型（完成年份）：独立生活（2014年）
目标市场：低收入、补贴
地点：城市
项目面积（平方米）：1315

该项目所涉及翻新、现代化改造的总面积（平方米）：10264
翻新、现代化改造的目的：重新布置
项目提供者类型：以信仰为基础的非营利性；无宗教派别非营利性组织

下图：维拉·海丽老年住宅区/圣安东尼餐厅与社会服务中心入口一览
对页左上图：维拉·海丽老年住宅区户外公共区域
对页右上图：剖面布置图

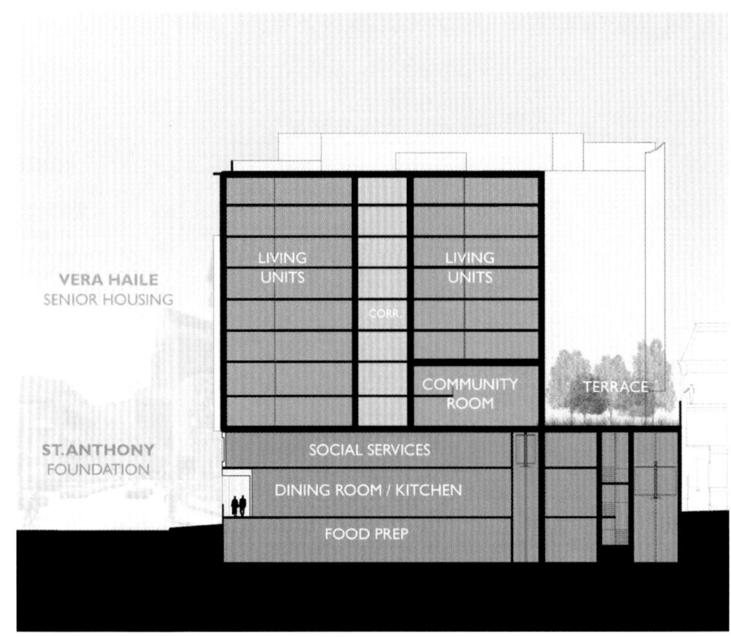

项目总体描述

这座新建筑构成了一个非常独特的混合用途住宅项目，结合两个独立的非营利性组织的发展计划，使之成为重要的帮助旧金山最贫穷的社区中无家可归、缺医少药人群的城市新地标。两个基本楼层是圣安东尼基金会大楼餐厅及社会服务设施。这个设施的前身帮助了当地的无家可归者和缺医少药的社区 65 年，提供超过 4000 万份食品，但老化的设施已经无法应付快速增长的需求。利用空间所有权的概念，第二个开发者——默西住宅，能够提供 90 个住宿单位，拥有餐饮区和 11,000 平方米社会服务设施的、经济实惠的老年住宅社区。对新的绿色能源和高层结构的应用满足了现有老化而超负荷的两层圣安东尼基金会（SAF）餐饮设施（原汽车修理店）的需求。

项目目标

主要目标是什么？

建立一个更大的、为特定目的建造的餐厅和厨房，以取代现有已老化的超负荷的两层楼餐饮设施（原汽车修理厂）。当设计规划需要扩大很多时，圣安东尼有远见的与加州默西住宅合作，利用该场所 30 米指定分区高度的优势，进一步加强项目的社会影响，在两块地上，建了 10 层楼的建筑。两个开发商联合开发这个场所和街区，使之既能提供社会服务，也能提供经济实惠的住房。

- 可达性最大化和巩固服务项目。圣安东尼通过定位他们的社会服务工作和二楼的服装批发市场，来进一步强化该项目。结合两个独立的非营利性组织的发展计划，使之成为重要的帮助旧金山最贫穷的社区中无家可归缺医少药人群的城市新地标。

圣安东尼餐厅平均每天给旧金山的无家可归者和低收入人群提供3000份食品。厨房和餐厅设施新扩建后，可以在温暖和阳光照射的环境中，舒适地容纳300名客人。一楼大量采用釉面地砖被一个隐蔽的户外拱廊围绕，以此为排队留出空间。地下室空间有食物仓库，准备区和志愿者支持区，而二楼则是圣安东尼社会工作中心、服装和公益食品仓库、在发生自然灾害的情况下，圣安东尼可为社区分发食物和水，治疗那些有紧急医疗需要的人，建立通信与援助中心。本建筑的上层楼面（3-10层）由加州默西住宅开发，提供了90个高密度单位（每亩46个单位）——适合低收入者的，拥有安全、舒适的支持性社区环境及独立的老年住宅（有18套指定提供给无家可归的老年人）。新建老年住宅社区在三层有一个面积为2800平方米的设施完备、景观齐全的庭院，开阔的社区活动室有开放式图书馆和阶梯阅读平台、共享洗衣店、电脑室、居民休息室、运动室、现场服务处及管理处。

创新：什么样的创新或独特功能会被纳入该项目的设计？

- 两个非营利性开发商——圣安东尼和默西住宅进行合作，为旧金山最需要援助的弱势群体提供帮助。他们结合老年住宅和社会服务（包括免费餐项目），使之成为了一个对改变邻里关系有着可见的积极影响的项目，提供安全的、支持性的经济适用住房。
- 老年社区特殊设计的特点包括：一个在三层具备防护性、安静、安全性，在这一代并不常见的阳光充足的户外庭院；每层拥有内部公共空间，电梯所处位置方便，还包括电脑室、科技、健身中心、图书馆、多媒体室、会议室、休息室、两个洗衣房和一间信件收发室。
- 精心设计的社会服务楼层旨在中央大堂接待客人，在此服务人员可以评估他们的需求，并提供人性化的服务。
- 柱廊是一个独特的设计特点，计划为参与食品服务计划的人们提供排队的空间。这一空间可免受恶劣天气影响，并且不会使队列排到大街上，同时还能保持露天的感觉和一定的私密性，这对于很多有心理健康问题的客户来说非常重要。
- 该建筑设计了独特的现场雨水回收系统——在屋顶收集雨水，用于冲洗一楼和二楼的厕所（餐厅及社会服务区），每天可为3500名客人服务。

挑战：设计时最大的挑战是什么？

挑战是大约11000平方米的空间，规划部门建议最大高度在30米之下，构建适合大小的餐厅、社会工作中心、90套经济适用房、适当的社区和开放的空间。圣安东尼与默西住宅密切合作，通过占有土地控制权及单体建筑而获得双赢，他们为业主提供了最大的控制权、自治权和最实用的功能。业主选定好承包商和建筑师，确定好拆除成本，跟踪建设许可，达成共用空间互惠地役权协议，协调融资时机和贷款以合作建设这个近6900万美元的项目。该项目计划寻求最大的社区影响和高效提供多种社区服务，而现在这个伟大的目标终于交付完成了。

另一个挑战是建立一个可以不断循环运行并设有排队区的餐厅，每天可以容纳1500—2000位客人用餐。位于街上的拱廊形成了塔式建筑的结构基础，为排成一队的客人提供了保护性空间，与繁忙的街道隔开，却仍有充足的自然光和流通的空气，给人以开放的感觉。这个66588平方米的建筑被设计得新潮且现代，反映了田德隆历史街区的新时代特点。建筑正面包括基于传统的小窗和凸窗，而中间和顶部的设计浑然一体。建筑物总体外形经过精心维护，以西侧相邻的圣博尼费斯钟楼为焦点。大转角边元素，使之成为在金门大道上一眼望去就能看到的地

上图：原圣安东尼基金会设施

对页图：维拉·海丽老年住宅和圣安东尼餐厅与社会服务中心大楼

Golden Gate
ONE WAY
HOTEL
BOYD

标性建筑。建筑物高度确保其能很好地适应邻近的环境，与拐角的建筑——在街对面的琼斯 111 大楼相匹配。建筑有两个独立的入口，一个是住宅部分的出入口，一个则用于餐厅和社会服务，设计制作了重要街道的反映他们在该建筑环境中个人身份的标识。老年社区位于 3 层 C10，包含了 90 套 62 岁以上老年低收入者的经济适用房。这些单位的 20% 是为无家可归者保留的。住宅设计得光线充足，公共空间的设计则为了鼓励居民们多进行社交和互动。室外景观庭院位于第三层和第四层，在此进行社交聚会或安静思考时都会有阳光照射。一个两层楼的配有开放式图书馆的社区毗邻庭院，它提供了额外的空间用于社区聚会和活动，也可在就坐区阅读，社交或娱乐。

营销、入住：关于营销会遇到什么问题？如何能充分入住？

没有关于营销方面或实现充分入住的问题。开业当天就有一个超过 1500 合格老人的等待名单，等待新设施中 90 个可用公寓中的一个。

上图：用餐期间圣安东尼基金会餐厅内景

三层平面图

四至八层平面图

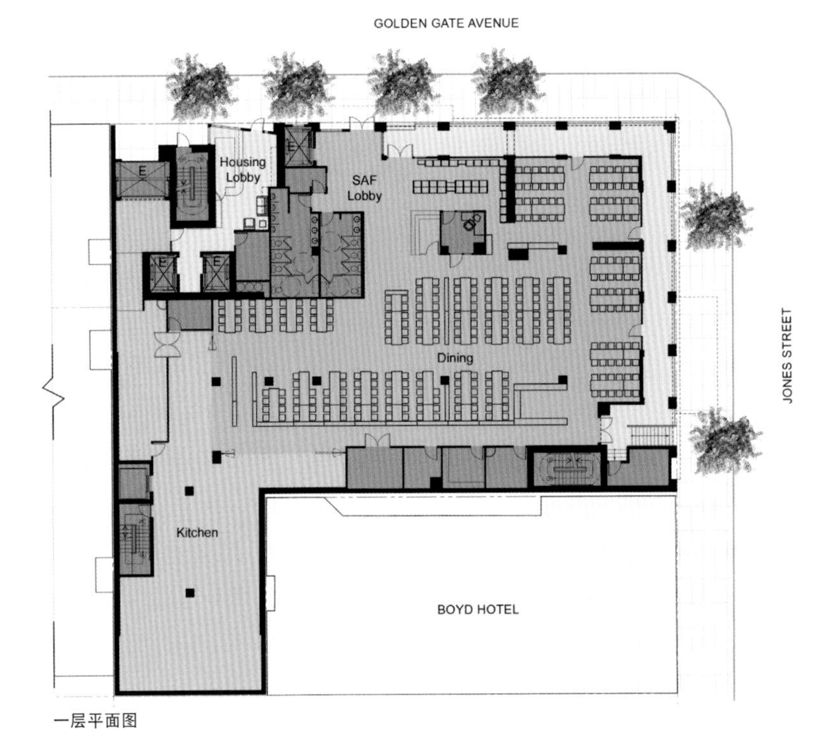

一层平面图

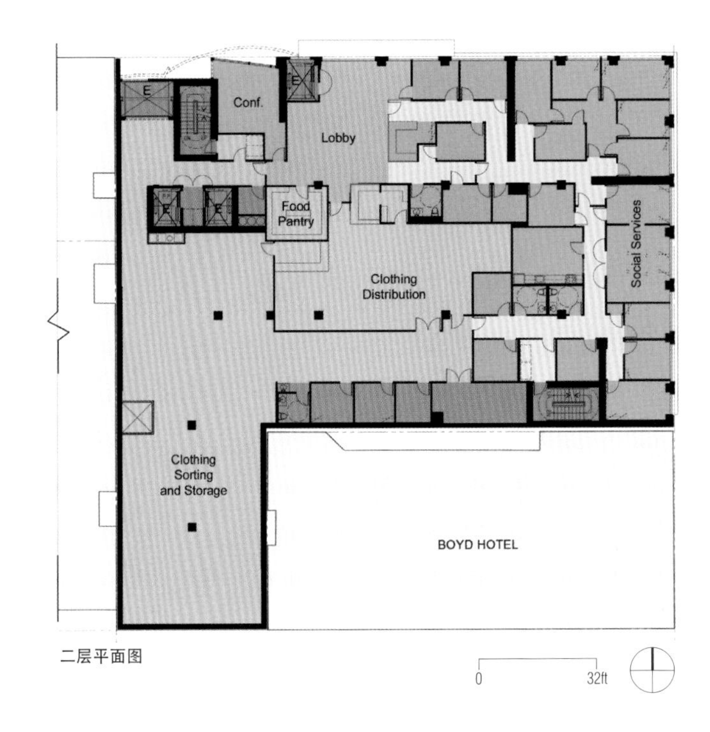

二层平面图

SOCIAL WORK CENTER
FREE CLOTHING PROGRAM

合作：利益相关者、居民、设计团队，其他协作方在规划设计过程中是如何做的？

圣安东尼基金会想最大限度地利用该场所，包括把经济适用房作为重建的一部分，并与默西住宅结成合作伙伴，帮助协调和管理所有开发活动。圣安东尼基金会和默西住宅使用了一个非常创新的方法分别使用自有资金和融资资金，在作为一个项目进行建设时，分别行使其空间使用权各自进行开发工作。共同发展建设使得圣安东尼基金会和默西住宅取得了良好的经济效益，在财务可行性上也是理想的。此外，最大的公共利益来自于充分利用了该地免税的建筑围护结构。

外联：为更大范围的社群提供的外联服务都有哪些？

我们不收集本居住区之外的居民使用服务设施的人数的资料。很多的服务设施附近居民也可以使用。下面是我们知道的居民出入参与本服务设施的估算情况。

- 圣安东尼基金会餐厅免费午餐：25人
- 圣安东尼基金会健康与牙科门诊：10人
- 圣安东尼基金会食品储藏室：全体居民
- 田德隆区（Tenderloin）技术实验室：15人
- 救世军克罗克社区中心——成人日间健康服务：10人
- 科里老年中心——成人日间健康服务：20人

绿色、可持续特性：项目设计中哪方面对绿色、可持续性有较大的影响？

能源效率；采光最大化；材料的精心选择。

当尝试结合绿色、可持续设计特点时项目面临什么样的挑战？

团队面临的挑战之一是绿色、可持续性设计特点，需要在众多利益相关者的目标和限制中进行协调。

设计初衷：项目中包含绿色、可持续的设计特点的初衷是什么？

实际成本超预算；体现客户和项目提供者的目标和价值观；为更大范围的社群作出贡献。

技术：请描述项目中为提供护理或服务如何使用创新、辅助、特殊技术？

在最重要的社区大堂安装了一个基于互联网的公告板，其中由服务中心工作人员更新内容，以陈述社区资源与发布活动信息。楼内有一个电脑室，居民可以上网学习电脑技能。所有单位都配备了无线护理呼叫系统，床头浴室配备有拉绳开关，如果他们需要帮助，可拉绳通知前台（24小时值班）。有一个带电子健身器材的健身室供居民锻炼。大多数公共区域的房间和主要出入口均设有电子键控门禁系统以确保安全。社区活动室有一台互联网电视，居民可以用来观看节目或者学做太极拳和气功。

评审委员会评价

维拉·海丽和圣安东尼是两个非营利组织之间努力合作，将复杂计划化为完美解决方案的良好范例。两层堆叠组合法充分利用了圣安东尼已有的一层餐厅空间高度，遮蔽性的排队空间设计可以为等待进餐和服务的人们提供空间。维拉·海丽对圣安东尼带有公共空间的低收入老年住宅入住有着清晰的定义。整座建筑物与邻近地区相适应，其建筑风格也含有很多怀旧元素。该项目补充和利用了许多创新技术，在保持效率的同时还有助于降低运营成本。在餐厅空间的天花板细节处理上考虑周到。这无疑是一个非常复杂的综合项目，但通过合作和伙伴关系，更大的社区需求与更好的社区服务模式两相并存。

左上图：圣安东尼基金会社会服务中心内景
对页图，右：图书馆、夹楼
对页图：在维拉·海丽老年住宅社区活动室
摄影：大卫·维客利

HKIT建筑设计事务所

狮溪河口第五阶段

加利福尼亚州奥克兰//加州瑞雷特依德地产开发公司；奥克兰东湾亚裔地方发展公司

设施类型（完成年份）：独立生活（2014年）
目标市场：低收入、补贴
地点：城市；灰地
项目面积（平方米）：5974

该项目所涉及新建筑的总面积（平方米）：9377
新建筑的目的：重新布置
项目提供者类型：营利性组织；无宗教派别非营利性组织

下图：狮溪河口第五阶段外景
对页左上图：狮溪鸟瞰图
对页右上图：狮溪河口第五阶段平面图

项目总体描述

这个新的老年社区完成了替换这个历史上问题频出的街区中，原来犯罪猖獗、破败不堪、过时的公共住房项目的最后阶段。其他建筑师完成了这个住房和城市发展部(HUD)“希望 6 号”公共住房改造方案的前 4 个阶段。该计划包括 128 个单位的关乎普通平民的经济适用老年独立公寓，在 9 亩 (6000 平方米) 的场地设置办公和服务空间，每亩 (约 666.7 平方米) 14 个单位的密度相对较高。该建筑的布局和体量设计着重突出其园区、空间品质与城市总体设计发展的协调性。其色彩和形状上做了精心的调整，随着在材质、色彩和深度上的变化，提供了丰富的相互作用和视觉组合。新的社区增强了凝聚力和条理性，同时也成为了这一街区的突出亮点。

项目目标

主要目标是什么?

- 主要目标是完成替换这个历史上问题频出的街区中，原来犯罪猖獗、破败不堪、过时的公共住房项目的最后阶段领域。
- 设计目标为：加强社区整体的邻里感；营造一个强大的社区，该社区具备综合设施；提供自然采光充足、景观一流的优质老年住宅，用精心的设计和设置公共区域来提高日常生活品质；创造宜人的连接空间（走廊、大堂和楼梯）；加强安保；在适度预算内创造高可持续发展性。这个项目是服务于社会责任的设计品质的优秀范例。

每一个关键的设计策略都对应着重要的社会目标：

- 第一，该建筑的布局和体量设计着重突出其园区、空间品质与城市总体设计发展的协调性。新住宅增强了凝聚力和条理性，同时也成为了这一街区的突出亮点。建筑正面开阔，下为停车场，并可清楚地看到火车道、周围街道和人行道。其色彩和形状上做了精心的调整，随着在材质、色彩和深度上的变化，提供了丰富的相互作用和视觉组合。前面台阶直接通向室内走廊，

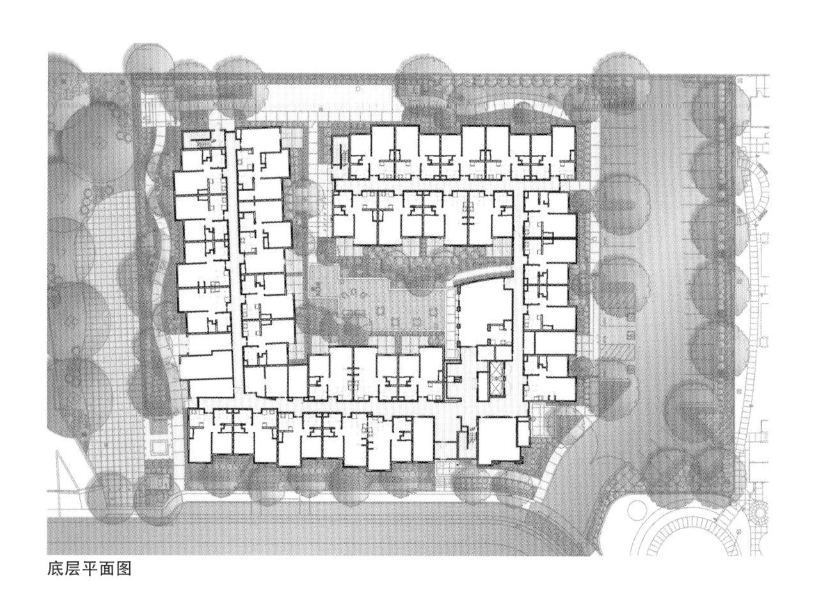
底层平面图

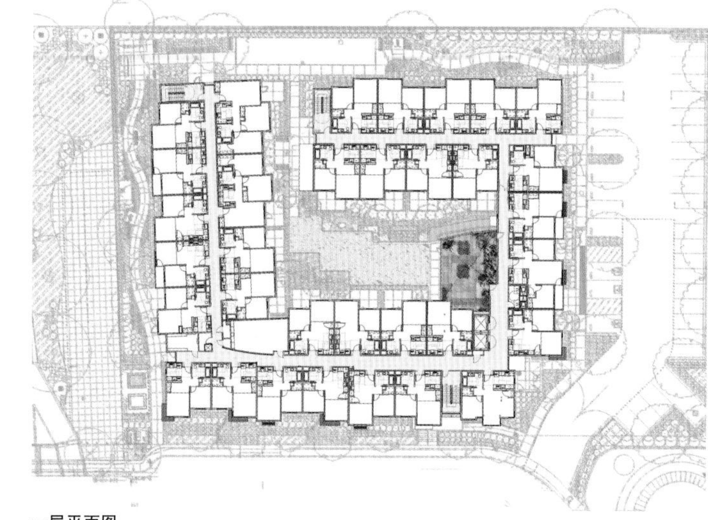
一层平面图

它以一种有节奏的方式变宽。这种讲究的外观处理成为了整个第五阶段综合设施的鲜明特色和从破旧的公共住房到健康、安全和高质量多代同堂社区转变的象征。

- 真正如家之感在很大程度上依赖于室内空间的设计质量，因此团队在空间品质、自然光、材料和细节上格外留意。各单位被有效地规划，最大限度地提高每平方米的利用率，窗户也比正常的大，使采光最大化。入口处遮棚木一直延伸到大堂，连接由外到内。天花板继续延伸向下变成墙体在和眼睛一个水平高度的位置开出狭槽，将信件区和入口相连。主要走廊和电梯门厅延续了从天花板到墙壁包木风格的主题。主走廊、台阶的主题及其超宽的尺寸，建立出了一个“主街”的感觉，并一直延伸至建筑物外面。该项目一个特殊的特点是外部空间的多变、数量大且质量高，在建筑侧面和后院区可进行运动课庭院轮廓分明，不仅在此设置防护措施，还在第四层屋顶露天平台上设有社区活动室。
- 为居民提供了不同大小、不同私密程度和用途的设施选择。主庭院轮廓分明，一端开放延伸至从建筑群延伸出的社区活动室，使其拥有户外活动空间。该社区屋顶为露天平台，在二层直接连接到户外。第四层的屋顶露天平台由于可以一览旧金山湾区和市中心而成为特别受欢迎的场地，其视界还接近电梯门厅。这些空间作为社交空间有着重要作用，但也可对外界开放，举行正式的社交活动。特别是第四层露天平台是个特色鲜明的元素。所有这些功能结合的结果是营造出一个无论内外都内容丰富的环境。
- 设计质量为居民和社区服务，聚焦客户、居民、房屋管理局和城市的社会目标。不过在预算内可以负担得起并进行了建设，该房屋项目达到精致的设计，鼓舞了住户，成为了设计支持社会进步的重要象征。

创新：什么样的创新或独特功能被纳入了该项目的设计？

每亩 14 个单位的高密度设计有效利用有限的场地面积，通过将葱郁庭院环绕在建筑周围，从而为各个单位和公共空间提供最大限度的光照和新鲜空气，同时为居民提供有防护设施的的内部庭院。内置烧烤烤架以支持社区聚会，异想天开的动物游戏装置为来访的孩子们提供了游戏场所。弯曲的社区活动室延伸至庭院，和屋顶露台平台形成可供选择的户外消遣空间。该设计运用了多数

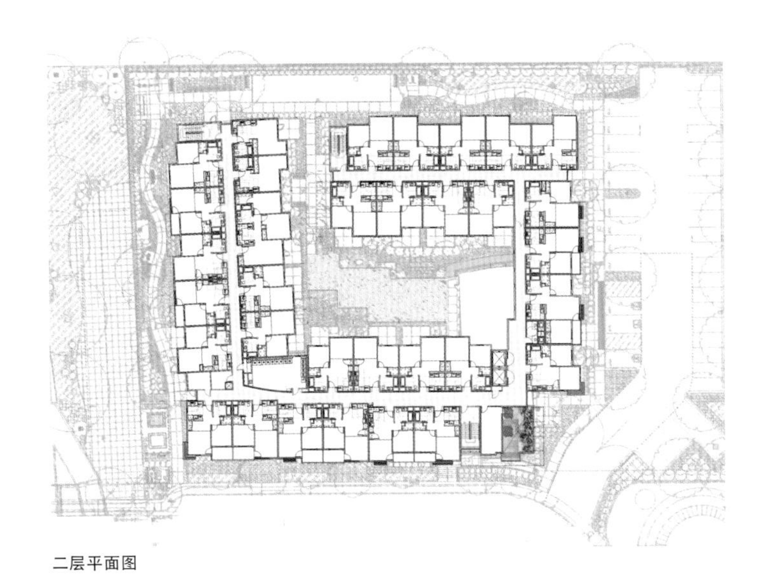

二层平面图

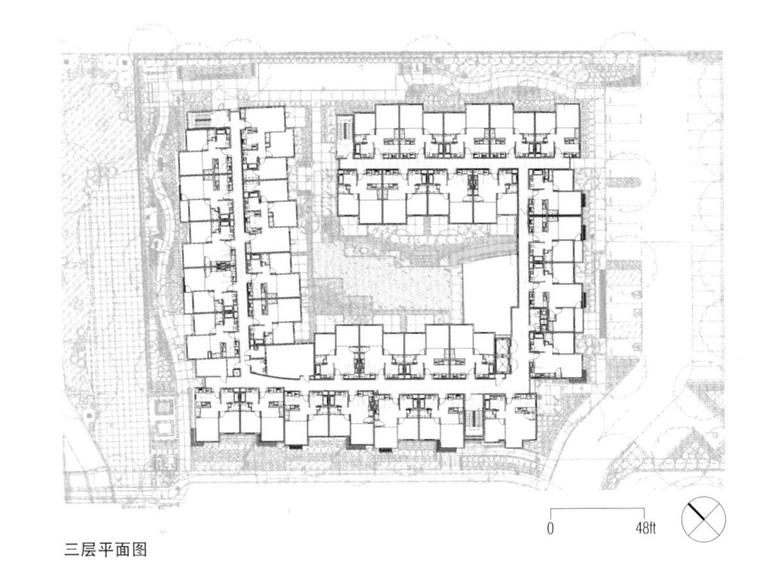

三层平面图

地点都很有效的内廊形式。然而，庭院南边的外廊使得自然光照进电梯前厅，也连通了内外。入口位置的标准走廊用于建筑东侧、南侧和北侧，但走廊在电梯处被加宽，而在西侧则像一条河流一样作为支流加入主河道。凸窗、阳台、遮阳棚和切分檐口体现了园区活跃动感的一面。健身室，电脑室、电视休息室、第四层屋顶露天阳台等设施令人愉悦。建筑前面造型和所用材料相互作用，使得园区空间轮廓清晰，作为一个显而易见的门面来说，其聚焦着整个小区的精神，象征着此地的变迁。在西南角街道拐弯处，设计师特别准备了引人注目的元素。角落对于居民和外来者来说有着显著的特点，在楼梯处突出了玻璃塔、入口遮棚、开放的拐角休息室和框架覆盖的屋顶露天阳台等元素。这个颇受大家欢迎的户外空间提供了旧金山湾区的广阔视野，是整体设计品质的和持续努力改善居民生活品质的代表之作。

挑战：设计时最大的挑战是什么？

老年人的健康会受到他们生活环境很大的影响。恶劣的环境会导致压力和孤独，有害身心的空气质量会严重损害老年人的健康。该综合设施提供了光线充足的居住单位和公共空间，强化了社区团体感，吸引老年人走出他们的居处与邻居交往。常见的区域包括舒适的公共居室、社区活动室、健身区、厨房、洗衣房和电视室，以及两个户外阳台和一个葱郁庭院。所有这些功能都有助于改善健康的生活方式、环境和景色。建筑物周围是一圈锻炼设施用于强化、伸展和健康锻炼。这些空间设计鼓励通过自发聚会和谈话进行健康的社会互动。此外还有老年中心的现场服务提供者进行援助和咨询。这些工作人员按流程为老年居民协调他们的医疗和保险。最后，像信件区那类普通的区域，其位置选择上也细加考虑，旨在提高居民之间的互动。其位置远离入口，途经社区活动室和庭院，确保视野通透，出行方便，同时也能提供较为富余的空间，让居民徘徊与聊天。

营销、入住：关于营销会遇到什么问题？如何能充分入住？

没有关于营销方面或实现充分入住的问题。第 8 区项目入住率 100%，非常令人满意。最初的等待名单足以填补各居住单位。在项目启动的前两周，就收到了对 127 个单位的近 900 个申请者。

6710

合作：利益相关者、居民、设计团队，其他协作方在规划设计过程中是如何做的？

这个新的老年社区是奥克兰房产局、加州相关的营利性开发商、奥克兰东湾亚裔地方发展公司（非营利性开发商）独特合作的产物，是三方财政和专业知识所带来的项目成果。新开发项目作为一个整体为老年人提供了一个毗邻翻新公共园区的、多代同堂社区中的安全居住场所。

外联：为更大范围的社群提供的外联服务都是哪些？

服务人员协助居民及社区成员申请等候名单。到经济适用房家庭资源中心进行申请的个人，需要提交援助支持申请，以获取住在老年住宅的资格认证。

绿色、可持续特性：项目设计中什么对绿色、可持续性有较大的影响？

健康和可持续设施合并。该项目取得了绿色节能评分 157 分，相当于绿色建筑认证专家金奖认定。可持续发展的措施包括：家庭预热热水系统太阳能热水器；采光最大化；光伏板以抵消公共区域用电负荷；可回收和低 VOC 材料；耐旱景观与现场雨水保持和过滤系统；高效用水装置和能源之星电器用具，浴室和吊扇；低汞灯具、高效照明。最后，该建筑采用了通用设计原则，包括更宽的入口和转折区，针对虚弱的老人 100% 的适应性看护居住单位。

当尝试结合绿色、可持续设计特点时项目面临什么样的挑战？

实际成本超预算。

设计初衷：项目中包含绿色、可持续的设计特点的初衷是什么？

设计初衷是体现客户、项目提供者和设计团队的目标和价值观；为更大范围的社群做出贡献。

对页左上图：大堂
对页左下图：黄昏时的入口
右图：中心庭院、公共区
摄影：凯利·珍妮弗（Kyle Jeffers）

评审委员会评价

评审委员会认为此项目是低收入老年独立生活设施的杰出设计。外部空间及其与内部的关系处理手法层次多样，为居民提供了许多安全出入的设施。内外设计紧密相连，可适当使用外廊引进充足的光线。堆叠式的公共空间创造出了互动的机会，同时允许更多底层单位进入花园空间。狮溪河口项目是具有场所感、光线充足、空间品质优雅、布局高效、外部空间使用得当的经济适用房的典型代表。

它补充了“希望 6 号”公共住房发展计划最后阶段的城市特点。其建筑群及接合部在中央公园边上，有一道门通往社区。对于在有限财政下的经济适用房来说，该项目显示出了精致的元素——时尚的内饰和大量的社区工作机会。这是一个能容易地融入环境的经济适用房的伟大范例。很高兴看到屋顶太阳能板的运用获得了等同绿色建筑金级认证金奖的称号。

右图：公共休息室
对页上图：私人卧室单位
对页下图：一楼走廊
摄影：凯利·珍妮弗

波普建筑设计有限公司

炉石之家

爱荷华州佩拉//韦斯利来福退休社区

设施类型（完成年份）：专业护理、辅助生活（2014年）；
目标市场：中、中上
地点：农村；地产发展规划区
项目面积（平方米）：7804

该项目所涉及新建筑的总面积（平方米）：7804
新建筑的目的：升级环境
翻新、现代化改造的目的：重新布置
项目提供者类型：基于信仰的非营利性组织

下图：庭院外景
对页图：别墅庭院外景

项目总体描述

炉石别墅是专为老年人居住而设计的混合型小型住宅（农舍式小别墅）。韦斯利来福退休社区坐落在爱荷华州佩拉北部边缘的一个304亩（3920万平方米）大的地块，项目需要继续发展原有老年社区的炉石别墅。炉石别墅是韦斯利来福退休社区的一部分，试图被打造成可以为佩拉地区的老年人提供一个强调健康居住和支持居民独立生活的创新型社区，以增加更多的生活选择。别墅由彼此连通的18个辅助生活公寓，即5户16张床组成。每个别墅都是以荷兰的一个省份命名，为社区悠久的传统为荣。荷兰移民于1847年建立了佩拉，该社区则是其历史的遗迹。无论是在细节的设计上还是农舍式小别墅的实现上，其文化对于别墅的建立都颇有影响。在佩拉城中，于园区内可见美丽的农田、树木、野生动物和生机勃勃的北方大草原。该设计通过创新，将古老的农业社区的传统融入其中。别墅被有意设计成让人心动的家庭式，而非医疗环境式的。访客走进别墅前廊，厨房和客厅便映入眼帘，颇为温馨惬意。住户的套房宽敞明亮、阳光充足，且较大的窗户可以将户外景色尽收眼底。每个别墅都是日常家庭活动的枢纽。其设计意图是尽量促进居民独立、互动、健康，多参与社交活动。居民可以找到安静的地方阅读或放松，或参加在厨房的烹饪活动，或在壁炉边与访客交谈，甚至可以在自己的居所体验康复疗法。每个居民都有一个带浴室的私人套房，每家每户还有一个共享套房，可供伴侣或配偶共同居住。

项目目标

主要目标是什么？

- 提供舒适的生活空间：这是首要目标。住户的私人房间和浴室对于别墅设计而言是标准配置。然而，更重要的则是提供开放友好的居民居住空间。客户希望住在别墅中有如家之感。住户可以不必离家就能吃饭、互动或接受治疗。开放式概念的设计与相互邻近的居民套房为16个居民提供了许多与邻居、护理人员、工作人员和家庭成员互动的机会。居民可以和邻居在厨房吧台喝咖啡，在客厅观看足球比赛或在日光室进行锻炼。他们也可以独自去大厅的山顶咖啡厅和朋友吃午饭，或坐在门廊前读书看报，或步行到中庭或庭院中享受阳光。因为此设计创造出一个熟悉且现代的家，居民可以花时间做他们想做的各种事情。令人放松的如家之感使得居住在这里的人按照他们自己的喜好在此生活。
- 设计无论内外都独具特色设计团队和委托人要求为每个小别墅创造出属于自己的特色和辅助生活设施。虽然他们之间通过美国中西部景色四季变换的人行道相连，但小别墅群从外面看起来就像一个私人住宅街区一样。每个小别墅的外表有类似的设计元素，但使用不同建筑材料。这种方法也有助于通过使用更少的材料来进行有效的节约预算。每个小别墅都使用了自己独特的调色方案和建筑材料。团队参观了佩拉城市广场以便从传统荷兰社区中获取灵感，所以其细节与美学、屋顶风格、前廊和富有色彩的材料都效仿佩拉城。小别墅的颜色直接取自佩拉市自己出版的《源自荷兰地区设计手册》。从里面看，每个小别墅都具有类似的生活空间和单位布局，但使用了不同颜色的材料、织物和家具之后则变得各具特色。从暖色到冷色，从丰富的本地木材到现代的白色木制品、木镶板等，每个家庭别墅都独具风格。这种个性化差异有助于居民对居所认同并产生自豪感。因为每个别墅饰面质量和材料相当，所以维护等级的差异并不明显。每个小别墅均有一个荷兰省份的名字，每件纪念品和照片都是来自居民自己的荷兰文化遗存。每个家庭别墅的独特外观设计、室内家具、饰面选择都给人以不同的感觉，很容易被区分。细节上的差异不仅有助于人们在附近走路能认清方向，也激发出一种为了“走出房子”去拜访其他人家的好奇心和目的感。

- 工作人员可直接进入家庭别墅进行日常性活动的设计体现了文化的变迁。这些别墅成为了传统养老院的替代设施。委托方的领导层想建立一种护理人员完全融入日常生活中的家庭式别墅。这意味着取消后台空间，鼓励员工直接与居民建立联系，代之以办公室、幕后厨房和护理站，项日的设计支持护理人员在开放式的家庭环境中完成他们的日常计划和准备食物等。全体工作人员通过进行头脑风暴参与到设计过程中去，并拥有新模式的所有者身份。在新设施中工作人员通过紧密地接触，与居民建立了牢固持久的友谊，居民们也喜爱这些融合在日常生活中的互动。居民们以前只是待在自己的房间里，而如今则喜欢参与到别墅的各项活动中去。“我认为居民和其他人在一起感到更舒适与的原因是家庭般的亲密感使他们彼此之间更加熟悉。”炉石别墅生活主管说。

Left: Hilltop Cafe
Right: Gelderland sunroom

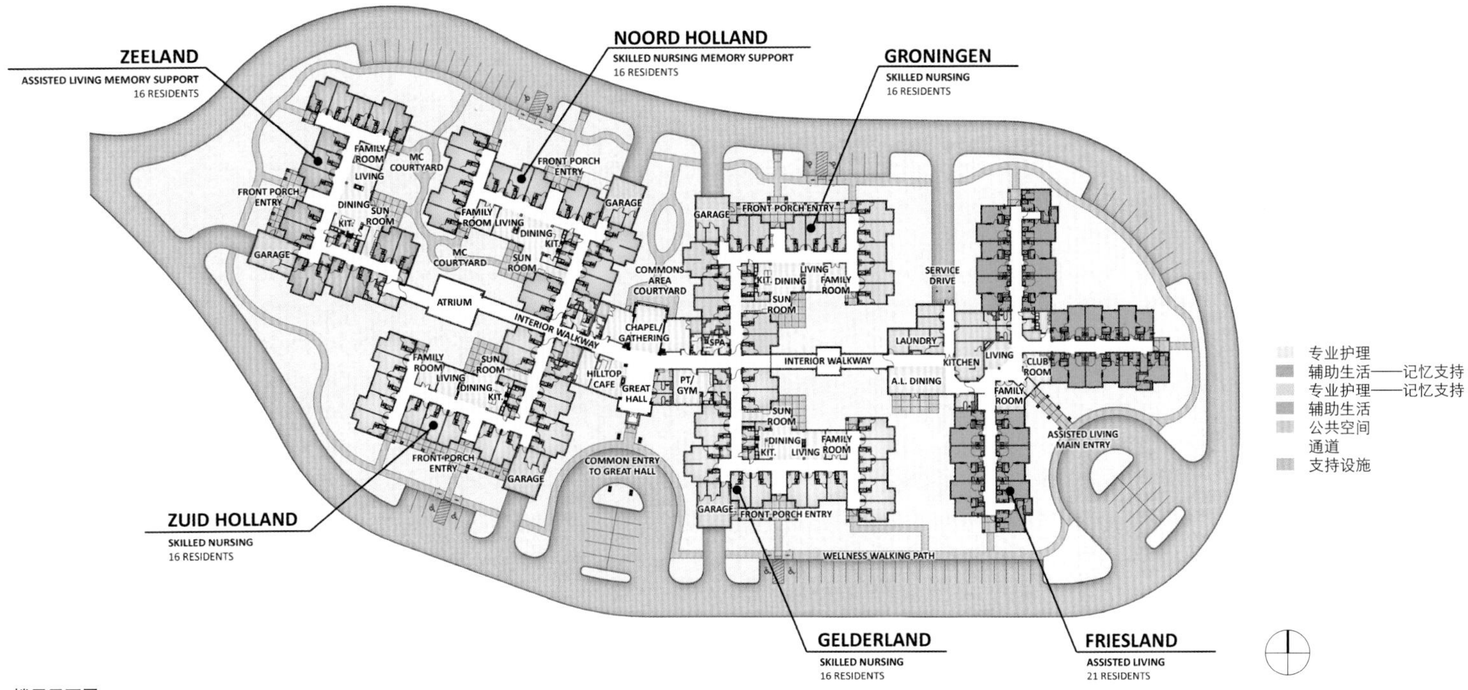

楼层平面图

- 每个家庭厨房都提供个性化的烹调，全方位的膳食服务。家庭别墅设计的关键之一就是每个小别墅均提供一个库存充分的住宅式厨房（甚至与商用厨房相当）。委托人希望每个别墅在一天中的任何时候都能够为居民准备膳食和点心。这个目标意味着爱荷华州因此在该项目符合美国消防协会 2012 生命安全规范上使用豁免权。此豁免使得这里的厨房看起来像普通住宅一般，一直延伸至家庭生活区及居民套房。如果直接在居民家里准备饭菜，那么烹饪时的观感、嗅觉无不鼓励着居民自己主动积极地参与进来。甚至由于这种互动，居民体重也会有所增加。厨房台面和可移动桌子都是轮椅高度可以使用的，可以为居民提供空间参与食品准备、分类或示范等。

创新：什么样的创新或独特功能被纳入了该项目的设计？

除了住宅厨房设计方案创新之外，每个小别墅的外观设计都创造了一个既具有功能性又在审美上令左右四邻愉悦的家庭氛围。为打造住宅街区，每个小别墅都呈现出各自独立式结构和独一无二的材质特点。别墅的设计创造出来独立的家园之感，规模小却与核心相连。这些有助于为社区空间创造机会，减少现场大量人员聚集，展现中西部的四季变换。四坡屋顶由不同材料组成，丰富多彩的细节创造出个性化的风格和给人宾至如归之感的外观。温暖的灯光、一丝不苟的美化景观以及工匠风格的元素给人以强烈的第一印象。家庭成员和访客通过宽阔的门廊进入，沿着路边前行会深受感染和启发。住宅式设计的一个主要组成部分是每个小别墅包含一个附属车库。车库是一个超越传统住宅美学的多功能空间，可以放置杂物、倒垃圾、维护设备和整理交通工具。所有物资先通过在车库交付堆放，然后再放置在住宅周边伸手可及之处。

挑战：设计时最大的挑战是什么？

别墅设计的主要驱动因素之一是住宅布局要匹配。这是一个既要满足餐饮服务标准又要符合老年护理环境中开放式厨房防火要求的挑战。该设计需要符合专业护理环境的州法律，同时还要创造出一个真正的家。为了提供期望的结果，设计团队与监管官员紧密合作，申请本州豁免以允许项目在美国消防协会 2012 生命安全规范下进行审查。（此

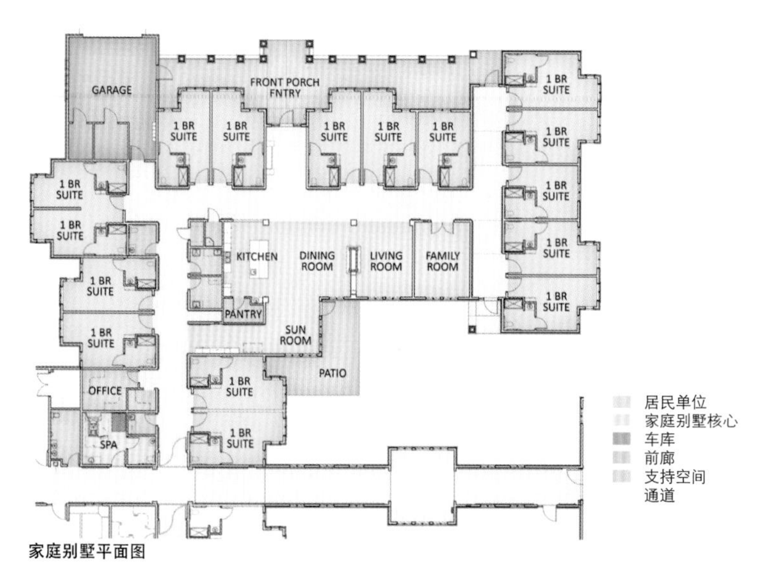
GARAGE
FRONT PORCH
FNTRY
1 BR SUITE
KITCHEN
DINING ROOM
LIVING ROOM
FAMILY ROOM
PANTRY
SUN ROOM
PATIO
OFFICE
SPA
居民单位
家庭别墅核心
车库
前廊
支持空间
通道

家庭别墅平面图

单卧室单位平面图——辅助生活

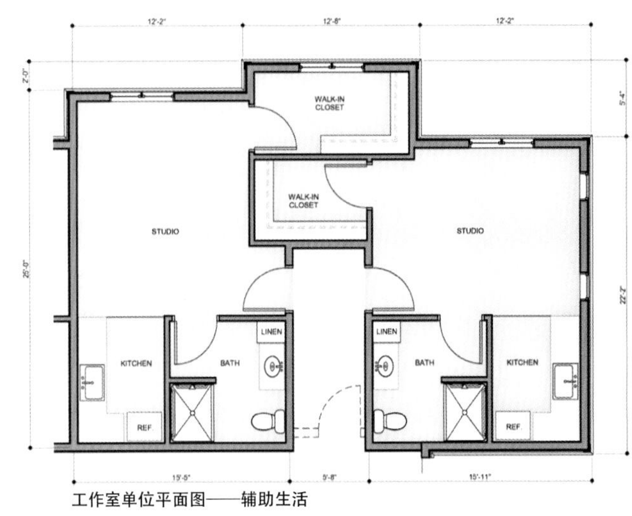

工作室单位平面图——辅助生活

规范尚未被爱荷华州采纳）。这个豁免举措允许这个项目的厨房看起来像民居式，并且延伸至包括居民套房在内的别墅休息区。安全措施的一个方面是尽量减少商用厨房外观的 DENLAR 防火抽油烟机，而采用内置防火功能的住宅式抽油烟机。此外，我们能够设计一个带有墙壁烤箱和暖烤箱（非商用模式）的厨房，以及在每个家庭别墅的嵌入式灶具。每个厨房的商用设备都设计采用家用产品，包括商用尺寸的冰箱和冰柜；大的、封闭式食品储藏室的设计要有别于家用；以及各种各样的家用水槽，包括一个准备水槽、一个垃圾槽和洗手水槽。委托人和设计团队想真正整合护理人员，消除后台空间：没有护理站；没有商用厨房；办公室很少。护理人员直接与居民接触。过渡到这种家庭模式是一个挑战，该别墅的设计是通过将护理人员充分整合到居住环境中而形成一种主要的社区文化改变。设计中取缔了如护理站、办公室等支持性、综合性的传统空间。工作人员参与设计过程的关键阶段，有助于建立其在新的运作模式下的所有者身份。他们可以集中精力做典型的幕后活动，如准备食物、监护用户日常作息部分等。家庭别墅的核心设计得像传统家庭一样，有壁炉和可以增强视觉联系的拱形空间。今天，每个人都扮演着别墅中的一个角色。护理人员通过把自己变得更加多才多艺，使自己成为一个混合型看护人、家庭主妇和朋友。例如，护理人员可以在靠近居民的厨房里做文书工作，在并不干扰老年居民用餐的情况下，在其吃饭的过程中与之亲近相处。在小别墅入口的桌子，模仿了传统家庭的入口可以放钥匙或收邮件，为居民提供场所写信或让工作人员完成病案编制。每个宽敞的居民套房都有用于工作照明的写字台，门厅有足够的空间来容纳居民的轮椅或其他设备。有一个设计巧妙的隐藏柜可搁置工作人员材料和居民治疗项目材料。灶台内置在橱柜上，日光室宽敞明亮，易于材料运送。通过充分地整合护理人员的工作，使之与居民建立长久的友谊。

对面上图：居民居室
对面底图：南荷兰省别墅厨房

营销、入住：关于营销会遇到什么问题？如何能充分入住？

炉石别墅是个替代设施，在开业当天即已充分入住。

合作：利益相关者、居民、设计团队，其他协作方在规划设计过程中是如何做的？

该项目的主要目标是创建一个效仿爱荷华州乡村荷兰社区传统和文化风格的老年生活园区。为了强化这一传统，创造一个真正的家，业主和设计团队邀请佩拉社区的成员参与设计过程的如下活动：

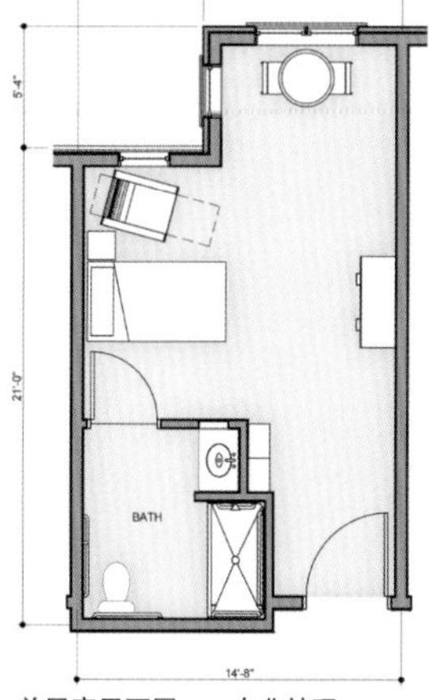

单居室平面图——专业护理

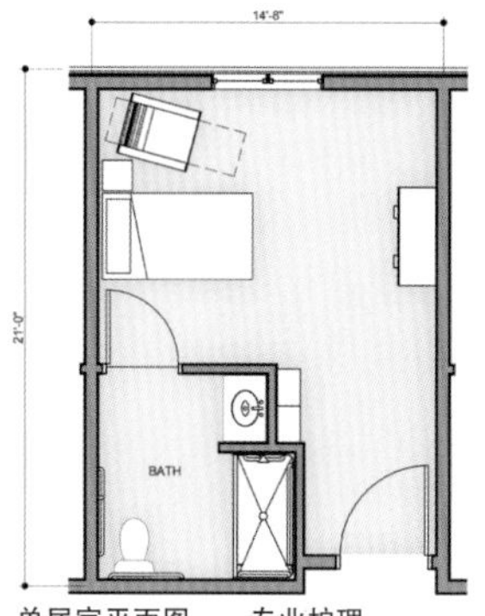

单居室平面图——专业护理

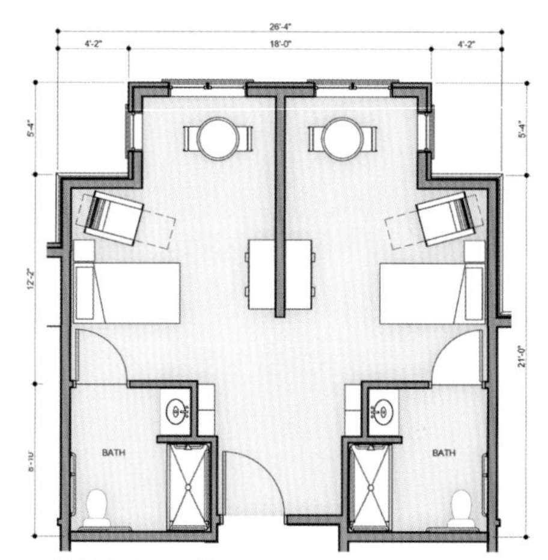

两居室平面图——护理

- 在设计期间，炉石别墅会见了在现有设施中居住的居民和家庭，讨论关于护理以住宅为中心的小型住宅设计的过渡问题。学习并帮助确定对于准备过渡的居民来说什么是最重要的。
- 从调查和谈话中，得出每个小别墅应集成一个车库。这一元素拓展了传统家用车库的功能。
- 奠基仪式上，公众通过讨论投票，为每个别墅用荷兰12个省份的名字命名。居民也可以提议和选择搬到哪个别墅之中。
- 炉石别墅还要求社区成员和居民提交去荷兰旅行的家庭照片或其他纪念品。这类物品有助于为团队设计在色彩、理念等方面提供指导和灵感。在每个别墅中，照片和艺术品依次陈列。客厅用居民自己的纪念品装饰，如挂在沙发上方的佩拉高中足球队队旗、壁炉上的荷兰艺术拼贴画等。

对页上图：北荷兰省别墅餐厅
对页中图：北荷兰省别墅厨房
对页下图：北荷兰省别墅客厅
摄影：吉尔伯特森摄影有限责任公司（Gilbertson Photography, LLC）

外联：为更大范围的社群提供的外联服务都是哪些？

过去一年，本地区社区成员为别墅服务的义工时间超过4800小时。阿尔茨海默症支持小组的8个成员每月提供一次服务，帕金森支持小组10名成员每月提供一次服务。两代人互动计划正在当地的佩拉高中举行，佩拉基督教小学与中央学院，平均每个学校每季度出100名学生提供服务，中央学院为学生提供健康和活动计划的实习机会，爱荷华州立大学提供60个设计专业的学生进行合作，评估别墅的护理、建筑、室内设计模型和包括阿尔茨海默症等各种康复计划在内的社区教育。组织其他社区参观家庭，激励其他长期护理社区以及爱荷华州老龄人口管理部门及其他利益相关者的建设愿望。

绿色、可持续特性：项目设计中哪方面对绿色、可持续性有较大的影响？

能源效率；减少太阳辐射得热量、减缓热岛效应的遮阳棚、种植植物、采光最大化。

当尝试结合绿色、可持续设计特点时项目面临什么样的挑战？

实际成本超预算。

设计初衷：项目中包含绿色、可持续的设计特点的初衷是什么？

设计初衷是为体现客户和项目提供者的目标和价值观；降低运营成本，提高入住率。

技术：请描述项目中为提供护理或服务是如何使用创新、辅助、特殊技术的？

漫游警报装置（RoamAlert）用于保护和“定位”居民，确保居民可以根据其病历与当地合作医院医师进行交流等。配置视频监控系统、S-2自动门锁系统、带寻呼机的无线护理呼叫系统等。

评审委员会评价

这种充满魅力的乡村老年街区仿佛如家一般，而实际上则是一系列的为老年居民康复记忆、得到专业护理及满足辅助生活需求的支持性环境，这着实令人惊奇。每个别墅有着不同的颜色、饰面、纹理和其他细节。将社区整合到周边深受荷兰文化影响的区域中，作为另一个邻居而不是作为“看护”设施，以增加其个性和加强其存在感，体现了文化的传承。增加一个附加车库是一个强化形式和功能的好例子，给人以独门独户住宅之感（即使这些居民并不开车），同时提供了一种分立的方式提供给每一个家庭别墅，使得居民在恶劣天气中能在屋檐下进行一些小的维修维护工作。在室内设计中显然也很注重细节——缓解老年居民压力的房间、窗口座位、储存间、陈列展示区和丰富的木制品，以及高效的工作人员都给人以舒适的如家之感。值得注意的是满足消防生命安全规范的周到的解决方案，特别是在厨房区，社区争取到了州级豁免，可以将其营造出居家之感并能延伸至家的其他区域，这令我们印象尤为深刻。

SFCS建筑事务所

德雷克塞尔壁炉辅助生活设施

宾夕法尼亚州巴拉辛维德//自由路德会

设施类型（完成年份）：辅助生活（2014年）
目标市场：上
地点：郊区；灰地
项目面积（平方米）：25697

该项目所涉及新建筑的总面积（平方米）：6997
该项目所涉及翻新、现代化改造的总面积（平方米）：1910
新建筑的目的：重新布置
项目提供者类型：基于信仰的非营利性组织

下图：东侧扩建部分
对页图：大厦和东、西侧扩建部分
摄影：格雷格·威尔森集团（Greg Wilson Group）

项目总体描述

100多年前，百万富翁约翰·D. 兰克诺尔 (John D. Lankenau) 为了纪念他的妻子，建立了照顾老人的玛丽·J. 德雷克塞尔 (Mary J.Drexel) 之家。后来德雷克塞尔之家运营和入住很不理想。所以，在2008年非营利组织——自由路德会收购了该房产，关闭了这家20世纪60年代的养老院，开始将玛丽·J. 德雷克塞尔之家改造成费城梅恩莱恩的主要辅助生活设施。该场所包括一座历史宅邸、一座谷仓，一所旧宅和这个20世纪60年代的养老院。老疗养院的房屋被拆除，不过历史宅邸和谷仓被保留了下来，并改变用途给老年居民们使用。本次设计的目标是在历史宅邸两侧，即在二层楼的结构上开发出4个可容纳20个居民的辅助生活设施。通过与劳尔·梅里恩历史委员会合作，设计团队衡量选用本地材料，既补充了现在的宅邸又体现出独特的梅恩莱恩风格。

外面的前门门厅各有两个建筑物附加部分，访客可以由此进入一楼或乘电梯到二楼。一楼西侧提供记忆支持服务，东侧的设计也可根据需求的增长提供此服务。在80个居所中，大部分是单居室公寓。另外还有个工作室和2个带书房的单居室。每个居所均设有一个有壁炉的客厅、餐厅，一个家用的、可根据客人需要而现场制作食物的厨房，有遮蔽的入口、水疗和美容沙龙。宅邸的一楼已被修复，设有营销办公室,也为居民提供了集会的空间（包括小教堂、内厅和会客室），还有一个主厨房。二楼在两个建筑物的附加部分给工作人员提供支持服务和“隐形”服务链——洗衣房和食品车对于居民来说是看不见的。宅邸的顶层用于储存物品。环抱屋脊建筑附加部分可以登高远眺梅恩莱恩的住宅区。业主和设计团队与街坊邻里紧密合作开发项目，提升街区品质，以满足老年护理的需要。

项目目标

主要目标是什么？

- 提供以居民为中心的护理方法以确保居民和工作人员的最佳满意度。为了实现这一目标，设计团队利用由先锋网络提供的研究资料，分享了类似项目的使用评价和非学术研究。本设计解决方案以居住环境质量为最高优先级，当然也包括运作效率。食物可以从宅邸主厨房在居民视野之

平面布置图

外悄然运送至每一个四住户厨房中。运输推车柜位于靠近房间的地方。半夜时，满载物品的推车悄然推入柜子中，居室内毫无声息。这样不仅有效率，而且也明显减少了对居民的打扰，营造了安宁的环境。该场所的地形使得项目无法新建建筑，而且邻居的关注点也为项目设计提出了很多限制。

- 此外，占主要地位的单居室公寓要求设计师在营造每层楼的集中式家庭环境时对场所的约束条件加以平衡。在同时有访客来访的情况下，每户前门入口的解决方案需要让家庭生活空间的核心保持在房间的中心位置，同时仍然可以从宅邸出入进行“隐形”服务。

创新：什么创新或独特的功能被纳入了该项目的设计？

通过创建四个明显隔开的居所，居民都能成为一个独特家庭之中的一部分，实现个人居住，促进其独立性。每户中开放的、住宅式的、可根据客人需要而现场制作食物的厨房，给每个家庭的住户用餐增加了选择和灵活性。每个家庭厨房包括一个允许居民随时取用饮料和零食的冰箱。业主和设计团队认为，这对居民的独立性、自主性和家庭意识至关重要的。从外面进入每个家庭的独立入口，增强了居民和访客的家的概念。这些入口通向客厅，住户的流动被安排得就像一个家一样。居民也可以自由出入庭院空间的户外阳台。家家户户都能得到可以预见每个居民需求的敬业员工提供的一致服务。居民小组促进了他们彼此之间以及与工作人员之间更强的联系。所有的这些因素都有助于居民提高生活质量。

对页左上图：室外门廊
摄影：爱丽丝·奥布莱恩
对页右上图：宅邸大堂
摄影：格雷格·威尔森集团

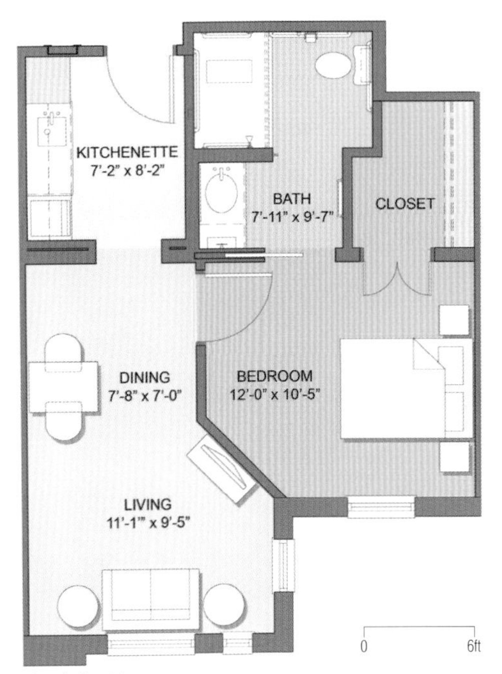

单居室单元图

挑战：设计时最大的挑战是什么？

- 现存宅邸被列入当地历史名录，在此地的任何工作都必须由劳尔·梅里恩历史委员会批准。此外，此地周边都是费城高端的梅恩莱恩房产拥有者，对项目的分区和历史委员会的批准非常有影响力。解决方案：设计团队经常与历史委员会和邻居们会见，在设计解决方案之前很长时间都听取他们的意见和关注点。随着设计的开展，会见也会持续进行。因此，不仅历史委员会批准了该项目，许多邻居也深感项目可以提升他们的社区，因为设计对于现有的宅邸来说是个相当好的补充。最后，没有一个邻居对此项目提出异议。
- 密集的建设地点，利用现有的历史宅邸，划分分区和边界十分困难，严重限制了可建设面积，项目所覆盖范围的高密度也无法新建建筑。家居设计的一般目标在于有着环绕起居、用餐空间的房间。场地限制迫使设计团队发展更多的线性建筑形式。解决方案：业主的规划要求是大多数房间要设置为单居室，另外建设地点的建筑密度也让设计非常具有挑战性。团队开发了功能性的单居室公寓计划，以便该计划适应建设地点的局限性。在每个家庭的居中位置，都有一个毗邻餐饮区的含壁炉的客厅和根据客人需要而现场制作食物的厨房。自然光可以照进室内。在建筑物的后面，一个有遮蔽的户外空间，可以俯瞰树林和毗邻的住宅。该解决方案为居民提供了实用、高效、美观合意的居处。

左上图：托斯卡纳家庭餐厅
左下图：托斯卡纳家庭厨房
摄影：爱丽丝·奥布赖恩
上图：托斯卡纳家庭客厅
摄影：格雷格·威尔森集团

• 当时，这个建筑的设计基于宾夕法尼亚州近期刚刚通过的新辅助生活条例，对于居住类型是采用 I-1 型还是 I-2 型还产生了争议。当时发牌机构推崇 I-2 型，而地方当局则主张采用 I-1 型。解决方案：关于这个项目的设计，不同机构之间的想法高度冲突。开放式厨房家居设计的需求也没有明确的方向，设计团队需要想办法分别在设计和结构评级上遵守I-1型和I-2型的要求。这个解决方案看起来花费更多，却防止了开工延误，同时也提供了更加安全的解决方案。与设计相关的一些工作人员现在主张使用国际建筑代码的新兴语言来为新辅助生活设施命名。

营销、入住：关于营销会遇到什么问题？如何能充分入住？

对社区的反应无论专业人士还是潜在顾客都很相似，一直都是给予正面的积极评价。然而，尽管反应积极，但翻修速度仍比预期的慢。业主已经建立起针对梅恩莱恩市场的联合体，社区的价位使得任何对付费护理项目感兴趣的消费者（包括家庭护理支持）都可以承受得起。许多梅恩莱恩居民可在家中享受服务。即便德雷克塞尔壁炉辅助生活设施价位有竞争力，但许多梅恩莱恩居民还是会选择在家庭服务中花费更多的钱。因此，

业主扩大了他们的目标市场，重新定位了营销工作。现在的结果是入住率与其原来的规划相符，且社区已步入了正轨。

合作：利益相关者、居民、设计团队，其他协作方在规划设计过程中是如何做的？

因为这是一个新的辅助生活设施，所以没有原有居民可咨询。尽管如此，还是可以通过市场调研小组收集潜在居民的意见。通过市场调研，设计团队与邻居和社区通过一系列公开的历史委员会会议以及邻里规划审查会议展开了非常有效的合作。这是获得这个富人住宅区的邻里支持和赞同的关键。

绿色、可持续特性：项目设计中哪方面对绿色、可持续性有较大的影响？

改善室内空气质量；采光最大化；现有建筑结构和材料再用。建设地点设计考虑；精心选择材料；现有建筑结构和材料的再利用。建筑外部使用的石头是老房子和墙体原有的与新型饰面石材的混合。大型景观石则来自地基挖掘。

设计初衷：项目中包含绿色、可持续的设计特点的初衷是什么？

为更大范围的社群做出贡献；降低运营成本；改善居住环境。

技术：请描述项目中为提供护理或服务是如何使用创新、辅助、特殊技术的？

特殊的感应式加热器隐藏在开放式厨房的台面之下，为居民提供了一种准备食物的方法。这些加热器需要特殊的锅进行操作，从而消除了对居民和厨师造成伤害的可能性。在记忆支持康复部门还有带自动防故障装置的安全门，保护容易迷失的居民，也可以在紧急情况发生时由工作人员直接控制，进行疏散。

评审委员会评价

再利用、混合和尊重使得这个项目极好地适应了古老而具有各种挑战性限制的历史宅邸。从宅邸及附加部分暗示了梅恩莱恩的本地特色。建设地点设计创造出了家庭住宅般感觉的街区。室外空间多变，进出便利。服务方面考虑周全——隐匿的走廊，尽量减少了对住户的干扰。每个家庭都有自己的入口，其他居民也能参与到宅邸中的社交活动之中，因此更增加了人们的认同感和集体感。

左上图：古典家居公寓厨房
右上角：古典家居公寓客厅与卧室
摄影：爱丽丝·奥布莱恩
对页：宅邸入口
摄影：格雷格·威尔森集团

科特建筑设计有限公司

山景高地

加拿大不列颠哥伦比亚省萨尼奇//浸信会地产

设施类型（完成年份）：长期专业护理（2014年）
目标市场：低收入、补贴
地点：城市；灰地

该项目所涉及新建筑的总面积（平方米）：15979
新建筑的目的：升级环境
项目提供者类型：基于信仰的非营利性组织

下图：正门
对页图：外景

项目总体描述

山景高地是一个位于加拿大不列颠哥伦比亚省萨尼奇，高度为17层楼，有260个单位的老人家庭护理设施。其中220个房间被指定用于综合家庭护理（长期专业护理），40个房间则用于痴呆症患者住宅（专业护理——老年痴呆症、记忆支持）。该设计的本质在于以居民为中心的护理。受到希望营造成居家感觉的人们的启示，项目的设计超过了实际的运行要求。这个创新项目是温哥华岛卫生局、首府地区医院区和浸信会地产与不列颠哥伦比亚省的区域规划和伙伴关系的一部分，取代现有陈旧的住宅护理设施，为日益增长的老年人口提供更多医疗护理和住宅选择。山景高地自2014年11月开始运营，同时更换了之前两个浸信会拥有的看护之家的住宅护理床位——爱德华兹山球场看护之家和中心看护之家。该建筑组织遵照了如下住宅、聚居区模型：每层楼设置20个床位为一个聚居区。此设计高度规范、灵活，使任何住宅都可以很容易适应特定居民群体如那些获得性脑损伤、记忆丧失或行为问题的人。每个房子都有一个中央生活区、厨房、餐厅、客厅和休息室，这些都是房间中的活跃地带。每个居民都有一个私人的由三部分组成的套房，专为居民舒适、隐私和独立地居住而设计。空间设计上尽可能将外观和功能设计得像家一般，改善居民和工作人员的居住条件。由于居民的需求是随着时间的变化而变化的，在此环境下配备的护理团队将提供越来越高的护理水准。每个房子都有一个后台服务中心以支持更复杂的护理需求，个别房间用欧水疗或浴室甚至有天轨式移位机。

这样一个安全的环境，鼓励着居民在该空间内自由活动，能在日常生活中保持一定水平的独立性。带有住宅式厨房的房屋环境，也让护理团队能全天应对居民的膳食需求，及时送达到护理地点。除了提供一个熟悉的家一般的环境之外，这里还在能力允许的情况下，让居民可以自行选择（酌情决定）早餐、午餐和点心，以及参与使用洗碗机等清理工作。这让居民既锻炼了他们的独立性又在熟悉环境中培养了个人爱好，他们也可以提出需求，参与建筑施工前的规划。晚餐在中央商用厨房进行准备，由电梯运送到每家，然后装盘并送达居民饭厅。晚餐时间是互动的社交时间，使居民有机会走出房间与朋友们共进晚餐。厨房实际上还合并了工作人员工作站和药房的功能，为居民提供了一个开放的、受欢迎的、自然而然的聚集地。工作人员工作站使用了与厨房相同的材料和饰面，所以虽然工作站对于公共区域是完全开放的，但并没有使如家一般的特色有所减少。安全的柜子和抽屉巧妙地融入木制品中。从居民的角度看厨房，其住宅式的外观给人一种家的感觉。共享中心的核心包含了用于公众和服务的电梯和连接每个房子的后台区，这样既保证了每个住宅都是居民的安全环境，又为员工和货物移动提供了贯穿整个建

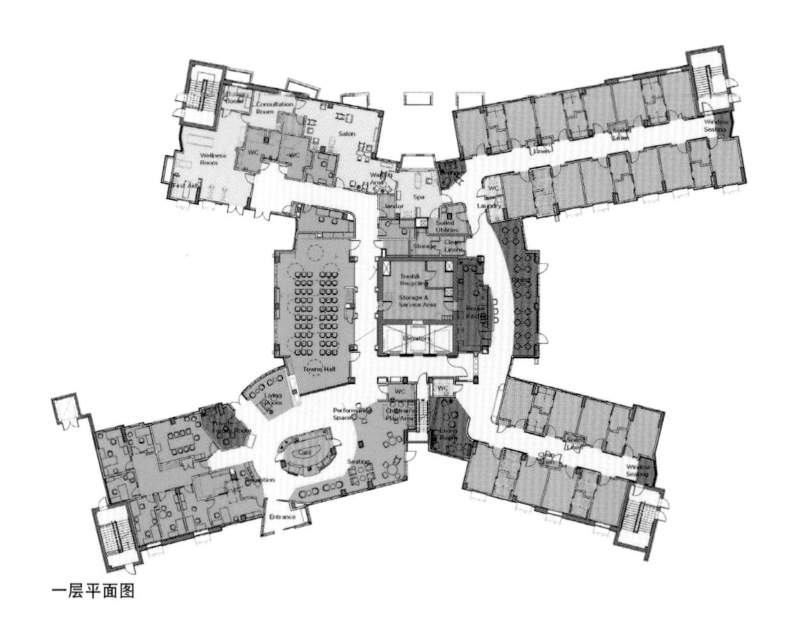

一层平面图

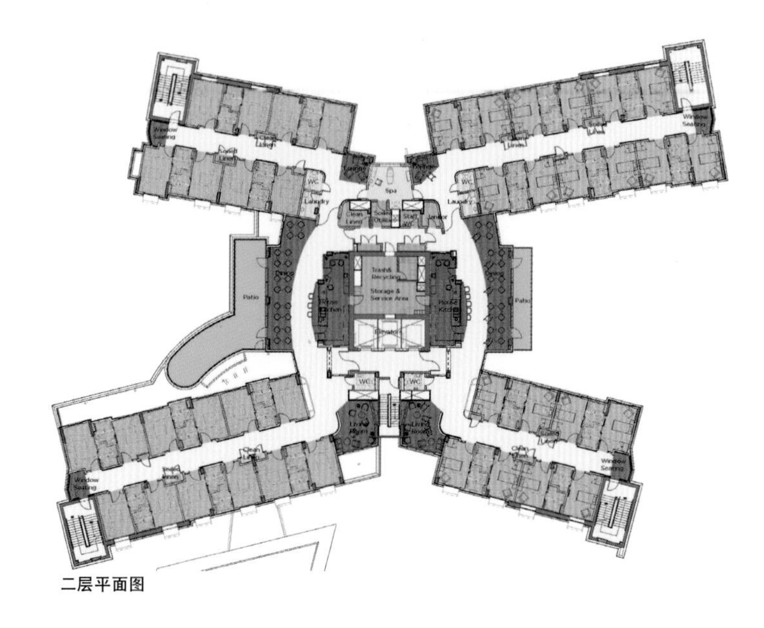

二层平面图

筑的方便的存取点，同时也为每个房子提供了一个可识别的入口。

精益设计过程确定了哪些空间可以由两个房间共享，位于两个房间之间的地方作为一个中央共享服务核心区。这样可以达到更大的效率，避免不必要的重复空间。主楼层扮演了一个舒适空间的角色，居民可以与家人和朋友享受快乐的时光。这里包括一个咖啡厅，一个开放的表演空间、一个礼堂、健康中心、发廊、私人家庭与儿童游乐区。后面还有一个咖啡亭，在这里大家可以共享信息中心的在线资源，让公众和居民获取本地新闻和社区服务信息。除了这些内部设施以外，大堂外还有一个景观庭院和露台，内有各种座位、步行道和花坛。痴呆症患者专有的庭院位于主楼层的居民餐厅外，户外空间为患有痴呆症的居民提供了观察和进行熟悉活动的机会。庭院里有一辆福特经典老爷车作为中心装饰，鼓励居民们对它修修补补。正如其他区域的设施一样，舒适的环境立足于室外的区域，走廊、凉棚、遮阳棚的使用在让居民可以在没有刺眼的阳光直射下享受自然，也模拟出了“后廊”的环境。

项目目标

主要目标是什么？

- 项目的主要目标是设计要关注居民关怀。进行会见或者超出业务操作需求时，会首先提供给那些最需要家庭护理项目的人们。通过设计实现了一个安全、平静、如在家一般的环境。舒适的环境存在于每一个层次的设计和业务操作之中，从建筑内外到把居民分组到单人房之中，以及隐蔽安全的措施和配有相近内部材料、饰面、固定装置的屋后中央核心功能区，等等。

创新：什么创新或独特的功能被纳入了该项目的设计？

设计采用基于证据理论的设计方式，包括：

- 连续的步行路线和拓宽的走廊可以让坐轮椅的居民自由绕圈行动，且很容易按指引行动而不至于迷失方向（这一点对于记忆护理特别重要）。步行路在外面的庭院也能看到，可以走出去亲近自然，进行户外活动。
- 自然的照明是天然的情绪倍增器与调节生理节律的定时器。浴室的夜灯让居民更加安全地在夜间使用厕所。暖色调灯提供了并不刺眼的光照，不破坏昼夜节律的适当照明。

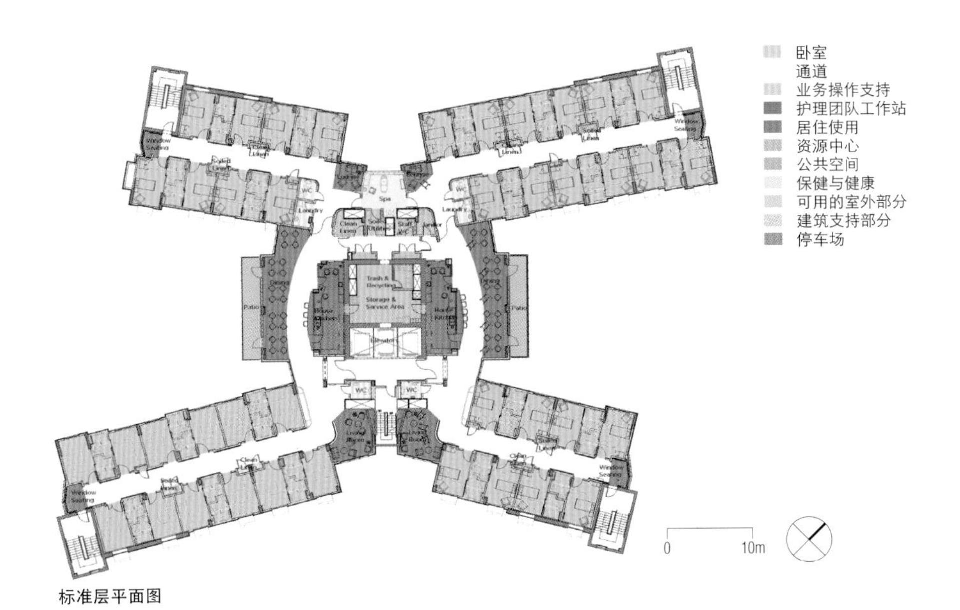

标准层平面图

左下图：大堂客厅
右下图：咖啡亭

- 材料的精心选择，不仅提供了温暖舒适的家庭环境，而且有助于噪声的吸收，同时也在视觉和触觉上提供了从房门口辨别走廊拐弯的线索。为了避免居民读错而导致被绊到跌倒，标识材料均使用非反射表面。
- 缩短了走廊长度，沿着走廊通往客厅和起居室的路上，配以各具特色的装饰品，为老年居民寻找路径以安全无障碍地漫步提供了线索。因为居民进入别人房间几率降低了，所以跌倒风险减少了。此外，每个居民套房的前门有一个古展示柜，里面保存着颇具情感价值的熟悉物品，能够帮助居民确定是否已经回到自己的房间里。在一楼营造了开放的公众空间，可以与周围的邻居接触。这个地方可以为居民和他们的家庭、护理小组成员、当地社区团体和访客们所共享。以开放式的大厅为中心，连接着各种座位、休息室、多用途空间、家庭房、儿童游乐区和咖啡厅。这个空间是一个充满社交与活力之地，让人们在建筑物中聚集在一起，进行全方位的人际互动和集会。同时人群还可以来到外面的庭院活动，亲近自然。由室内到室外，视线可达球场、大堂和庭院，真正给人以开阔而富有魅力之感。

挑战：设计时最大的挑战是什么？

其中之一是与自然环境的整合。建设地点北侧的特色是种有一棵成熟而独特的加里橡树（Garry Oak）。建筑物的位置和方位在设

计配置上保留了大树所有现有的根系及其迷人的自然景观，与庭院浑然一体。另一个挑战则是住宅小区的整合。该建设地点以前是一所位于这个主要的单一住宅小区内的小学。赋予该建筑必要的尺寸规模和功能，使之与邻里相容是关键的设计目标。这个设计突破性地采用狭窄的楼面和有角度的配楼，外墙包覆层每两层楼交替变化，以减少横向的重复，外观颜色分段渐变，上层颜色更浅。这些措施适度地缓和了建筑的表观质量，模糊了楼层数，并将建筑牢牢固定于地面之上。然而，决定性的变化则是对未来的扩展集成的灵活性。山景高地是一个护理性园区，包括高地住宅区和凯里住宅区（Carey Place 经济适用房）。未来的目标是逐步增加独立生活或辅助生活设施，厨房和洗衣房对于未来阶段的服务来说已经够大。

营销、入住：关于营销会遇到什么问题？如何能充分入住？

这座建筑物是现存医疗区陈旧床位的替代品，通过转送浸信会地产、温哥华岛卫生局、首府地区医院看护下的现有居民，接收了足够的补充居民入住。

合作：利益相关者、居民、设计团队，其他协作方在规划设计过程中如何做？

采用综合设计流程，项目团队的每个成员在各阶段都密切协作，以落实项目的愿景和目标。此设计过程开始于审核浸信会房产现存的设施，面试护理团队成员，调研，将技术、团队成员的业务运作和护理工作反馈到早期设计当中。一个包括护理员、承包商和设计顾问的综合性团队共同参与了设计。这个设计团队使用全尺寸实物模型模拟关键的房间以方便获取用户信息。作为循证设计（EBD）的支持者和精益设计医疗流程的促进者，团队探索了一系列的建筑和居民房间配置。从这些设计调查中吸取的经验教训使团队落实了许多重要的循证设计要素，这些比之传统的看护设计在整体建筑效率上具有更高的水平，将大大改善居民的健康。这个项目的经验教训将为未来的项目提供一个更加广阔的基础，以优化设计和业务运作。

对页图：在居民房间入口处的记忆箱，帮助居民寻路定向
左下图：每个房间都装有提升传送轨道，用于不方便行走的居民缓慢移动，安全转移位置
右下图：私密的单人居室

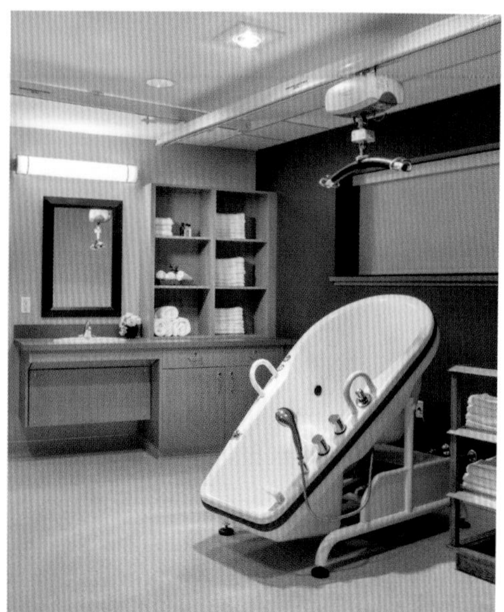

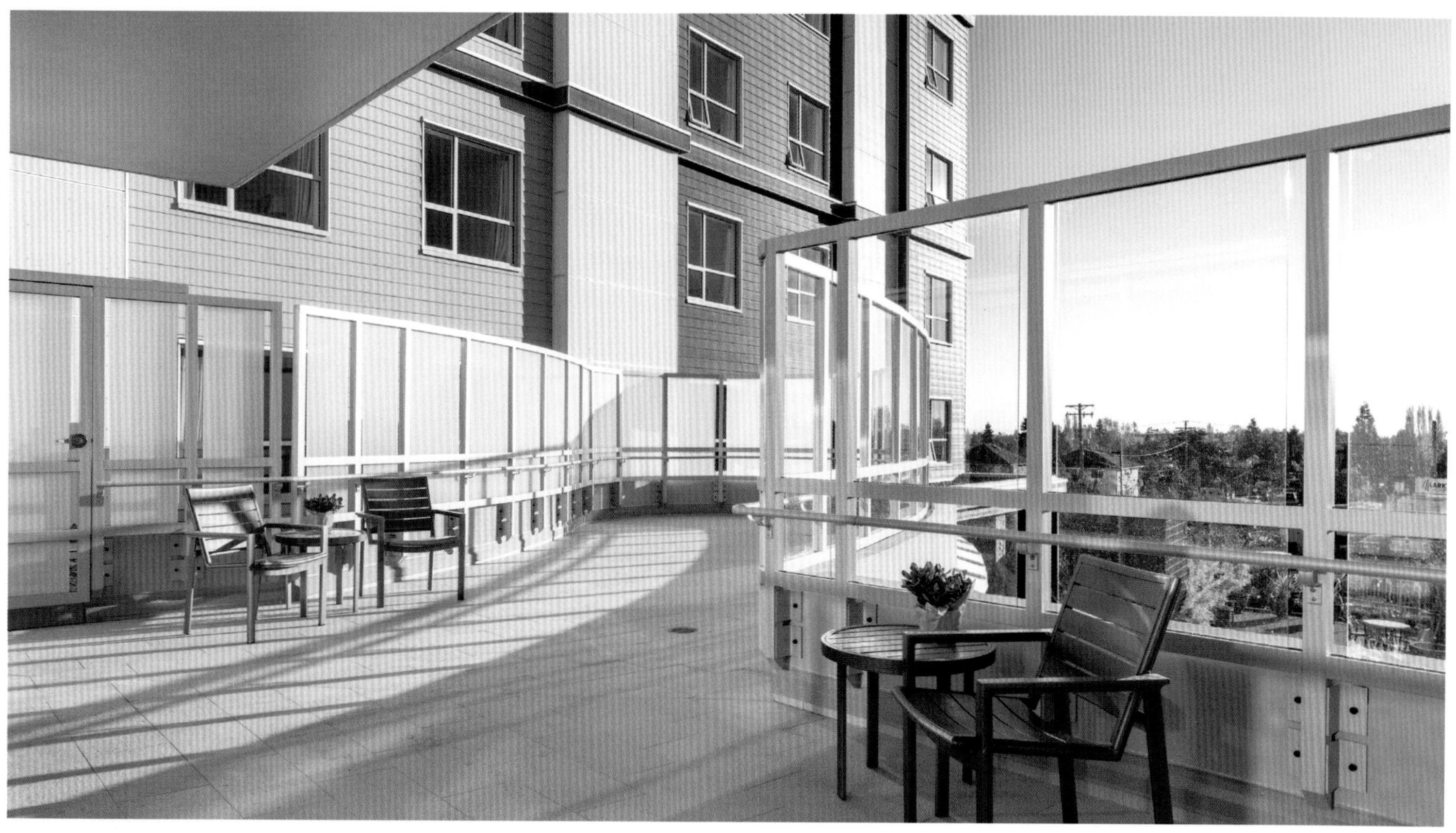

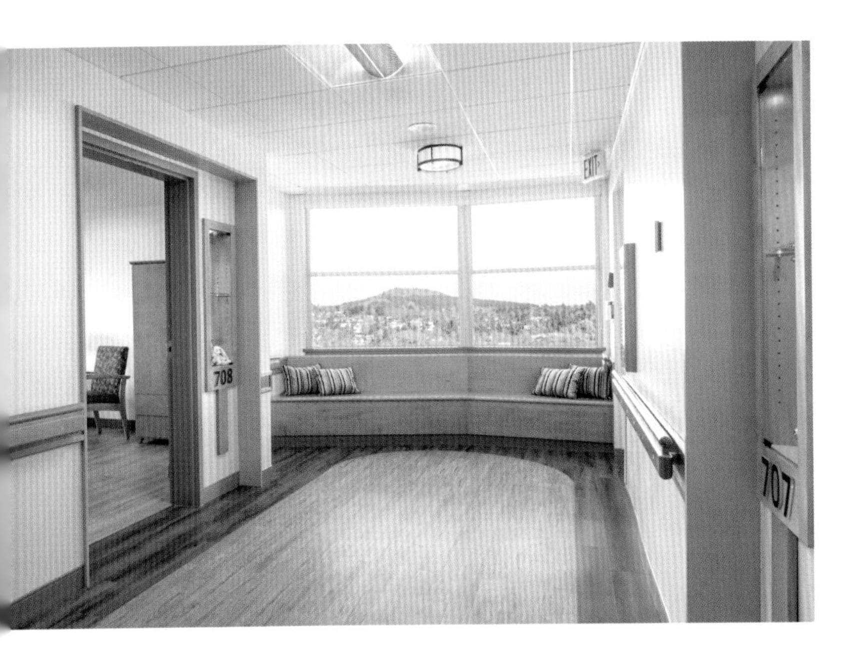

绿色、可持续特性：项目设计中哪方面对绿色、可持续性有较大的影响？

场地设计考虑；能源效率；改善室内空气质量；采光最大化。

当尝试结合绿色、可持续设计特点时项目面临什么样的挑战？

实际成本超支。

设计初衷：项目中包含绿色、可持续的设计特点的初衷是什么？

设计初衷是体现客户、项目提供者和设计团队的目标和价值观；为更大范围的社群做出贡献；改善居住环境。

技术：请描述项目中为提供护理或服务是如何使用创新、辅助、特殊技术的？

使用高级护理记录系统建立电子文档；呼叫系统；视频跟踪系统（仅在走廊和用餐区）；游走警告手镯的监视系统。这些系统均被安装在四个社区的前门内（贝格比，西布兰沙德，东、西凯尔）。

评审委员会评价

山景高地是温哥华岛卫生局、首府地区医院区和浸信会地产与不列颠哥伦比亚省的区域规划和伙伴关系的一部分，以取代现有陈旧的住宅护理设施为目的。有很多关于该项目的事情，评审委员会认为是值得肯定的。居民居住楼层的核心区最为评审委员会称道。每层 20 个住户的两个组合体大大增加了分享每个房间后面——后台支持空间的效率。通过每户公共区域的通道时，居民还是有某些焦虑性的关注。最终，餐厅的玻璃墙减轻了这种关注，同时给人以想亲身体验这一空间的愿望。精心策划的公共空间是个很大的补充，美丽的外部庭院，进一步提升了本项目的品质。多样的膳食选择、社交空间、户外花园和步行路径都有助于支持居住环境。评委还注意到了其他要素，如规划过程中涉及的全尺寸实物模型、非专业合作伙伴、政府、私人合伙、多代同堂因素和高水准的设计等。

对页左上图：餐饮设施
对页右上图：温泉浴室
对页下图：二楼露台
左上图：窗内座位
右上图：有福特老爷车的庭院
摄影：艾德·怀特（Ed White）

黛米拉·谢弗建筑设计事务所

本菲尔德农场老年住宅区

马萨诸塞州卡莱尔//经济适用房社区

设施类型（完成年份）：独立生活（2014年）
目标市场：低收入、补贴
地点：农村；绿地
项目面积（平方米）：182109

该项目所涉及新建筑的总面积（平方米）：2601
新建筑的目的：为老年人提供经济适用房
项目提供者类型：无宗教派别非营利性组织

下图：周围环境，经济实惠，绿色建筑认证专家金奖，老年公寓可持续性设计

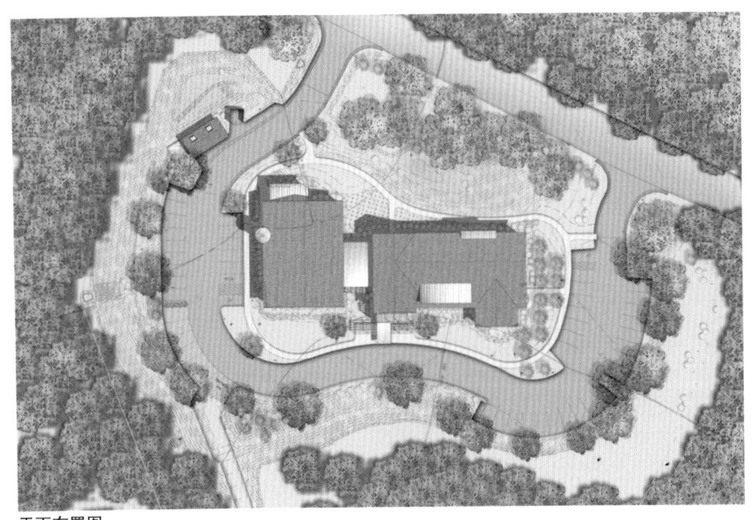
平面布置图

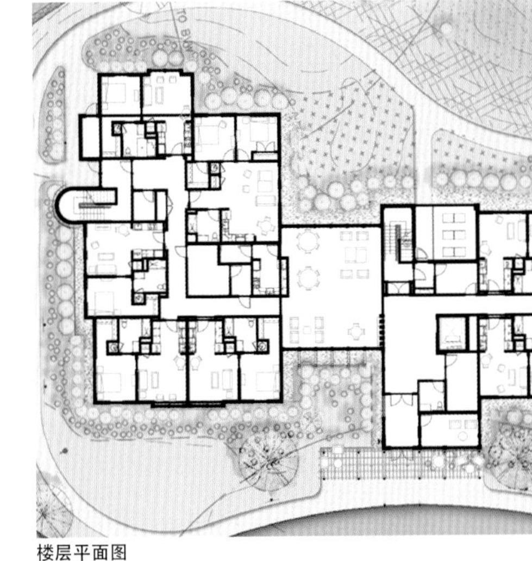

楼层平面图

项目总体描述

本菲尔德农场面临的挑战是在 273 亩（约 18.2 万平方米）的土地上建立一个经济实惠的老年生活社区，其坐落在一个典型的新英格兰湿地景观之中，有着树木茂盛的高地和开阔的草地。这是生活在卡莱尔的 62 岁以上老人们期望的一个综合设施。设计团队开发建设了符合卡莱尔地方性社区建筑风格的建筑，其设计元素熟悉而常见，和卡莱尔本地住宅没什么两样，该作品由一个 2 层楼的有 26 间公寓的谷仓式结构构成，附加在一个 3 层结构的住宅式建筑旁边，与现有的卡莱尔社区相称。为限制对周围的土地和生态系统的影响，本菲尔德农场农场位于 273 亩区域中的 27 亩范围内。居民们可以从周边的景观和适合残障人士的住宅单位中获益。铺设好的道路为老人进出、欣赏如画的景观提供了便利条件。这个建筑单位的大窗户和最大化采光的公共空间，为老人们创造了温馨怡人的环境。

项目目标

主要目标是什么？

- 在既适应社区特点又不超出适度预算的情况下，在富饶的乡村社区里为老年人提供经济适用房。整个社区压倒性地支持这个项目的成功。其住宅设计理念是在两个结构体内设置 26 间公寓，光亮透明的门廊连接着社区空间。若要发展成适当的项目规模，尚需很长的路要走。

创新：什么创新或独特的功能被纳入了该项目的设计？

三层楼中的每个“公共”共享空间都可满足日常社交需要，日光充足，与住宅接壤的保护区视野开阔。公寓因布局合理高效，给人感觉相当宽敞。特别是厨房通道作为入口空间而加倍扩大，并将步入式衣橱和大卫生间并入这个区域，剔除了典型的前厅入口的用途。

挑战：设计时最大的挑战是什么？

设计时最大的挑战是建设地点位于乡下，没有基础市政服务（只有电）。毗邻非常敏感的自然保护地也增加了挑战难度。

营销、入住：关于营销的问题是什么或如何实现充分入住？

人们对此类单位有着极大的兴趣和需求。然而，资金来源则需要有兴趣的住户出资。

合作：利益相关者、居民、设计团队，其他协作方在规划设计过程中是如何做的？

积极的小镇居民们自愿奉献出他们的时间，以确保他们所有的关注点被满足。其中包括环境、规划等，老年事务委员会审核了贯穿整个设计过程的各个方面。同时设计团队也考察了其他老年社区，无论是本镇还是其他城镇，通过走访，评出最好的理念以纳入最终设计。

绿色、可持续特性：项目设计中哪方面对绿色、可持续性有较大的影响？

场地设计考虑；能源效率；绿色建筑认证专家金奖；采光最大化。

当尝试结合绿色、可持续设计特点时项目面临什么样的挑战？

实际成本超预算。

设计初衷：项目中包含绿色、可持续的设计特点的初衷是什么？

设计初衷是体现客户、项目提供者和设计团队的目标和价值观；为更大范围的社群做出贡献。

右图：中庭休息处
对页上图：室外
对页下图：图书馆
摄影：罗伯特·本森

因赛特建筑设计事务所

福克斯通社区

明尼苏达州威札塔//长老会家庭服务机构

设施类型（完成年份）：辅助生活、长期专业护理、独立生活（2014年）
目标市场：中、中上
地点：城市；棕地

项目面积（平方米）：65032
该项目所涉及新建筑的总面积（平方米）：37719
翻新、现代化改造的目的：升级环境
项目提供者类型：基于信仰的非营利性组织

下图：福克斯通北侧——庭院入口停车场
对页图：天桥

项目总体描述

该项目是位于郊区的乡镇多用途开发项目中的一部分。这个建设地点是 20 世纪 60 年代的商业中心和停车场的再开发项目。长老会家庭服务机构作为老年住房项目的发起人，是这整个 97 亩（约 6.5 万平方米）的土地的主开发商，其花费了超过三年的时间与当地社区与政府机构共同努力，获得了批准在这个老年住宅服务薄弱的地区进行再开发。该项目的规划理念突破性地将单一建设地点分解成六个“小块街区”，以更符合这个乡镇的风格。其中三块将进行老年住房建设：一块致力于建设各级老年住房；另外两块则是街边零售和独立生活住房。其他两个区块将包括零售店和公寓，而其中的一个还会建个旅馆。最后一个区块则设计成公众公园。本项目描述了第一阶段，由两个区块构成。

项目目标

主要目标是什么？

- 为都市的服务薄弱地区提供老年住宅。
- 为郊区小村庄的乡镇区域提供所需的零售业。
- 提供多户住房租赁或出售。

以上这些目标是通过创建一个真正的多用途开发项目，作为一个整体（非个别的）而设计的。“小块街区”的设计以建造一个现有镇中心区域的扩展项目为目的而非单一隔绝的园区项目。老年住房项目在人口密度上确保了项目开发的经济可行性，小镇也终于等到了期盼已久的街面零售扩张。这种合并用途的方式让发起人可以在乡镇中心的理想区域提供老年住宅，而老人们以前则是老了的时候不得不把房子腾出来却又没地方安置，未来这种窘境不会出现了。

创新：什么创新或独特的功能被纳入了该项目的设计？

对于这个项目有许多创新和独特的功能。突出的几条包括：

- 真正的多用途场所，老年住宅区块整合了各种等级的老年住宅（独立生活、辅助生活、记忆支持、专业护理）、市场价的住房、零售空间以及公共停车场。相邻区块还有公寓和旅馆。
- 公共入口与住宅分开，使剧场、礼堂和健身中心可以自由进出的同时还能保护居民隐私与安全。
- 在一个具有挑战性的土质松软的地方修筑道路和人行道，承重墩平均 146 米深。地热井位于完全作为老年住宅冷热调节组件的承重墩内。
- 所有人行道和街道都可被地热加热以融化冰雪。此外，80% 的人行道零售区被风雨防护门廊所覆盖。
- 多数（75%）的暴雨径流被捕获和储存在地窖和土壤中，以及承重墩支撑的街道之下，经过沙土的天然过滤后再返回地面。

挑战：设计时最大的挑战是什么？

首先，外观设计就是个挑战。它需要符合“村”的社区理念。为解决这个问题，团队创建了小块街区代替单体住宅小区的方案，而每个小块街区都单独设计以和毗邻的区块互补（不是复制）。其次，严格的高度限制也落实到位。然而为了确保财务的可行性，高密度

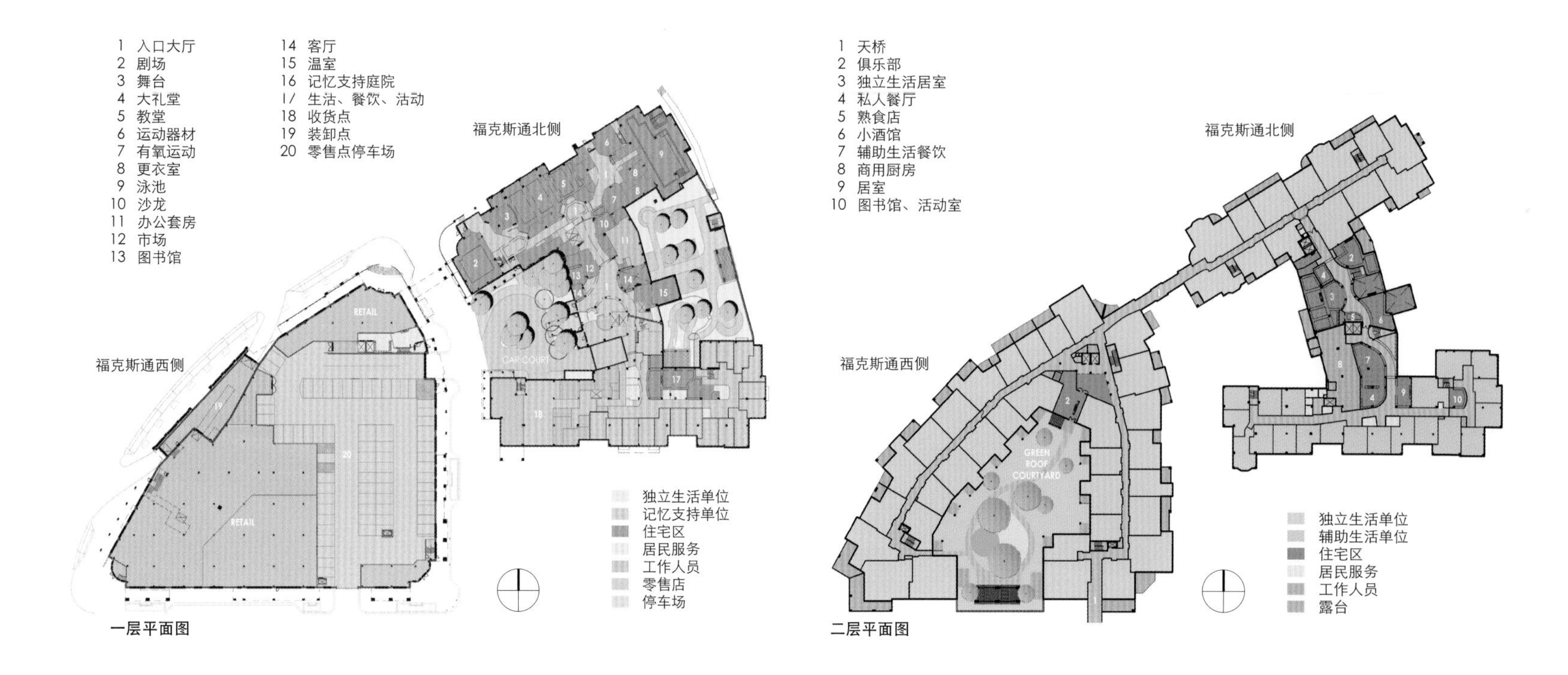

的建筑单位仍然是必须的。为此，团队在屋顶结构内也设计了住宅单位，设置了屋顶窗和嵌入式露台以用于采光。第三个主要的挑战是提供各类老年住房。解决之道是垂直划分建筑物而不是水平划分，使克斯通北区块服务于不同的住房需求——记忆护理、辅助生活和专业护理，而北楼则是独立生活区和小区中心。最后，城区雨水管理面临着重大挑战。在地下挖地窖留存雨水，然后将其排放到限定的砂石土壤自然区域进行过滤。

营销、入住：关于营销会遇到什么问题？如何能充分入住？

竣工前几个月，这幢建筑就作为独立居住公寓全部租了出去。辅助生活、记忆护理、专业护理等功能区住宅入住满员速度也快于预期。

合作：利益相关者、居民、设计团队，其他协作方在规划设计过程中是如何做的？

在总体规划获得审批成为正式的城建提案之前，该项目经历了两年的社区和城镇审查。此前两个开发商提出的项目规划均未获批。于是发起人成立了“社区评审委员会”，这里面包括反对之前提议规划的邻里团体、商会代表、城镇工作人员和官员等。经过一年的委员会会议和开发项目各阶段建议设计的审查之后，设计团队整合出一份正式批准的提案。在委员会会议上，所有设计学科包括建筑师、规划师、景观师、雨水工程和土木工程等都有体现。

绿色、可持续特性：项目设计中哪方面对绿色、可持续性有较大的影响？

能源效率；建筑垃圾回收或从填埋场转移；基础设施下用天然砂石过滤的雨水留存系统设计；地热系统的供热制冷。

当尝试结合绿色、可持续设计特点时项目面临什么样的挑战？

实际成本超预算；修筑建筑物下面承重墩内的地热井需获得国家批准。

设计初衷：项目中包含绿色、可持续的设计特点的初衷是什么？

为更大范围的社群做出贡献；降低运营成本；超出城市和国家的雨水水质要求。

上图：福克斯通北侧大厅
底图：俱乐部
摄影：©萨里与弗莱（© Saari & Forrai）

托德联合公司

皇家橡树园养老社区友谊之屋

亚利桑那州森城//皇家橡树园养老社区

设施类型（完成年份）：辅助生活（2015年）
目标市场：中、中上
地点：郊区
项目面积（平方米）：6965

该项目所涉及新建筑的总面积（平方米）：5485（包括院落）
项目目的：重新布置
项目提供者类型：无宗教派别非营利性组织

下图：入口
对页图：主要生活区的工作人员专区被巧妙地伪装成书柜边的工作台

项目总体描述

在 2011 年年中的时候，大家开始讨论如何改善老年痴呆症服务中心的一个安全区域的环境。这部分包括两个大厅：一个是 1983 年原有的，另一个则是 1994 年增建的。2006 年的翻修工作将两个大厅合并，使之扩充出 50 个床位。这种特殊护理需求在社区中日益增长；近 50% 的居民使用保健护理床位进行痴呆症的诊断，记忆支持和物理治疗的需求也在增加。即便在 2006 年对护理中心进行了大范围翻新，建筑的这个部分仍然缺乏自然光照射。2011 年 9 月，咨询顾问确定该公共区域需要加以改善，增加照明。这个双居室中部分存在着较大的电流问题。研究显示居民可以从为自已营造的个人空间中大大受益，比如用展览柜展示他们的一生中收集的纪念品，追忆过去难忘的时光。安宁的隐居环境为沉思和恢复活力提供了机会。半私人房间中的居民就感受不到这些，从而焦虑困惑。当使用设备进行个别护理时，半私人房间对居民护理工作也形成了挑战。此外，服务推车、设备保管等都堆在走廊上，使走廊拥堵不堪，妨碍行走安全。此外，交通噪声也会让不理解状况的痴呆症患者困惑不已、躁动不安。自从居民集会区前面的护理站搬到出入口附近之后，居民的行动便受到了限制，因为他们得跟着工作人员进出。居民若要去户外的安全天井中，会难以照看到，故需要一名工作人员护送陪同。不过室外空间，即使露台也是被监控的，这一设计并不鼓励居民从事户外活动。解决方案是建立一个拥有 56 个床位的护理中心（单人间），并再次授权其从事为痴呆症患者提供记忆支持服务。第二阶段将重获现有医疗保健中心 57 到 64 个床位（单人间）的建设许可，翻新大多数居民房间的浴室，以满足现行的无障碍规范，并把餐厅改造成开放体验式。

项目目标

主要目标是什么？

- 改善痴呆症患者的生活质量，在私人的住宅环境中提供护理。此建筑实现了如下目标：每个居民都拥有私密宽敞的套房；用于活动和社交的居民公共空间；楼层规划使得阳光能从两边的共同生活空间照射进来，而大型折叠玻璃墙使得自然光从室外花园进入；每个住宅都安装了手动木质百叶窗的大窗户，可以让居民控制他们房间里的光线明暗；设有集中式开放餐厅，每个侧楼的居民用餐区都位于一个大开放的生活空间内。每户的中央壁炉分设在不同的生活或活动空间中，独特的、开放的楼面布置中也包含作为内部空间延伸的安全的户外花园。居民在户外空间的活动可以一目了然，带有手动玻璃墙系统的安全的室外花园作为室内空间的扩展，引入了更多的自然光线，提高了照明质量。
- 对老化的建筑，设计体现出了灵活性。这座建筑物是为了满足专业护理的要求而设计的。如果需要的话，可以很容易地转换成一个全面护理设施。
- 减少整体的工作人员需求。通过重新安置近 50% 的专业护理模式下的居民，使之在老年痴呆症、记忆支持模式下接受护理，整体的工作人员潜在需求将减少七至八个执业操作护士（LPN）职位，替换四至六个护士助理（CNA）或认证护理员（CCG）。
- 在护理中心建造私人房间。在现在的护理中心重新布置 56 个记忆护理床位，以保证在第二阶段将重获现有医疗保健中心 57 至 64 个床位（夫妻都需要这类护理的半私用房间）的建设许可。

创新：什么创新或独特的功能被纳入了该项目的设计？

- 强调可视性的室外花园庭院促进"乐趣"疗法。代替去治疗室，居民被鼓励在花园里散步，在那里可以结合特定的治疗元素，如表面材料的变化、台阶和其他被认为在每个居民走过花园时所必要的相关活动内容等。这座建筑内部气候恒定，室外空间则可全年使用。
- 设计有 14 个私人套房，每个都有浴室，周围则是一个 214 平方米的共同生活空间，希望能给居民们提供一个家的感觉，而不是护理中心那样的环境。
- 所有工作人员支持空间和设备区域都从居住区移出，以营造更像家的感觉，但仍然可以为居民们提供充分的支持。
- 每层处于幕后的全方位服务厨房进出方便，可通往居民生活和活动空间。
- 工作人员工作区（LPN，CNA 和 CCG）代替护理站，坐落在室内生活区的家具之间，与居民充分接触。
- 机械通风系统提供连续的气流，保持大楼各处恒定水平的新鲜空气。

挑战：设计时最大的挑战是什么？

第一个挑战是为 56 个居民创造出 4 个家庭区（每 14 个人属于一个家庭区），营造出亲密的居家感觉，同时提供适当规模的居住空间和支持空间。

对比做了如下处置：
1）集中式工作人员支持空间（便于出入、富有效率，同时从住宅楼中移出）；
2）在居民楼中建造只围绕生活、餐饮、活动空间功能的居室；
3）打破住户的居住空间（例如，每户的中央壁炉分设在不同的生活或活动空间中）；
4）创造独特而开放的布置，如将安全的室外花园作为室内空间的延伸等。这允许工作人员成为家庭的一部分，并轻松查看整个空间的情况。

第二个挑战是适当的将新的痴呆症、记忆支持生活区整合到现有园区中，这样可以与现有的辅助生活项目建立更强的联系。项目的战略定位是挑选并尽量少的淘汰现有花园式住宅，同时为其余的花园式住宅提供最佳的缓冲区域。

营销、入住：关于营销的问题是什么或如何实现充分入住？

友谊之屋是独一无二的，因为它的建立满足了现有居民的需要。随着该大楼最近开始接受入住，第一批 40 名现有居民搬了进来，友谊之屋的销售情况一开始就反响良好。

合作：利益相关者、居民、设计团队，其他协作方在规划设计过程中如何做？

组建团队的最初前提不是建立一个新的记忆护理大楼，而是努力着手改造现有的护理中心，在同一设施内继续提供记忆护理和长期护理服务。通过工作人员、社区和顾问的调研，皇家橡树领导层认识到现有的空间小、居民房间共享、公共区域隔离的康复中心模式，无法满足市场中需要的较小的、更多带有私人房间的住宅小区。这一现状催生了一个解决方案：建立一个具有新的 56 个私人房间的老年痴呆症、记忆支持结构。聘请外部的咨询顾问评估其他社区，完成市场调研，并根据他们的发现提出建议。设计团队参观了三个现有社区，同时与其他社区的工作人员面谈，讨论各种利弊。

绿色、可持续特性：项目设计中哪方面对绿色、可持续性有较大的影响？

能源效率；改善室内空气质量；湿性发泡纤维（防火和微生物阻燃）绝缘建筑围护结构；排气装置能量回收系统；居民房间中双窗格、高性能、低辐射、配有夹层玻璃的窗户；高效 LED 照明，包括能源管理系统，各处安装高效的热泵空调单元。

当尝试结合绿色、可持续设计特点时项目面临什么样的挑战？

确定真正的、长期可持续的解决方案，而不是那种仅仅是感觉正确的方案。

设计初衷：项目中包含绿色、可持续的设计特点的初衷是什么？

体现客户和项目提供者的目标和价值观；对于其他类似的或本地的设施保持竞争力（即建设更有吸引力的、更有针对性的住宅）。

技术：请描述项目中为提供护理或服务如何使用创新、辅助、特殊技术？

思科无线接入点允许工作人员和护士使用笔记本电脑和平板电脑，在移动推车上调取和记录护理点的居民电子病历。安全的无线连接也支持房内药物管理，以满足每个居民的隐私和个人喜好。工作人员也可以使用虚拟桌面访问服务器上的数据中心，也可以用虚拟桌面通过云监控，就近调取图像，跟踪用户。提供访客无线服务，可以使访客通过无线网络上网。菲利普斯系统通过使用防水定位器腕带和安装运动传感器来监视居民情况。陪伴者和护士携带无线移动电话、可接受到报警信息的寻呼设备。无论是居民使用室内拉绳系统，还是他们在夜间从床移动到浴室或接近门口时，都会发出报警信息。这些实时警报使得工作人员可以迅速提供援助。销售终端触摸屏在居民餐饮区使用，点餐后订单信息发送给厨房准备食物。这使得沟通交流在安静环境下无缝完成，把食物和工作人员的服务连贯在一起，提供快捷、高效的居民餐饮服务。思科电话系统（Caremerge）是基于网络的增补居民记录的软件系统。该软件促进和维护了居民生活中高水平的家庭参与度。它提供了一个安全的、与居民家庭沟通的直连线路，可以让家庭成员看到居民的活动日历，包括已排期的体检和治疗预约等。此外，它为家庭成员和工作人员交谈、发电子邮件和分享图片及其他文件提供了手段。排班软件（Onshift）是一个基于互联网的工作人员应用程序，它允许快速访问最新的时间安排表，让员工按需安排或轮班。一块有互联网功能的电子白板（Smartbord）被安装在会议室，用来进行员工教育，开通报会议。虚拟专用网门禁技术准许选择工作人员安全访问整个建筑的限制区域。思科电话系统让居民可以在他们的房间使用模拟电话，同时允许员工使用无线电话和基于VoIP协议的更强大功能的桌面网络电话程序。

上图：没有居民的走廊，主要围绕公共区域设计的私人住宅套房
摄影：马克·鲍埃斯克莱尔（Mark Boisclair）

珀金斯·伊斯特曼建筑设计事务所

莫斯生活区：桑德拉和戴维·S. 麦克馆

佛罗里达州西棕榈滩//莫斯生活区

设施类型（完成年份）：短期康复（2015年）
目标市场：中、中上
地点：城市
项目面积（平方米）：23390

该项目所涉及新建筑的总面积（平方米）：8898
翻新、现代化改造的目的：升级环境
项目提供者类型：基于信仰的非营利性组织

下图：带喷泉的外景
摄影：丹尼尔·纽康（Daniel Newcomb）
对页图：餐厅、厨房
摄影：汤姆·赫斯特（Tom Hurst）

项目总体描述

麦克馆提供了一个新的以居民为中心的、具有前瞻性思维的短期康复中心，它拥有尖端的护理设施，担当得起更强的居民医护需求，与医疗保健系统保持着良好的合作关系。在开业三个月内，麦克馆实现了 95.9% 的入住率和平均每个月约 110 个人入住。麦克馆完成了一个全面的愿景，包括以社区为基础的服务、全方位老人健康护理计划 (PACE)、辅助生活设施、记忆护理和租赁型独立生活设施等。一个 4 层楼 9662 平方米的建筑，配备小规模的、以居民为中心的家庭和私人护理服务。麦克馆通过私人房间提供了高品质、专业化的服务，以更加保护个人隐私。项目设计通过医用气体可支持更大的传染病控制能力，病床包覆性技术（护栏）提升了护理水平，电子记录技术使得护理工作得到一流的管理。项目采用了最新的设备和康复程序。麦克馆是专为不久的将来，婴儿潮一代老年人群市场而设计的，他们将不只是治疗疾病，而是积极地明确并满足自身的老年健康需求。项目有 3 个居民楼层，每层 20 个居民组成 2 个家庭区，每个房间都有属于自己的餐厅和生活区，用餐空间灵活，开放式厨房可准备饭菜，且护士们都有自己的工作区。附加项目的空间集中在每个楼层的家庭房候诊室、办公室和护理团队套房中，包括礼宾部、固定工作间、来访人员接待室、会议室和药品室等。所有的居民都可进入封闭的一楼庭院进行治疗和参与娱乐活动。在每层楼都有户外露台和居民活动空间，提供更加私密的小环境。一楼包括宽敞的大堂和走廊，连接到 650 平方米的康复健身房、相关治疗区，廊道连接着其他的园区建筑物，风景优美的湖泊景观近在眼前。社区重新整合的计划推动了此项目的设计，居民和工作人员可以将这些公共空间作为治疗体验的一部分。

项目目标

主要目标是什么?

- 扩建园区，提供尖端医疗保健设施。园区规划调研确定了不断增长的对于有专业护理服务的短期公寓需求，园区扩建会更好地定位未来的组织并使社区服务更加圆满。该研究结果建议建造一个新的拥有 120 个床位的短期康复中心。这将是一个以居民为中心的、具有前瞻性思维的、拥有尖端的护理设施、担当得起更强的居民医护需求的短期康复中心。新馆建设地点位于园区入口处附近，建造起来具有更大的自主性，出行方便。

创新: 什么样的创新或独特功能会被纳入了该项目的设计?

主要创新特点包括:

- 与当地医院建立合作关系，以获取更强的业务能力。
- 最佳的医疗记录技术进行居民管理。
- 康复健身房提供最新的设备和护理程序。
- 为组织和社区扩大服务范围。
- 与现有的社区服务纳入全方位老人健康护理计划、老年诊所、日间护理、专业记忆环境的营造等。

挑战: 设计时最大的挑战是什么?

- 通过可扩展的、适于步行的连接将设施整合

一层平面图

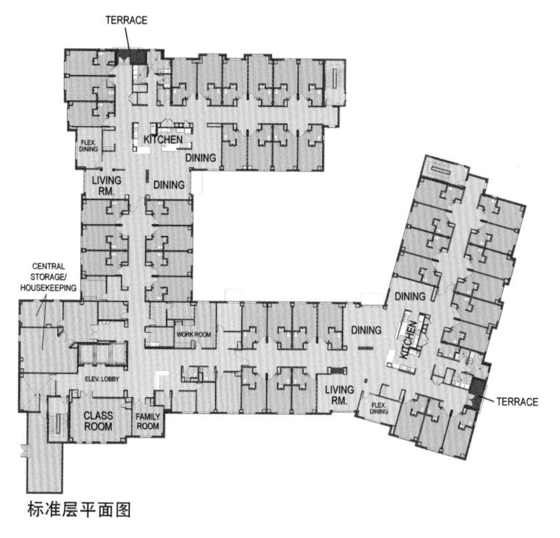

标准层平面图

居民房间
支持区
康复区
通道与公共空间

0 40ft

对页图：休息室
摄影：丹尼尔·纽康
上图：治疗室
摄影：汤姆·赫斯特
中图：理疗
底部：居民房
摄影：丹尼尔·纽康

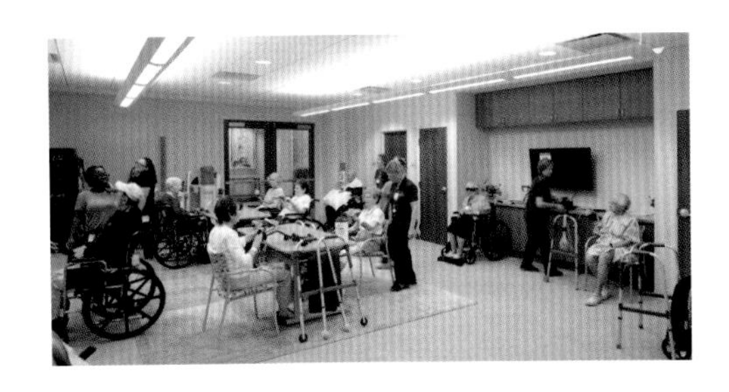

到现有的持续护理退休社区环境之中。鼓励和支持户外活动，该设计提供了连接各个建筑物的廊道，结合了现有建筑物的建筑特点，建设了可以远眺湖面的、有益健康的花园，配置了家具和私人休息区。

- 在 120 个房间的设施中，加强以居民为中心的家庭房建设。此设计引入以居民邻里为核心的集中社交餐饮区，紧凑的规划削弱了走廊的存在。对个人的居民房间进行分组，以确保隐私，保持较小的家庭区规模。因此，需要把治疗区、个人活动区和家庭之间的交互功能设置得更加合理便捷。
- 控制耀眼的日光，同时提供充足的室内采光。设计采用带颜色的玻璃大开窗，具有遮阳和控制功能，照射进来的日光可以调整控制其分布、强度和进光量。
- 提供和鼓励受控的户外活动。作为一个重要

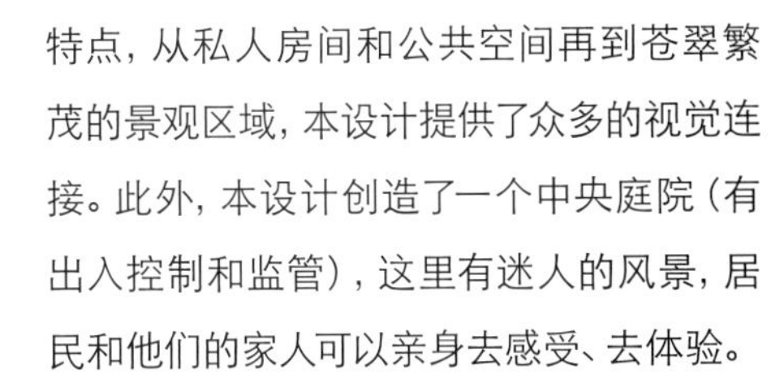

特点，从私人房间和公共空间再到苍翠繁茂的景观区域，本设计提供了众多的视觉连接。此外，本设计创造了一个中央庭院（有出入控制和监管），这里有迷人的风景，居民和他们的家人可以亲身去感受、去体验。

合作：利益相关者、居民、设计团队，其他协作方在规划设计过程中是如何做的？

建筑师进行设计和规划研讨会以引出领导层和用户群体的需求信息。

绿色、可持续特性：项目设计中哪方面对绿色、可持续性有较大的影响？

减少太阳辐射得热量、减缓热岛效应的遮阳棚、种植植物、采光最大化；材料的精心选择。

当尝试结合绿色、可持续设计特点时项目面临什么样的挑战？

实际成本超预算；客户缺乏了解绿色、可持续性的特点。

设计初衷：项目中包含绿色、可持续的设计特点的初衷是什么？

体现客户、项目提供者和设计团队的目标和价值观；提高入住率。

技术：请描述项目中为提供护理或服务如何使用创新、辅助、特殊技术？

麦克馆提供了更加专业化的服务，通过医用气体可支持更大的传染病控制能力，病床包覆性技术（护栏）提升了护理水平，电子记录技术使得护理工作得到一流的管理。

GGLO建筑设计公司

赛格伍德退休社区

犹他州南乔丹//基斯科老年生活社区

设施类型(完成年份):独立生活、辅助生活(2015年)
目标市场:中、中上
地点:郊区;棕地
项目面积(平方米):24078

该项目所涉及翻新、现代化改造的总面积(平方米):21725
翻新、现代化改造的目的:重新布置
项目提供者类型:营利性

下图:赛格伍德有几个绿色可持续的设计特点,包括所有的雨雪形成的地表径流,流到地下储存在地窖中,经景观花园过滤,最后排放到蓄水层里
对页图:赛格伍德园区的设计理念是"被景观庭院所分隔而成的独特社区"

项目总体描述

基斯科老年生活区的“戴布里克的赛格伍德”是新戴布里克大众交通导向社区不可分割的一部分，位于犹他州南乔丹，距盐湖城市中心仅20分钟车程。相互之间邻近的住宅、商业、娱乐和医疗服务等多样化的组合，使赛格伍德及其周边街区成为戴布里克的“心脏地带”，连接着周围地区的人们。这是一个老年人与他们的子孙亲属相距不远又能享受便利、享受舒适生活的地方，对于居民和他们的客人都是开放的。“戴布里克的赛格伍德”是个老年健康的创新性新图景，为戴布里克这个日益增长的新大众交通导向社区增光添彩。赛格伍德的特点是通过整体设计的方法安排布置舒适空间、景观设计、用于强化户内外联系的各式各样外观的建筑群和材料。像辅助生活和记忆护理侧楼这样的“社区”，就是通过共享的公共便利设施区域连接到独立生活区中。在21,725平方米的园区内，赛格伍德以从独立生活到辅助生活和记忆支持等全套老年生活方式均可供选择为特色。提供4个等级的生活选择，包括99个独立生活公寓住宅，78个有个人护理功能的辅助生活公寓，和2个私人记忆支持“家庭护理区”，每个有23个私人住宅，这里的居民需要额外的支持关注。一个家庭护理区致力于更高层次的辅助生活；而另一个则住着可能需要专业记忆护理的居民。辅助生活区的居民和客人通过一个门廊进入二楼大厅，映入眼帘的是炉边客厅、图书馆和会议室。用餐选项包括小酒馆区、私人用餐区和有大窗和大门的通向开阔舒适的户外露台的主餐厅。有休息长椅的锻炼区、专用治疗区和康复健身房用来保持居民的活力和健康。附加的便利设施包括一个小休息室、一个带厨房的大型活动室，共享会议室（多用途房间）是专为赛格伍德居民举行他们喜闻乐见的热闹活动而设计的。记忆支撑侧楼设计用来回忆一个家庭生活中的细节。居民和客人通过一个小“门厅”进入到中心公共区域,从这里可以通至住宅式厨房，一览餐饮区。邻近的客厅作为活动中心，为居民提供了一个舒适和平静的环境，护理人员的视线一览无余，毫无遮挡。客厅附近安静的房间进出方便，而全封闭的“三季门廊”连接着生活区和用餐区安全的庭院。舒适的住宅式家庭环境提升了独立性和尊严，减少了焦虑，并提供了室内和室外公共区域，使居民自行选择所去之处。独立生活区侧楼的景观汽车场宏观上设计为“欢迎垫”，为行人创造出了友好的环境。一条长廊连接着便利设施区域的独立公寓侧楼，沿着汽车场的东部边界，为庭院和室外壁炉休息区提供了一道景观。沿着主干线的城市边缘地带，两个三层楼的建筑构成了公寓。居民和他们的客人可以在带有大壁炉和细节生动的木质天花板的主客厅度过愉快的时光。餐饮选择包括可以看到烹饪过程和烧烤台的咖啡小酒馆和正式的用餐空间，这里安装了电缆，并且显示屏幕受当地的石头和矿物材料的启发而做了造型。这个餐厅通至庭院露台，由坚固的框架结构所遮蔽。附加的社区和家庭导向式便利设施区包括图书馆、游戏室、有儿童区的家庭“大房间”区和特定的艺术工作室等。一个共享的会议房间（多功能房间）提供了为周边邻里和更大的戴布里克社区居民活动和集会的空间。卫生保健设施包括健身房、瑜伽区、室内游泳池和水疗中心，以及一个提供全方位服务的沙龙，这个沙龙还有个做保健按摩和身体检查的房间。锻炼点设置专用的通道，宠物区则位于其周围以鼓励居民走动，进行室内外活动。

项目目标

主要目标是什么？

整体目标是创造“健康生活新图景”，广泛融入如下组成部分：

- 与更大的戴布里克社区相融合，与家庭相连接：开发者和客户认为这个新社区为老年生活树立了新的基调，因此，此建设项目应该惠及更大的社区及其居民。此项目的地理位置因为靠近交通枢纽使得住户的家庭成员容易进出园区探访家人，公共设施附近的居民和更大的社区与之连接，参与使用也很方便。
- 环境管理工作：戴布里克的设计作为一种高度适于步行的、可持续社区，要求所有开发者遵循可持续发展与运营实践的原则。赛格伍德有几个绿色可持续的设计特点，包括：所有的雨雪形成的地表径流，流到地下，通过三个地窖和排水井储存，经过滤，排放到蓄水层里；独立生活单元利用高效率的燃气鼓风对流式空气加热器，与热泵相比大大减少了电力需求，也使居民更加舒适；前门所有居住单位都有一个主开关指示灯和电源开关可以关闭所有的灯，选择电源输出端口。
- 园区设计——集成了辅助生活和独立生活区：赛格伍德园区的设计理念是“被景观庭院所分隔而成的独特社区”。通过精心布置的庭院、舒适的空间、多样化的建筑群和外观材料，促进强烈的室内外连接的景观设计等，赛格伍德的“城市形象和识别性”大大提高。邻里之间通过共享公共区域联系起来。室内装饰和详细设计参考了本地的自然地质矿产资源，使人马上就能联想到这些当地的特征。

创新：什么样的创新或独特功能被纳入了该项目的设计？

- 所有雨雪地下水补给回灌处理。
- 大型会议室（多用途房间），提供给所有居民、家庭成员和更大的社区进行活动和会议。
- 园区外观与邻近建筑物的规模和用途相呼应，在街区的整体审美上形成互补。
- 沙龙、水疗中心专为居民邻里设计。
- 园区内有多种步行和健身点选择。

挑战：设计时最大的挑战是什么？

一个挑战是戴布里克的发展方针要求严格。园区建筑的设计是一种转变，从位于戴布里克大道前的现代城市独立生活建筑，到一个面向花园公园（Garden Park）的、具有温和居住风格并获得辅助生活批准的记忆支持建筑。每个建筑物的边界与邻近街区的混合功能环境相呼应，一、二、三层建筑在规模、特征与细节上各异。不同的建筑以围绕中央公共区域为特点，使两个住宅侧楼相一致，支持各种厨房、洗衣房及其他住户服务。另一个挑战是当地气候和场地特征。通过对天气、环境因素和极端季节性天气波动的分析，如夏季和冬季风型和阳光照射情况，选取恰当的位置设置庭院使得室内的环境能获取日光和捕捉山景等。此外，服务和配送入口规划和设计了分立、高效的路径，以利车辆进出园区。地面停车位有车棚、树木和大量景观植物，出入便捷。

营销、入住：关于营销会遇到什么问题？如何能充分入住？

本建设项目接近正式开业时，人们对其的兴趣就开始了。由于其独特的风格，许多人刚走进来时并没认出这是个老年生活社区。社区在第一个月有 10 个住户迁入，接下来登记继续增长，一些人计划出售房屋或回迁到该地区，离子孙更近一些。预计在 2017 年，租赁业务可以做到完全入住。

合作：利益相关者、居民、设计团队，其他协作方在规划设计过程中如何做？

- 开发商、业主和建筑师与戴布里克主要开发商一道修改完善设计，以满足他们的要求。
- 设计和交付团队包括两个开发商，运营商、两个建筑公司（有当地备案的、设计能力

领先的建筑师）和一个有本地分包商的当地总承包商合作建设赛格伍德。

• 园区整体设计愿景通过综合建筑设计服务、室内设计实现，景观式样由设计领先的公司提供。
• 调查研究有关气候、风和日光对于多样的庭院大小、布置及建筑形式的影响。
• 基于趋势市场研究和条件，开发商、业主和建筑师在设计开发阶段继续修改项目，包括建筑设计的几次反复和各设计单元的混合。

外联：为更大范围的社群提供的外联服务都是哪些？

赛格伍德为邻近符合年龄条件的居民和花园公园社区的500个家庭提供课程、水疗中心、沙龙和餐厅选择服务，同样在花园公园会所也提供老年健康和健身课程。

绿色、可持续特性：项目设计中什么对绿色、可持续性有最大的影响？

选址；用水效率；采光最大化。

设计初衷：项目中包含绿色、可持续的设计特点的初衷是什么？

设计初衷是体现客户和项目提供者的目标和价值观；为更大范围的社群作出贡献；降低运作成本。

技术：请描述项目中为提供护理或服务如何使用创新、辅助、特殊技术？

辅助生活区包括职业疗法、理疗和带有医务室的康复中心，外部专业人士可私下提供咨询。记忆支持家庭充分利用了人工物品的设计特点，尽量使每个个体功能最大化，包括互动式家庭厨房，有高身花槽的、开阔安全舒适的室外花园，开阔的视野，寻路标志随处可见。独立生活居民除了月租以外还有灵活的支出帐户，可用于餐饮、沙龙、水疗、个人训练及其他服务等。赛格伍德设置POS系统允许居民使用密钥卡消费所有服务，出入整个社区。

左上图：客厅毗连图书馆和上网休息室，让居民是“活动的一部分”。舒适的阅读椅和原木自然边桌让读者根据他们的舒适度选择如何来使用这个空间
右上图：水疗服务的目的是在唤起一个高档、豪华舒适的感觉，同时满足设计师的目标——消除保健与医疗相关的治疗之间的界限，促进自主性和以人为本的护理
摄影：德里克·里夫斯（Derek Reeves）

RLPS建筑设计事务所

撒玛利亚人高峰村

纽约州沃特敦//撒玛利亚人公共卫生系统

设施类型（完成年份）：辅助生活（2013年）；长期护理（2013年）；长期专业护理（2014年）
目标市场：所有收入类别
地点：农村；绿地

项目面积（平方米）：72843
该项目所涉及新建筑的总面积（平方米）：21411
翻新、现代化改造的目的：重新布置
项目提供者类型：无宗教派别非营利性组织

下图：标准专业护理区的客厅
对页左上图：辅助生活区厨房
对页右上图：乡村厨房

项目总体描述

撒玛利亚人高峰村是一个新的健康系统——发起建设老年生活住宅，以填补纽约州杰斐逊县对于稳定的长期护理服务的巨大需求。位于安大略湖畔东北边界的这个乡村社区，随着县疗养院即将关闭，需要增加额外的护理床位。这些现实情况预计将使当地居民陷入巨大难题，并很可能导致对急症护理服务更大的依赖，以填补由此产生的空白。认识到长期存在的社会需要，这个非营利性医疗机构根据纽约州卫生保健法（HEAL, NY）被授权建造一个新的老年护理住宅。由此产生了这个拥有288个床位的设施，提供护理和辅助生活服务（以前杰斐逊县没有）。120个辅助生活床位是由80个辅助生活床位（ALP）项目和40个增强型辅助生活床位（EALR）填补了空白。尽管公共卫生系统给予的经济补助有限，撒玛利亚人高峰村仍是当前医疗模式设计实践的对立面。这个雅致的街区被精心设计，支持以人为本的护理方法，在这个设施中，以工匠风格的细节创造有吸引力的生活空间，营造与众不同的邻里特色。明确地将社区描绘规划的与居民熟悉的传统民居非常相似，包括：公共区（生活和餐饮）、服务区（厨房、办公室和仓库）和私人区（卧室和浴室）。最有影响的驱动力是业主的远见和信念——创造以居民为中心的护理业务和支持性环境并具有高度的灵活性，居民可自行决定和选择。设计决策主要基于强化功能项目的能力，以满足个人居住需求、习惯、目标以及对引导决策的好恶，比如每个居民在何时何地想要吃什么而不是为了达到最大效率的护理系统化。项目建设地点在沃特敦城外一个山顶上每个居民区的厨房和生活区相互补充，公共建筑中的社区空间混杂多样，包括冥想礼拜堂、咖啡厅、商店、大型会议室、活动空间、私人餐厅、休息室、美容店和诊所等。

项目目标

主要目标是什么？

- 建造一个以人为本的住宅社区。社区专业护理和辅助生活的设计专注于社交空间，包括起居室、活动室、客厅和通向走廊的餐厅，而支持功能则在幕后。在每个社区完成的膳食，都有着很好的食品质量和灵活性，与居民的个人饮食习惯和时间表相适应。专业护理餐厅与客厅相邻的是一个规模较小而舒适，为那些愿意单独就餐的居民提供的另一个选择。服务被分散化以进一步吸引人们入住，加强住宅规模，增加工作人员与居民“面对面”的交流时间。每个聚居区都有自己的入口，可以不经过其他家庭区而直接出入。

- 支持隐私权，独立性和选择权。专业护理住宅包括两种形式，带浴室的私人房间和由两个私人房间组成的共享浴室的私人套房。所有浴室都无门槛，方便轮椅进入，注重隐私和易用性，可以独立或在工作人员的帮助下使用。每个楼层都有一个稍大的肥胖治疗室，内部物品间隙比较大，置有支持设备，可以在治疗时维护居民的尊严。每个居民的房间内都有一个临窗座位，可以看到外面的风景。固定的社会福利工作鼓励个性化服务。如果有此偏爱的话，这些房间的大小还允许居民在房间里用餐，另外还可以与其他居民、工作人员和访客在此进行社交互动。辅助生活建筑包括一个工作室、一个卧室和一个带书房的卧室。所有的住宅都有一个小厨房和进出方便的浴室，较大的单位还有步入式衣橱。
- 提供同北方气候相适应的与日光和动植物群落的联系。两个专业护理室和带凸窗的辅助生活住宅可以捕捉更多的自然光线，并提供多个方向的景观。日光通过所有社交空间照进走廊，可以直接坐在凹室靠窗的座位上。所有聚居区的社交区域均可以看到花园和庭院。所有的居民都可以经室内通道进入公共建筑的社交和服务设施之中。项目提供者选择以超出现行社交和支持空间相关的法规要求的标准，在公共建筑中，提供安全和出行方便的各种各样的活动和服务设施。这些空间可用于社区活动和举行会议，使居民有机会证明自己是社区生活的一部分而不是孤立的。

创新：什么样的创新或独特功能被纳入了该项目的设计？

虽然州政府官员原本希望专业护理及辅助生活服务设施在完全独立的建筑物中，但业主和建筑师游说他们将一个范围很大的共享公共空间和一个标准规模的独立居住社区连接了起来。公共区域为居民们提供了众多的共享服务，包括预期的产品如医疗诊所和理疗室，以及其他的一些设施，如咖啡馆、礼品店、有私人用餐空间的酒吧等，还有一个大的多用途房间。这些空间中有许多都采用了开放的理念，允许一个区域的活动“溢出”并把周围的空间的气氛活跃起来。287平方米、带有舞台和内置音响系统的多用途房间，座位容量为250人或带桌子的宴会设置190人。私人餐厅和酒吧也可用于会议和更小的活动，窗口的吧台面向走廊，每个人使用这一多用途空间时都出入方便。这里也有安静的地方，如冥想室，但公共空间的主要焦点是充当社区的生活休闲区，以模糊辅助生活和专业护理之间的界限。这一空间也被广泛利用于更大的沃特敦社区，给当地居民带来了额外的好处，使得居民们熟悉了撒玛利亚人高峰村及其提供的服务。

挑战：设计时最大的挑战是什么？

从规划开始，需要提交认证申请之时，该社区根据纽约州卫生保健法所得到的拨款需要很快周转起来。这个加速的时间表（从项目获批到需求认证申请提交仅三个月）要求通过规划和设计全新的老年护理住宅，提出创造性的解决方案，使建设工作快马加鞭地进行。我们利用规划合作型研讨会，在一个密集的时间表下，召集所有利益相关者，共同应对规划中的问题。然后，我们用规划信息来帮助开发设计理念，并在为期两天的设计研讨会中对其进行审查。这种独特的互动过程使得对由所有利益相关者制定可的行性设计解决方案的审查高效设计理念精炼。利用规划设计研讨会，我们能够加快设计过程并帮助客户在需求认证申请截止日前，使该设施的设计满足项目提供者的目标和社区的需要。纽约州卫生局原本坚持辅助生活和专业护理服务设施安置在单独的建筑物中，但业主和建筑师想连接两个共享公共空间的建筑物，这样可以使共享服务设施（像中央厨房、办公室和机械设备这些）的效率更高，从而允许更多的空间被用于居民设施，如咖啡厅、多用途空间、大堂、休息区、礼品店、冥想室、美容院、私人餐厅、医疗诊所和理疗室等。经过几次与本地及州政府官员的会晤，最终该计划获得批准。解决办法是建立共享公共空间连接专业护理和辅助生活设施。不过，分配公共建筑空间作为辅助生活设施一部分的百分比和作为专业护理的百分比应满足州法规要求（即使公共空间将被所有的居民所使用)。业主和建筑师想要为居民提供步行空间，但考虑到该设施位于纽约州北部地区，冬季漫长，需要一个内部解决方案集成到已经很紧凑的布置当中。一般来说，室内步行环路只需要在记忆护理区设置，但鉴于沃特敦的严冬，业主和建筑师想补充内部连接通道(室内步行环路)，以共享公共建筑。最终的解决方案采用了独特的凹室和休息区，使居民可以沿着走廊驻足休息，也可以为工作人员和家庭成员使用，作为小群体社交分享的空间。这些空间也创造了打破走廊原有使用范畴的机会，并提供了户外视野，让阳光照进这个空间。

营销、入住：关于营销会遇到什么问题？如何能充分入住？

专业护理区充分入住；辅助生活区的入住率比预期的要慢；满足付款人的各种要求更加困难；与预期相比，并没有那么多的自费居民。

合作：利益相关者、居民、设计团队，其他协作方在规划设计过程中如何做？

设计团队与业主和他们的顾问合作，开了两次针对性的研讨会，以加快规划和设计过程。首先是一个规划研讨会，审查社区需求、运作目标、可持续设计要素和空间要求，为这个新的老年护理社区制定具体的规划。其次是一个为期两天的设计研讨会，我们的研讨会过程简短而紧张激烈，开放式形式的研讨会探索了该建设地点潜在方案和基础设施开发的各种可能。研讨会过程充分利用了业主、本地土木工程师、施工方、财务及市场顾问的集体智慧，并与建筑规划团队协同交换看法，共享信息。

绿色、可持续特性：项目设计中哪方面对绿色、可持续性有较大的影响？

能源效率；用水效率；改进室内空气品质。

设计初衷：项目中包含绿色、可持续的设计特点的初衷是什么？

为更大范围的社群做出贡献；降低运营成本；提高入住率。

技术：请描述项目中为提供护理或服务如何使用创新、辅助、特殊技术？

在撒玛利亚人高峰村采用特别的技术，包括在大型多用途房间里观看电影，进行娱乐活动。撒玛利亚人高峰村还提供了远程医疗和门户网站服务，以及宠物治疗、按摩疗法和竖琴音乐疗法等服务。

上图：居民房间
中图：私人用餐区
下图：大堂
摄影：拉里·勒弗维尔(Larry Lefever)

基尔伯恩建筑有限责任公司

撒马尔罕生活中心

加利福尼亚州圣芭芭拉//撒马尔罕退休社区

设施类型（完成年份）：可持续护理退休社区或其中一部分、长期专业护理（2014年）
目标市场：中、高中
地点：郊区
项目面积（平方米）：72763

该项目所涉及新建筑的总面积（平方米）：885（室内空间）；91（外部露台）
翻新、现代化改造的目的：升级环境
项目提供者类型：基于信仰的非营利性组织

下图：东面主要入口，露台咖啡馆
对页图：山景咖啡馆露台，圣伊内斯山景色

项目总体描述

撒马尔罕退休社区最近完成了一个新的两层楼的社区健康建筑的建设，它是个具有启发性的住宅区，被称为撒马尔罕生活中心。这个生活中心设计得颇具圣芭芭拉历史风格，白色泥灰墙、屋顶红色的瓦、壁龛的细节、铁艺栏杆等。现有建筑可以从上、下两层楼进入。生活中心楼上包含一个健身室、健康套房和山景咖啡馆。连接到咖啡馆的是一个很大的户外用餐露台，白天有遮阳的木棚架，晚上则有个温暖的大壁炉，可以看到美丽的圣伊内斯山。这个生活中心的下层是有氧运动或大型集体活动室、电脑室、居民委员会办公室、电视演播室、游戏室以及一个居民经营的二手服装店，叫作“NU-2-U”。此地的气候可以全年在室外享受，因而景观与室外环境是设计中不可或缺的组成部分。一个广场向西连接到新的休闲咖啡餐厅，再到在建筑物附近的正规餐厅。广场的弧形上有美丽的橡树，弯曲的长椅，可以让居民享受自然景观。东侧正面有法式大门通往柱廊和景观。该建设地点包括一个弯曲的楼梯，有阶梯式的植物墙连接着上下层园区。

项目目标

主要目标是什么？

园区舒适的空间，体现了“生活中心”这个名字：为居民提供能满足他们的需要和兴趣的、属于他们自己的空间。在生活中心盛大开幕之时，显然，社区的居民们对于能享受和体验这个新建筑而感到兴奋不已。以居民为驱动的生活中心现在是园区真正的心脏地带：幸福、健身餐饮社区意识以及享受生活之地。

创新：什么样的创新或独特功能会被纳入该项目的设计？

就其本身而言，一个居民社区中心的建筑类型不完全是独一无二的。然而，所有具体的规划元素、挑战性的建设地点、为建造生活中心而来之不易的解决方案都使这个项目独特而富有创新性。生活中心位于现有的大型园区环境之中，因此需要涉及和补充既有建筑、道路、立面、树木、场地景观等。这些需求进一步增加了老年人口服务的必要性和要求。此外，该生活中心是一个活动节点，通过维修改换成为了一个实用性的建筑。园区的环境也意味着没有“后勤工作区”或定位建筑服务的地方，所以需要创新性地实施隔档与声学解决方案。新园区在生活中心完美融合了现有的园区景观，同时散发着一种不受时间、地点影响的永恒静谧之感。生活中心是一个紧凑的、两层楼结构，保留了各种各样的不同功能，以迎合老年人口的多种需要。所有这些各式各样的现代功能在建筑中会形成鲜明的对比，所以需要以圣芭芭拉历史复兴的风格体现出来，由此产生了这个与地区历史特点产生共鸣的建筑，可以片刻停留在那个时代。最后，如果没有居民领导的委员会的协助，现有的建筑方案会有很大不同。他们宝贵的意见和关注帮助设计师塑造了这个空间，确定了设计师不曾预料的用途，创造出了这个更宜居、更实用、更成功的项目。

挑战：设计时最大的挑战是什么？

重要的是要在新的生活中心和邻近的餐厅及公共区域之间建立一个连接通道。两者之间现有一座喷泉，更重要的是还有一棵大橡树。圣芭芭拉市有关于尽可能保留现存橡树的严格规定。如果一棵橡树需要被移除，则必须种五棵。设计中一个挑战是保留橡树的同时，以一种紧密结合的方式连接建筑物。圣芭芭拉气候温和，使我们能够将外部环境作为生活中心的外延。利用透水铺路材料进行雨水排放团队建造了一个带有户外座椅和景观花坛的广场，将生活中心的山景咖啡馆与正规的大餐厅相连。广场的弧形上围绕着美丽的橡树、长椅和挡墙。居民和工作人员可以坐在长椅上享受那棵著名的大橡树的树荫，喷泉也保留并纳入了统一的设计当中。

设计中的另一个挑战是现有建设地点由西向东有个斜坡，有大约 3 米的高度差。提供一条易于出入和居民使用的连接上下园区的步行路线势在必行。现有地点往北侧是一条陡峭的通路，即正在维修的大楼南侧的室外楼梯。通过沿北面增加档墙，团队建造了一个符合美国残疾人的法案标准，从园区低处到园区高处方便出行的路线。道路的梯度变化也使团队设计了可以从主入口进入生活中心的两个楼层的路线。如果他们宁愿使用电梯而不愿使用通路的话，为了进一步帮助营造无障碍环境，生活中心允许居民 24 小时使用电梯上下出入。以前的外部楼梯光线不足、狭窄、不合规范，现在带有手绘瓷砖的弯曲楼梯使上下园区有了颇具审美意味的连接。建设地点的实际限制是它被现有公共建筑和住宅建筑所包围，这为必需的机电设备能否找到合适的位置提出了一个挑战。由于外观原因，严格的城市设计审查要求禁止任何屋顶布置机电设备。沿着北侧的立面，由于梯度变化，机井可以沉入山坡内安置。木质框架被设计用来伪装和美化机井，以进一步提高美感。最后，隐藏的声学嵌板和设备隔音罩限制了声音传递到附近住宅建筑中。

合作：利益相关者、居民、设计团队，其他协作方在规划设计过程中是如何做的？

起初，在园区总体规划中，建设地点计划建造两层楼的独立生活区，以取代现有的维修楼，于是进行了这个两层楼的设计，并取得可建筑许可。然而，就在建设之前，居民领导小组提请政府重新考虑是否应该在园区这个突出的位置进行施工。经过与居民、工作人员及家庭成员的大量讨论，很明显，园区渴望需要一个使所有居民都受益的建筑——居民社区中心。居民组成了一个新的项目委员会，定期会见工作人员和规划设计团队，进行讨论。居民及工作人员提供广泛的设计建议，以确定哪些空间类型是他们需要和设想要使用的。规划会议所提出的是一个多样化空间和多功能的需求，包括由居民经营的二手商店、电视演播室、委员会办公室、电脑室、游戏室等。这些空间如果没有被委员会作为设计输入的话，那么大多数都不会被囊括进来。

绿色、可持续特性：项目设计中哪方面对绿色、可持续性有较大的影响？

地点设计考量；自觉选择回收建筑废料；垃圾填埋场改道。

设计初衷：项目中包含绿色、可持续的设计特点的初衷是什么？

体现客户和项目提供者的目标和价值观；提高入住率。

技术：请描述项目中为提供护理或服务如何使用创新、辅助、特殊技术？

在生活中心里内的健身中心，居民可以在每个练习设备上使用私人的钥匙环，使得为每个人专门设计的日常锻炼都可以被工作人员追踪。

对页上图：山景咖啡馆与它拱形的木质天花板
对页左下图：健身工作室入口
对页右下图：带铁艺的游戏室入口
摄影：斯科特·吉布森（Scott Gibson）

FITNESS STUDIO

福斯科，谢弗与帕帕斯建筑有限公司

谢尔比护理中心

密歇根州谢尔比镇//第一卫生保健管理公司和博蒙特卫生系统

设施类型（完成年份）：短期康复（2015年）；长期专业护理（2014年）
目标市场：低收入、中、上
地点：郊区
项目面积（平方米）：58348

该项目所涉及翻新、现代化改造的总面积（平方米）：2419
该项目所涉及新建筑的总面积（平方米）：857
翻新、现代化改造的目的：升级环境
项目提供者类型：营利性组织

下图：室内的凯迪拉克一景，用来帮助教授病人如何最好地上下机动车辆
对页图：从地板到天花板的落地窗、带纹理的地毯、环绕的照明灯具营造了一个有着医疗保健度假村外观的理疗健身房

项目总体描述

第一卫生保健管理公司与博蒙特卫生系统合作，创建了一个位于谢尔比乡谢尔比护理中心的新的治疗空间。配备了最新理疗器材，谢尔比护理中心帮助患者恢复了流动性和横跨整个护理范围的治疗。将原来的 70 个短期床位、专业护理、半私人病房转变成 38 个私人房间和 16 个半私人房间（包括在这个阶段装修的）。接下来的阶段包括另一个大的专业护理附加设施，有 28 个私人短期床位和一个新停车场用于附近停车场满员时提供车位。之前，超过 100 名工作人员和病人使用这很小的现有治疗空间，由于拥挤不堪甚至被被迫到走廊上进行治疗。新扩建的设施配备有最先进的治疗设备，有一个专门的团队，由职业医护和理疗专家及专业人员构成。

面积 857 平方米的新增理疗健身房包括：一部轮椅专用病人电梯；带有病人电梯和桌子的私人房间；Wii 任天堂游戏站；带厨房的日常生活活动（ADL）套房、卧室和浴室；演讲室；一辆凯迪拉克车；一个带有训练器和组合器材的健身区。

项目目标

主要目标是什么？

- 开发一个新的理疗套房，包括患者和治疗师在内，可容纳 100 人。
- 最大限度地显露理疗健身房的亮点以促进更多客户进行短期康复计划。
- 以结合自然采光、高效节能的方式设计空间，并为用户提供一个令人振奋的、现代的舒适环境。
- 开发设计一个用户可以参与并受到激励的空间布局；促进被动和主动康复的日常生活活动。

创新：什么样的创新或独特功能会被纳入该项目的设计？

最具创新性的设计特色项目是移动了建筑物前面的理疗室，作为许多设计方案迭代的结果，它不是在大楼后面运作。现有的 84 平方米的理疗空间扩展到 857 平方米，成为这一设施的中央焦点。原来的设施建于 1991 年，正面仍然有永恒现代之感，但还需要更多想象力。理疗室增加了走步、慢跑和锻炼肌群的器材，每个空间都能从外面一览无余。两个门面和大多数增建部分一样，增加了精细而较深颜色的砖，与现有砖块尺寸和颜色相匹配，两者巧妙地融合在一起。曲面墙采用了金属面板，展现了健身房和增建部分末端的特征。

其他创新设计功能包括使用采光、节能照明系统和节能屋顶单元。

从地板到天花板的落地窗玻璃被用于大多数的公共空间，可以使大量阳光照进室内。外部的阳光控制装置，着色玻璃和卷帘降低了热量增益，控制了眩光。在现有建筑物和理疗套房之间是可折叠水平滑行防火门（美国旺门 Won-Door），可以进行必要的防火隔离，确保火灾时理疗室工作人员在数小时内的安全。这道防火门还使阳光透入到建筑物内部，也增加了空间容量。

使用恩耐激光（nLight）的触摸板控制系统而不是一组墙上开关来控制照明，该系统允许自定义控制照明，使用感应式传感器、光电池和设置时间表以节约能源。屋顶机电单元由3个8吨级换风机系统（能源回收通风设备，ERVs）组成，可以对从建筑物排出的空气能量进行回收再利用，以对室外空气进行预处理。预处理室外空气可以大大减少ERV机组必须处理的负荷和所需机电设备的容量。这些ERV系统使理疗房所需的高排气负荷满足国家对通过ERV回收能量的规范要求。因此，不再需要安装单独的排气扇，且供热制冷容量要求也相应减少。

挑战：设计时最大的挑战是什么？

从大楼后面迁移到前面的理疗健身房是一系列设计上的新挑战。由于大楼必须保持运转，施工时需要分阶段进行，同时保持安全的环境是最重要的。现有的供水主管道需要改道，电气设备需要升级。

第一个挑战是扩建后面的员工停车场。这个停车场缓解了在前面增建新理疗房而占用了前面停车场空间的压力，前面剩余的停车位被关闭了一年，建设期间在暂存区存放。开工建设前的下一个问题是现存供水主管道的位置问题，其正好位于新增建项目的下方。幸运的是，现有的供水主管道是环形系统，因此不需要关闭设备停止供水，但供水主管

上图和下图：日常生活活动套房的厨房和卧室区
摄影：克里斯托弗·拉克有限公司（Christopher Lark）

道必须在基础施工开始前搬迁。最复杂的问题是电气设备，这需要团队的努力配合。为了支持新理疗健身房，一个新电力变压器和开关柜需要扩容和升级，以在任何时期都能支持新增建部分而不占用非功能性设施的空间。新增建区域配备了一部独立应急发电机。

营销、入住：关于营销会遇到什么问题？如何能充分入住？

提高曝光度对增加入住和营销服务对业主来说是很重要的。通过定位建筑前面的理疗健身房，使它成为一个主要的、与入住率直接相关的营销工具。在开业两天内，所有带个人淋浴室的新私人床位全部被入住和占用。让业主更高兴的是，设施的普查显示入住率稳步上升，经常接近或实现满负荷入住运行。

合作：利益相关者、居民、设计团队，其他协作方在规划设计过程中是如何做的？

业主、建筑师、工作人员、操作人员、治疗人员和施工经理之间的合作帮助促进了理疗健身房的设计过程与规划工作。该项目从建筑后方的 232 平方米增建面积到前面的 464 平方米，再到 650 平方米，直到最终达到 857 平方米。理疗业务人员推出了新方案，是最先进的的理疗设备，并且其他理疗健身房不曾提供的设施。理疗健身房现在把短期康复推到了一个全新的水平之上，提供急症护理病人术后恢复，营造了一个旨在加快他们身体健康恢复的环境。

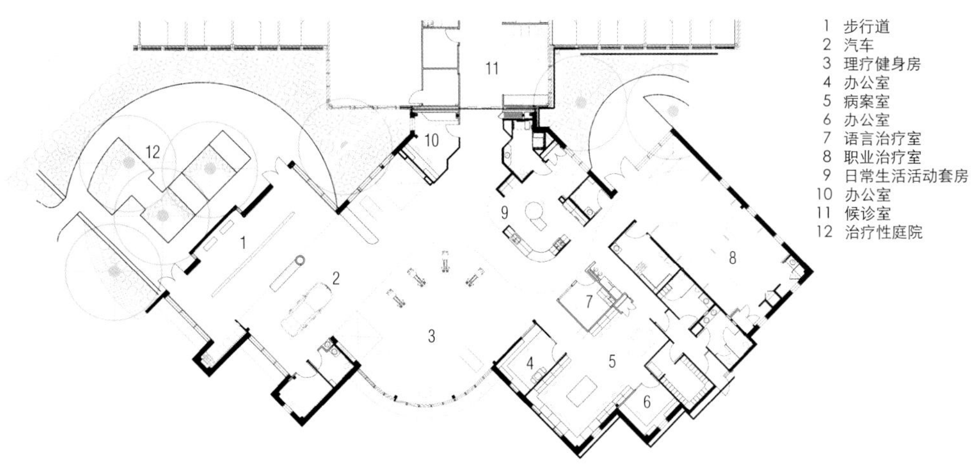

楼层平面图

绿色、可持续特性：项目设计中哪方面对绿色、可持续性有较大的影响？

对于项目的设计，采光是最大的影响。从地板到天花板玻璃的落地窗使充足的阳光照射到设施中，为病人和工作人员营造了舒适愉快的环境。着色玻璃、卷帘和室外遮阳棚降低了热增益，控制了炫目的日光量。附加的可持续功能包括高效能照明和基于耐久性、再生材质、有可循环使用性原则而选择的表面材料。

当尝试结合绿色、可持续设计特点时项目面临什么样的挑战？

实际成本超预算；客户并不了解绿色、可持续性的特点。这个理疗健身房使用的 ERV 新风系统，与过去 20 年来这个设施一直在使用的标准远动终端（RTU）和排风系统的方法不同。维修人员和供应商为了能使系统正常运行，有必要对于新的建筑管理软件的使用进行培训。

设计初衷：项目中包含绿色、可持续的设计特点的初衷是什么？

体现设计团队的目标和价值观；降低营运成本；提升入住率。

技术：请描述项目中为提供护理或服务如何使用创新、辅助、特殊技术的？

首先，健身房有两个虚拟现实游戏系统：任天堂游戏机 Wii 和微软体感游戏机 X-Box Kinect。设备性质非常相似，但可以定制以适应病人的能力。有了虚拟现实游戏系统的扩散效应，使用它们的康复人群明显增加。

这些游戏系统通过让病人用手臂移动一个控制器来工作，或用他们的身体做动作来控制游戏中发生的事情。治疗人员可以建立一个促进病人运动的游戏系统或以给病人一些即时反馈的方式来考查病人的平衡能力。

珀金斯·伊斯特曼建筑设计事务所

春湖村：主园区与西林住宅区

加利福尼亚州圣罗莎//圣公会老年社区

设施类型（完成年份）：独立生活、辅助生活、可持续护理退休社区或其中一部分（2014年）
目标市场：中、中上
地点：郊区
绿地项目面积（平方米）：主园区：105218（现有）；西林住宅区：22055（绿地）

该项目所涉及翻新、现代化改造的总面积（平方米）：7484
该项目所涉及新建筑的总面积（平方米）：16808（新增：922）
翻新、现代化改造的目的：重新布置、升级环境
项目提供者类型：基于信仰的非营利性组织

下图：别墅外观
对页图：餐饮娱乐设施

项目总体描述

春湖村作为一个社区实体已经是一个成功而知名的可持续护理退休社区，也是一个人们和邻里之间彼此关心，并提供卓越医疗保健的地方。业主方希望用新产品、新设施和新的健康生活方式来提升该村当前所提供的各种服务，这样会吸引活跃的成年人并超越未来居民的期望。这个新社区的再造工程，从原来的独立居住别墅式建筑和农舍式住宅、辅助生活和带门诊诊所的辅助生活记忆支持设施，发展到一个新的健身，礼堂大楼、改进的餐饮场地、活动空间及公共区域，这些设施则反映出了对于整个人的健康哲学。开发工作聚焦于两个不同阶段：主园区的重新布置和邻近的西林住宅区扩建。主园区开发包括一个新的健身，礼堂建设、增建、翻新村中心、新记忆支持和辅助生活居民公寓翻修、公共空间增建、升级园区整体照明、停车场、景观和公用设施。门诊诊所位于辅助生活区，向所有居民开放，诊所包括检查室，医生、护士站和一个小化验室。西林住宅区扩建扩展与开发由 62 个新的独立居住公寓组成。其中有 3 个双层建筑和 1 个三层别墅建筑（共有 50 个独立居住公寓），加上 6 个单层复式别墅（共有 12 个独立居住公寓）。较大的 22 单元双层 1 号别墅有 4.74 平方米的地下车库，带绿色的屋顶，进门有花园庭院。新增的 62 个“创收型”独立生活公寓是在春湖现有园区及毗邻的西林园区之间营造出“一个社区”感觉的关键。这些新公寓彻底翻新公寓、房间和公共空间，以和西林社区的设计相一致。

项目目标

主要目标是什么？

- 提供集成解决方案来实现春湖村的无缝现代化工作，用具有连续性的产品满足消费者需求。春湖村需要完成较大的升级和扩建，以建立一个完整的连续统一体。
- 原来没有记忆支持项目的地方，现在有了 11 个辅助生活记忆支持室和生活、用餐空间。
- 原来只有有限的独立生活住宅，现在却是主园区新翻修的公寓与西林社区全新的独立生活住宅。对于客户而言，一个大胆的迁移行动是在一个围绕七个健康维度的重塑健康项目的计划中，将现有的泳池迁移到新健身、礼堂大楼。健身、礼堂大楼以其高度可见的布置支持着这个规划，它位于园区入口，易于出入，可以吸引西林活跃的成人社区和现有主园区的居民使用。虽然社区的部分设施只短时间开放，一个开业前后的最初健康调查显示，居民对健身项目的参与和使用增加了 25%。总体而言，根据调查报告，当可以确定的 45% 的居民更多的接近相关健康资源时，这些人中的 20% 全面改善了他们的身体健康。

创新：什么样的创新或独特功能被纳入了该项目的设计？

设计师在相邻的 33 亩（2.2 万平方米）土地上建造了62 个新的“创收型”独立生活公寓。这让春湖村从设计、细节以及现有建筑的色彩等方面上，全面翻新了公寓、房间和公共空间。在主园区，同时通过对比“新旧”之间

的差异，加强了“一个社区”的理念。由于许多居民对于原来的礼堂有着情感上的依恋，它虽然被拆除以适应新的健身、礼堂大楼，但设计团队看到了在新设施中重新使用原有结构中主要组成部分的机会。横跨原来礼堂的巨大而暴露在外的木梁被重新使用，改在新游泳池空间上作为主梁，居民们对此都非常感激。同样被高度关注的，还有原来餐厅和大厅入口处墙内的彩色玻璃窗板，它被重新附着上新定制的金属框架，并安装中庭四角的主画廊。通过彩色玻璃，自然的阳光流光溢彩，使居民每天都可以和原来一样继续享受。功能性的需求是在新翻修的餐厅为助行器提供了存储空间。通过定制的社会福利元素而创造性地将助行器隐藏之后，呈现在眼前的是一个自助餐台，雅致的排列整齐，从而描绘出了一个很有意思的座位区。

左图：接待室
右图：大厅
对页左图：小酒馆
对页右图：别墅单元
摄影：克里斯·库珀（Chris Cooper）

挑战：设计时最大的挑战是什么？

这个团队很幸运，原来的园区本身就有着优良的设计品质，如布局、规模、一致的材料语言和丰富的民间工艺美术风格等。保持内在品质和园区品质的原有属性，为平衡提升市场占有率所带来的好处制造了相反的挑战。设计团队探索各种设计选择，涉及形式、布局、照明和饰面的改进，关键项目目标之一是完成最终的设计——出台一个包括整个园区的综合解决方案，并将它完美无缺地推向市场，而目前的市面上根本没有像这样做的。无论是业主还是居民都已经注意到这一点，故将其视为项目的最大成就。该社区中西林园区的应得权利经过漫长而艰巨的多年努力才被批准，原因既有经济衰退加剧，也有来自邻居的阻力，他们引用市政规划规范中的“视觉影响”条款的相近内容作为其主要辩护依据，即使设计符合基本建筑高度、地段覆盖和密度要求也是如此。批准过程需要多重的设计迭代，如建设地点布局、建筑配置、密度变化、高度减少和树木保存等，同样通过与邻里的个别会议，个人需求被设计让步所顾及到，如植树、围栏的更改和其他的项目动作等。一个相关的挑战是在建筑高度和密度发生改变的情况出现时，业主方可以维持西林的 62 个公寓的单位数量。2008 年的经济崩溃导致了一个过渡项目停工，加之预算削减又引发了几次重新设计。其中一个项目是将拟建两层的新健身礼堂减少高度和尺寸，改成占地面积略小的单层结构。通过创新设计、双重规划、将主礼堂分区等，一个单层解决方案催生了更有效的规划，更简单的建筑形式，更与园区设计美学相称。一个关键的程序性挑战是实施一个新的以健康为中心的计划，在成熟的、组织良好的园区当中，居民们普遍满意现有的园区和项目，新的餐饮场馆设施和具有市场价值的便利设施也面临挑战。在设计理念上，教育客户和居民的过程将会改变其日常习惯，如用餐体验、健身活动和通过居民的输入与意见

而形成的积极主动的社交分享等。团队召开季度会议、定期与居民委员会会面、召开全体居民会议，讲解设计理念、回答问题、减轻不必要的阻力，让团队能保留项目的关键组成部分。

营销、入住：关于营销会遇到什么问题？如何能充分入住？

春湖村曾经入住率不足90%——寒酸的餐饮和健身区，没有记忆支持服务，有限的独立生活小公寓，缺乏灵感的公共空间。在市场营销上，这个项目提倡社区规划和建筑的重大转变——一座吸引未来消费者的建筑。为了重塑人们的思想、身体和心灵，社区现在提供新的营养餐饮场地，包括悠闲的“市场”，室内、室外咖啡馆体验与在主餐厅的新“中央舞台”展示烹饪等。新的健身、礼堂由一个功能大厅和主礼堂、有氧运动空间，加上健康项目区——治疗池、水疗中心、健身房、更衣室等。虽然社区经历了漫长而艰难的争取权利的过程，但它最终还是通过重新定位社区实现了翻修期间大于95%的入住率，开业半年后达到了100%。

合作：利益相关者、居民、设计团队，其他协作方在规划设计过程中是如何做的？

合作是项目成功的关键。设计方举行会议，为客户团队进行业务陈述，和市政官员举行筹备会议审查设计范围和意图，每月举行居民委员会会议，每季度举行居民会议和业务陈述，并定期安排设计、顾问团队会议等。

外联：为更大范围的社群提供的外联服务都是哪些？

团队与西林住宅小区毗邻而居的和那些积极要求重新分区的邻里们举行了积极主动的会议。这些会议侧重于通过分享项目理念和征求意见来改善邻里关系，促使了一些项目的改进。

绿色、可持续特性：项目设计中哪方面对绿色、可持续性有较大的影响？

改善室内空气质量；采光最大化；可持续的雨水管理策略，西林的所有雨水都通过各种方法保存在这一地区，包括生物滤池带、集雨花园和地下管道等。

当尝试结合绿色、可持续设计特点时项目面临什么样的挑战？

社区领导层想要一个“绿色的”建筑，但居民坚持认为能源与环境领先设计认证才是项目的关键。因此，领导层和设计团队通过新的运作程序，围绕回收、新种植植物来代替原来的草坪，新建设地点用生物滤池带保留区来减少用水等方式履行了这一承诺。

设计初衷：项目中包含绿色、可持续的设计特点的初衷是什么？

体现客户、项目提供者和设计团队的目标和价值观；提高入住率。

D2建筑设计事务所

博物馆路斯泰顿项目

德克萨斯州沃思堡//老年生活质量公司

设施类型（完成年份）：独立生活、辅助生活、长期护理（2011年）
目标市场：上
地点：城市；棕地
项目面积（平方米）：11331

该项目所涉及新建筑的总面积（平方米）：54170（包括地下两层停车场）
翻新、现代化改造的目的：升级环境
项目提供者类型：无宗教派别非营利性组织

下图：从博物馆路角度看到的建筑物外景
摄影：托马斯·麦康奈尔（Thomas McConnell）
对页图：独立生活区大厅
摄影：彼得·开尔文（Peter Calvin

项目总体描述

斯泰顿是一个可持续护理退休社区，有四个阶段的护理服务住宅区——独立生活服务（187 个公寓）、辅助生活服务（42 个公寓）、记忆支持服务（18 个公寓）和专业护理服务（45 个公寓）。斯泰顿中的每个社区都有自己公共空间，如用餐场所、健康与水疗设施、艺术工作室和休息室等。后场工作区功能在幕后隐秘地互通循环。独立生活区在 1 层的一半部分和 4 至 11 层的所有部分，致力于打造住宅单位和舒适环境，这是个多重休息和生活区，有一个宏伟的大厅、地上有平台和有喷泉的小酒馆、一个遛狗公园、一个室内游泳池和水疗中心、健身室、健美操房、全功能沙龙（理发、修指甲、修脚、按摩）、商务中心、艺术工作室、棋牌室，一个顶层高级餐厅（140 个座位），一个墙壁上带有可伸缩的窗户的顶层酒吧、休息室，窗户完全打开时可远眺沃思堡地平线，景色壮观。其他级别的护理同样有指定的设置，像一些室内和室外设施包括大露台和户外壁炉等。辅助生活区占据了二层的所有部分，专业护理和记忆支持区共享三层。这三层护理区以及一个理疗和职业治疗中心，共用一层入口。一个相称的入口和门廊作为独立生活区的主入口。

项目目标

主要目标是什么？

- 设计一个有着悠闲的城市文化的、包含高端服务的在城市中高层的社区——一个“好卖”的社区，并且其单元密度大，可以很好地为居民提供各级护理服务。
- 满足市长关于步行性社区的具体要求，并提供了一个特点突出、极具吸引力的“顶层”以眺望这座城市的天际线，尤其是在夜晚。这个建筑物突出的高度和显著度使它区别于周围的环境，有着巨大的影响力。屋顶轮廓线被加以精心细致的设计考量，“流动”的屋顶在夜间被照亮，给了这座建筑物以明显的特征。
- 将发展中的新都市学派社区理念融入其中。建筑物的形状是它那著名邻居的衍生物。正如卡恩·金贝尔艺术博物馆和安多的现代艺术博物馆以突出的重复和标志性的形状为特点，所以斯泰顿这个项目中就分成了三个优雅而独特的大厦形式。所有这些建筑物都是由自然的材料和颜色组成，在地面上广泛使用令人难忘的水景和其他本地景观。最后的效果就是，正如同评论家、邻居和居民所证明的一样，斯泰顿项目也得到了久负盛名的邻居的高度赞赏。

创新：什么样的创新或独特功能被纳入了该项目的设计？

大量水景设计、特别的玻璃、悬臂和防晒装置等，减轻了炎热西部气候中的建筑物在高温下的自然效应，作为居民和访客的目的地，这座建筑具有社区的特征。由于艺术和几何的双重原因，建筑师设计的主入口以大悬臂支撑下降区，成为该项目在地面的特色。独立居住居民用餐地点位于顶层（第 11 层），此处晚上可以欣赏到城市天际线的壮丽景色（往东看去）。最后，带有壁炉、酒架、软座椅的休闲酒吧也位于顶层，一个完全可伸缩的 nanawall® 玻璃幕墙营造出了屋顶天

台的效果，也可以看到这座城市天际线的绝美景色。

挑战：设计时最大的挑战是什么？

而在一个主要位置，与市中心相距一英里处，迅速发展的新都市学派小区正在附近开发，本建设地点的一边被一条活跃的铁路所包围，另一边是6米高的堤坝，一个四层楼高的天桥则在另一侧。这些都是比较严峻的挑战。有以下几个解决办法：通过精心组织建筑物内的功能，将对各自毗邻的区域影响降至最小；通过大型物理性屏蔽墙阻塞视野（和声音），积极种植植物，安装磨砂玻璃，利用水的声音；并通过明智的循环布局增加内部的直观视野。

营销、入住：关于营销会遇到什么问题？如何能充分入住？

斯泰顿是一个北美老年生活的领先案例。虽然最近的经济事件改变了老年生活区的设计和建设进程，不过斯泰顿仍然代表了一个历史上成功项目的演变——一个在平平常常的郊区展开的项目区，现在则建成了一座引人注目、清新亮丽的当代设计建筑。由于经济衰退，在设计和施工期间预售水平较低。然而，自开业以来，社区的入住水平已令人欣喜地接近满员。

合作：利益相关者、居民、设计团队，其他协作方在规划设计过程中是如何做的？

斯泰顿团队包括业主、开发商、承包商、建筑师、室内设计师等经验丰富的老年生活市场方面的专业人士，并在之前成功地合作过达拉斯、奥斯汀和休斯敦的项目。他们的共同经历带来了信心，带着验证过的经验主义和先进的思想为斯泰顿项目的规划、设计和交付注入了灵魂。例如，各种等级的护理——在更大的斯泰顿社区——在途径上即综合又分立地服务于老年生活的各种社会层面，但在建筑物内也井然有序地简化后勤工作区的活动，确保日常运作的效率，如同一个大酒店一般。为了直接研究居民的需求，建筑师要求他的工作人员真的在专业、记忆支持区“过夜”，将他们的发现记录到日志中，与正在进行设计的项目设计团队进行分享。

外联：为更大范围的社群提供的外联服务都是哪些？

提供的外联服务是双方面的，居民在各种文化和娱乐活动中来来往往，外出活动频繁。社区（本项目）本身就拥有艺术家、健康专家，以及展示和演讲的其他发言者可以在有150座位的大礼堂和遍及整个项目的较小演讲地点进行活动。

绿色、可持续特性：项目设计中哪方面对绿色、可持续性有较大的影响？

选址；能源效率；精心的材料选择。

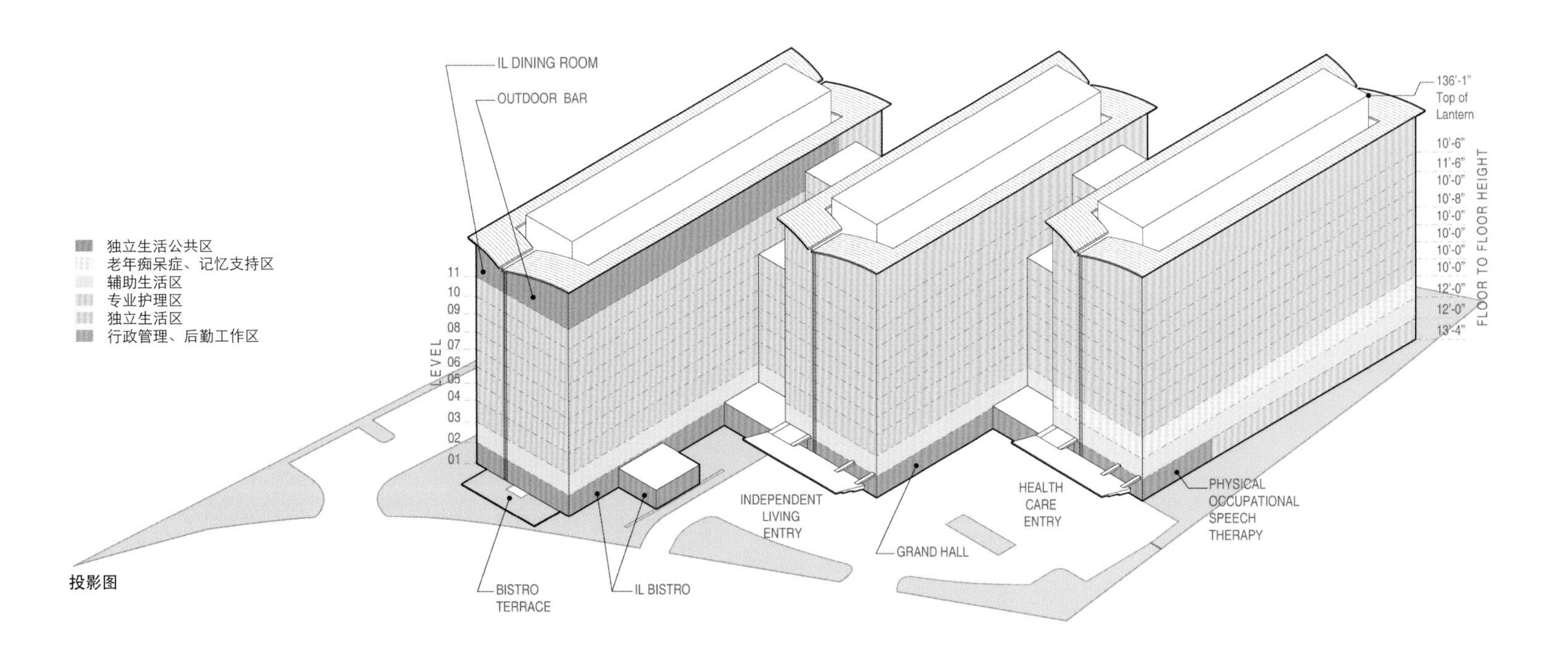

投影图

当尝试结合绿色、可持续设计特点时项目面临什么样的挑战?

实际成本超预算。

设计初衷:项目中包含绿色、可持续的设计特点的初衷是什么?

体现客户和项目提供者的目标和价值观;为更大范围的社群做出贡献;提高入住率。

对页左图: 餐厅(11层)
摄影:托马斯·麦康奈尔
对页右图: 小酒馆(1层)
摄影:彼得·开尔文
左图: 露天阳台
摄影:托马斯·麦康奈尔

黛米拉·谢弗建筑设计事务所

滨水区托克沃顿之家

罗得岛州东普罗维登//托克沃顿之家

设施类型（完成年份）：辅助生活、长期专业护理、短期康复（2013年）
目标市场：低收入、补贴、中、中上、上
地点：城市；棕地

项目面积（平方米）：24693
该项目所涉及新建筑的总面积（平方米）：12820
翻新、现代化改造的目的：升级环境
项目提供者类型：无宗教派别非营利性组织

下图：滨水区的入口正面
对页图：建筑体及细节（依据由远及近的观看效果）

项目总体描述

托克沃顿作为老年妇女之家成立于1856年，诞生于让不幸的人生活得更容易些这一承诺。这个组织在提供优质的长期护理方面保持着长久的声誉。从那时到现在，这个社区一直提供广泛的服务。托克沃顿之家，一直在谋求将其使命发扬光大，但建立在一个小城市地段有140年历史的建筑成为了一种约束，在锡康克河老建筑对面，直接建造一个新的托克沃顿之家成为当务之急。新建筑显著地扩展了托克沃顿之家为居民提供护理的能力，3倍的辅助生活区，增建了新的记忆支持单元，增加了长期专业护理床位和一些短期康复床位。新建筑有利于实施组织内正在进行的文化变革——创建家庭模式的护理和记忆支持单位。作为梦幻的东普罗维登斯海滨重建计划中的第一座新建筑，新托克沃顿之家为其更广泛的社区提供了附加价值，成为这个城市的衰退滨水工业区进一步发展的催化剂。此外，作为该项目的一部分，托克沃顿开发和捐赠了邻近的10亩（约6667平方米）地块供公共娱乐使用。

项目目标

主要目标是什么？

• 设计一个新的房子，以确保当其秉承特定的设计特征时，仍方便进行护理工作，还能保证与户外有强烈的联系。项目位于东普罗维登斯的重建小区内，设计要求满足滨水区重建指导方针中的特殊情况，包括建筑的表现形式与使用材料要与新英格兰滨水区的传统建筑相一致。这个建筑从作为本地象征的大型住宅——海滨酒店和这一地区的其他建筑中吸收了灵感。该建筑的传统屋顶形式和体块元素，以当地的海滨卵石的颜色为材料的主色调，被滨水区发展委员会欣然接受。该设计的主要理念是建造一个与户外的强烈的联系，多个楼层都可以自由出入花园和室外活动区。耸立的大窗户提供了视觉定向感，丰富的自然光进入室内空间，充分利用了建筑所在的位置极其周围的壮观景色。

创新：什么创新或独特的功能被纳入了该项目的设计？

这座建筑展现了一个面向水滨的、长长的五层楼。设计的挑战是降低其有效高度的同时，建筑体块不论从远处还是近处仍然能显而易见。为了做到这一点，设计师引入了巨大的垂直和水平建筑元素，从视觉上突破了建筑体块的限制。建筑物的主要体块看起来只有四层楼，其实第五层楼被藏进了屋顶作为天窗。在建筑物的尽头，屋顶斜盖在二楼。三个位于二层和三层的三角墙突破了长长的建筑物水平屋顶边缘和垂直平面。垂直对立的白色凸窗突破了建筑体的限制。一个连续的前廊由一楼的石柱支撑，第四层颜色在屋顶以下变化，从水平方向上分隔了建筑体。突出的二楼阳台进一步打断了三角墙之间的建筑长度。靠近观察，一些额外的细节层次进一步突破了建筑物的原有规模，如在建筑地基、墙和柱使用粗石，在凸窗和两

端三角墙、窗框、斜屋顶悬臂上描画漂亮的装饰细节。通过将他们的文化遗产建筑元素带到新项目中，对于托克沃顿组织十分重要，这体现了他们对于历史的尊重。许多迷人的古董家具和艺术品都可以在新托克沃顿之家中找到。此外，新的车辆出入通道和入口雨棚的设计展现了原来的金属拱型样式的托克沃顿建筑符号。

挑战：设计时最大的挑战是什么？

该项目的建设地点就是最大的设计机会和设计挑战的来源。狭长的可建场地被地役权限制在东西走向上，而南侧则是陡峭的山坡。建筑物轮廓外形由该建设地点的狭窄性所决定，建筑物从前到后还有 7 米的坡度。项目区域所处位置可以提供最多的日光照射以及到与户外的天然连接。为此，各楼层尽量有利于居民出入，且允许出到户外的楼层为一楼共用区、二楼记忆支持花园和第三层的专业护理平台。

营销、入住：关于营销的问题是什么或如何实现充分入住？

开业后很快实现了全面入住，其杰出的建筑和项目质量设计，是对托克沃顿社区长久声誉的致敬。

合作：利益相关者、居民、设计团队，其他协作方在规划设计过程中是如何做的？

从早期规划和概念设计阶段，设计团队就与托克沃顿政府和致力于其组织文化转型的工作人员们紧密合作。这一过程有助于互相了解和教育，理解和明确项目需求与机会。

绿色、可持续特性：项目设计中哪方面对绿色、可持续性有较大的影响？

选址；场地设计考量；能源效率；用水效率；改善室内空气质量；采光最大化；谨慎认真地利用棕地；使衰败的滨水工业区重生，并作为住宅使用。

当尝试结合绿色、可持续设计特点时项目面临什么样的挑战？

实际成本超预算。

设计初衷：项目中包含绿色、可持续的设计特点的初衷是什么？

体现客户和项目提供者的目标和价值观；降低运营成本，提高入住率。

技术：请描述项目中为提供护理或服务如何使用创新、辅助、特殊技术？

护士呼叫系统是无线的，工作人员携带传呼机接收来自居民的请求。无论居民们在床上，还是进入他们的房间和浴室，该系统都可以实时跟踪他们是否安憩还是失禁。

对页图：从划桨者酒吧和游戏室观看河边景色
上图：带客厅和厨房的记忆支持家庭护理区
摄影：罗伯特·本森

JSA建筑设计公司

诺斯山正北社区

马萨诸塞州尼德姆//斯通华思特公司

设施类型（完成年份）：独立生活、辅助生活、短期康复、专业护理（2014年）
目标市场：上
地点：郊区
项目面积（平方米）：240949

该项目所涉及新建筑的总面积（平方米）：独立生活和专业护理：11573；独立生活（新增）：563
该项目所涉及翻新、现代化改造的总面积（平方米）：30368
翻新、现代化改造的目的：重新布置
项目提供者类型：无宗教派别非营利性组织

下图：正面入口
对页左图：大堂
对页右图：拱廊通道

项目总体描述

诺斯山，美国新英格兰地区第一个生活护理社区，它是一个可持续护理退休社区，位于马萨诸塞州的尼德姆。随着入住率创了最低记录，社区意识到需要改变和发展。2010 年初，诺斯山开始了重新布置之旅，从视觉、内在、文化、财政上转变他们的园区。项目范围包括：

- 重新布置、更新和扩大现有独立居住公寓及所有园区设施。
- 过渡到“小型住宅”护理模式，为新的专业护理创造一个全新的独立生活设施。
- 重新确立诺斯山在新英格兰地区杰出的可持续护理退休社区地位。

在项目范围内，几乎园区里的一切都要推翻重来，要么翻新、重新使用，要么增建或新建。诺斯山成功地实现了目标，把园区变成了充满活力的、完全入住的、经济上成功的社区。

项目目标

主要目标是什么？

• 改善入住率，增加市场份额：

1)更新过时的形象、加强路边景物的吸引力、增加独立生活设施；

2) 改进步道和入口处；

3) 提供增强型独立生活区；

4) 用小型住宅式设计取代过时的专业护理单元。

创新：什么创新或独特的功能被纳入了该项目的设计？

- 区域绿化，修建村庄公共灰地。
- 一个三层楼高的拱廊连接着入口、小酒馆、咖啡厅、起居室、收发室、礼堂、剧院、游戏室、水疗中心、游泳池、健康中心、健身中心，艺术工作室、温室与盆栽室。
- 小型住宅增强型独立生活区、辅助生活区和老年痴呆症支持区建设。
- 小型住宅——专业护理和康复设计。

挑战：设计时最大的挑战是什么？

- 建设地点的限制、坡度、阻碍、建筑高度、保护地役权等。楼层的限制被合理处置，即设计成了一个三层楼高的拱廊，连接室内空间使得多个楼层变成一个统一的区域。
- 仍有居民入住的情况下，翻新社区的整个区域。用项目分阶段施工成功解决此问题，同时召开众多的“市民大会”以保证居民参与，并及时更新在建设中每一个阶段发生的事情。

营销、入住：关于营销会遇到什么问题？如何能充分入住？

增强型独立生活设施更快地填补进来是因为有比预期更多的内部居民选择搬到那里。独立生活设施入住率 91%，是当时预计一年后才能达到的水平。

合作：利益相关者、居民、设计团队，其他协作方在规划设计过程中是如何做的？

建筑文档完成后，专业护理、增强型独立生活区主管被换掉。新的主管和工作人员与设计团队一起修改细节，使用 Revit 软件建模以进行三维立体显示和预览。在整个项目中特别是在规划阶段，举行“市民大会”，使居民可以就进程提出建议。

外联：为更大范围的社群提供的外联服务都是哪些？

诺斯山与当地尼德姆社区之间有很强的联系。诺斯山主办会议、画廊活动，举办演出吸引着这个社区的很多当地人。他们还提供各种教育课程，全年对居民与非居民开放。

绿色、可持续特性：项目设计中哪方面对绿色、可持续性有较大的影响？

能源效率；采光最大化。

当尝试结合绿色、可持续设计特点时项目面临什么样的挑战？

实际成本超预算。

设计初衷：项目中包含绿色、可持续的设计特点的初衷是什么？

体现客户和项目提供者的目标和价值观；提高入住率。此项目的建造完全遵守马萨诸塞州的扩展规范，就像尼德姆采用的标准——马萨诸塞州卫生局医疗保健绿色指南（GGHC）的保健要求——一样。

技术：请描述项目中为提供护理或服务如何使用创新、辅助、特殊技术的的？

护士呼叫、紧急呼叫、火警和出走预防技术都连接到无线电话网络。所有护理者均携带无线电话，可以进行立即响应和静默通知。也有天轨式移位机确保移动时居民和护理者的安全，此外还有电子出入口控制、无线网络化电子病历、床旁定点照护快速检验、触摸屏技术等技术。

对页左图和右图： 专业护理家庭房
上图： 两居室公寓客厅
下图： 空中效果图
摄影：罗博·卡罗西斯（Rob Karosis）
渲染：Tangram 3DS

SFCS建筑设计事务所

惠特尼中心

康涅狄格州哈姆登//惠特尼中心

设施类型（完成年份）：独立生活（2011年）
目标市场：中、中上
地点：郊区；棕地
项目面积（平方米）：23965

该项目所涉及新建筑的总面积（平方米）：19781
该项目所涉及翻新、现代化改造的总面积（平方米）：4183
翻新、现代化改造的目的：重新布置
项目提供者类型：无宗教派别非营利性组织

下图：外景
对页图：主街通道
摄影：鲍尔·波克（Paul Burk）

项目总体描述

惠特尼中心是不以营利为目的的老年生活社区，自 1979 年以来一直为老年人进行服务。位于康涅狄格州的哈姆登，恰好在新纽黑文北部，靠近惠特尼湖西侧，是一个超过 6 万户居民的小镇，园区占地 91 亩（约 6 万平方米）。社区坐落在一个安静的公园般的环境中，同时因位于纽黑文市中心附近而出行便利。2011 年，一座有着 88 个宽敞的新公寓的新 7 层楼建筑，加上同样完工的一个新文化艺术中心和其他众多极好的设施。惠特尼中心能够围绕积极生活方式和居民渴求而继续学习与成长的机会来开发这一项目。新的主街通道是玻璃墙室内长廊，因其户外与园区美丽的自然光线与风景而引以为豪。沿主街展出的是一个艺术画廊，每周向公众开放三天。画廊的两个固定区域允许展示由大纽黑文艺术理事会组织的作品和由居民艺术画廊委员会组织的惠特尼中心居民原创作品。

项目目标

主要目标是什么？

- 将惠特尼中心的园区扩大和融合到哈姆登大社区中。
- 基础目标是通过整合现有建筑与新扩建部分，制造更多的机会吸引居民到惠特尼中心。
- 服务居民和关爱员工，是惠特尼中心的文化内涵，共同携手规划未来。

创新：什么样的创新或独特功能会被纳入该项目的设计？

新的独立生活区扩建部分有一个弯曲立面，以适应项目元素需要并保护后面的树林。该建筑的位置考虑到了从新公寓多角度向外看的视角，同时最大限度地减少了对现有公寓视角的影响。社区蓬勃发展，以一个充满活力的健康生活中心和文化艺术中心的角色服务居民，同时拥有着全方位服务的沙龙、日间水疗中心、多个餐饮场地等社交聚会空间。

挑战：设计时最大的挑战是什么？

这个郊区建设地点的分区布局和修建性详细规划的审批是主要的设计开发挑战。狭长的场地限制了设计规划选择的灵活性。日常运作、居民安全、停车场和出入都是附加的注意事项和设计方案的约束条件。

营销、入住：关于营销会遇到什么问题？如何能充分入住？

由于住房市场的崩溃和由此产生的 2008 年经济衰退，新公寓入住速度比预计要慢。准居民不愿意出售房产，或根本无法售出他们的房子。惠特尼中心目前正走向达成全面入住（调查显示大约 96% 的新建公寓）的目标。惠特尼中心销售新设施的必要基础是为社区建立强大的品牌，捕捉到其未来的

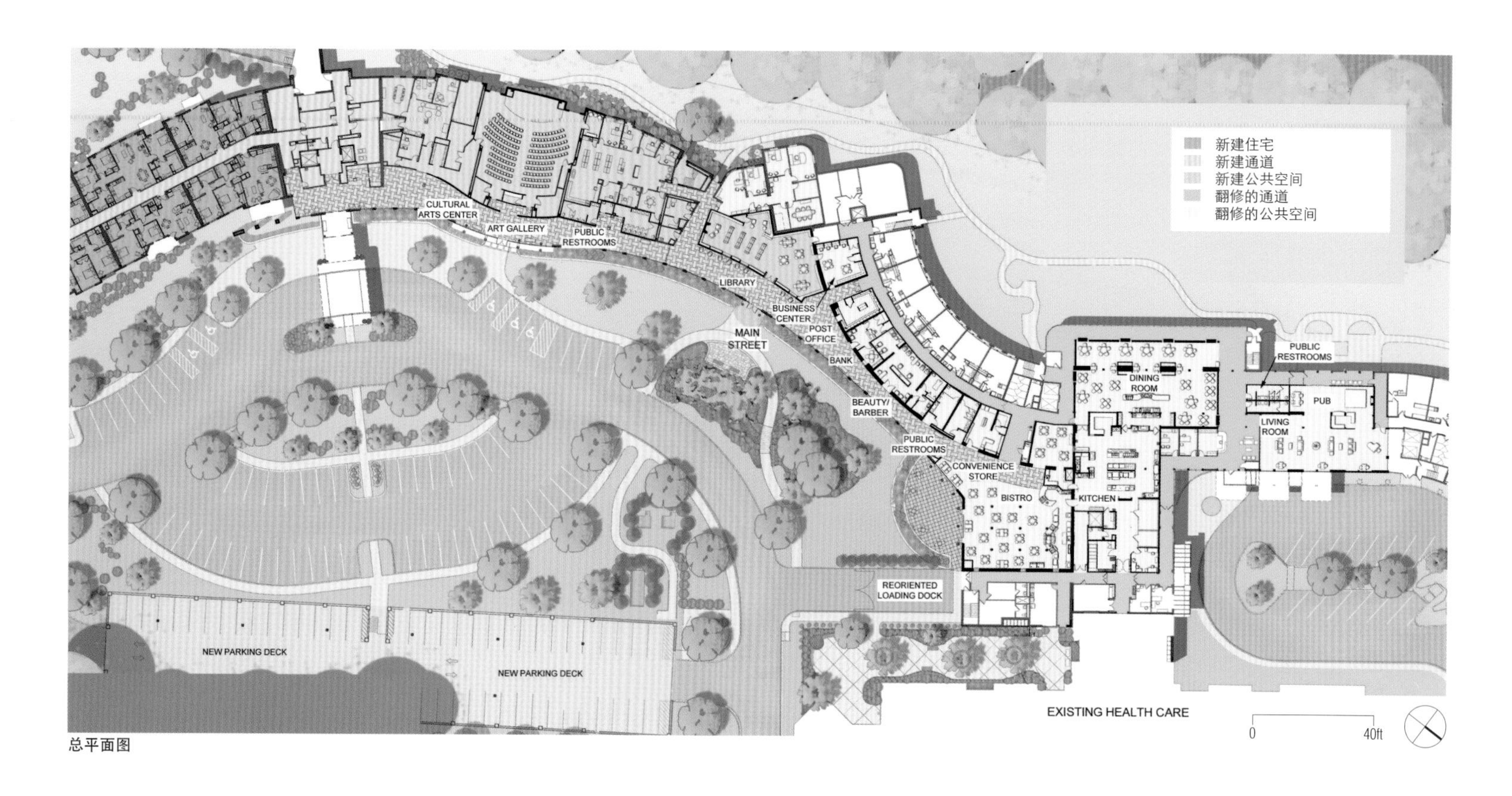
新建住宅
新建通道
新建公共空间
翻修的通道
翻修的公共空间
CULTURAL ARTS CENTER
ART GALLERY
PUBLIC RESTROOMS
LIBRARY
BUSINESS CENTER
POST OFFICE
BANK
MAIN STREET
BEAUTY/ BARBER
PUBLIC RESTROOMS
CONVENIENCE STORE
BISTRO
KITCHEN
DINING ROOM
PUBLIC RESTROOMS
PUB
LIVING ROOM
REORIENTED LOADING DOCK
NEW PARKING DECK
NEW PARKING DECK
EXISTING HEALTH CARE
0
40ft

总平面图

PICK UP

愿景和梦想，并与更大的社区，形成强有力的文化和智力的联系。

合作：利益相关者、居民、设计团队，其他协作方在规划设计过程中是如何做的？

位于城郊社区的惠特尼中心需要细心考虑哈姆登周边的居民。与主管城市分区布局的官员进行合作，并通过设计研讨会和设计会议与现有居民达成共识并建立伙伴关系，对于项目获得审批是至关重要的。这种规划方法是高度互动的，规划、营运和财政同时评估使得规划时间大大降低。第一次设计会议后，惠特尼中心重视它的居民们变得更明显：不仅关注他们的利益，也关注他们的知识和专长。居民委员会成立后，代表们参与了整个项目开发的所有设计会议。室内设计团队举办了多次设计研讨会和“视听”练习以获得居民关于风格和喜好。设计师举行了活跃的研讨会，用视觉工具和图像沟通想法，进行步骤选择和建立共识。视听会议进一步促进了居民和员工们在研讨会会前、会中、会后的贡献。设计师和惠特尼中心的团队预览平面图，提供影像作为资源，以了解每个空间的观感。

外联：为更大范围的社群提供的外联服务都是哪些？

惠特尼中心目前不提供场外服务。然而，文化艺术中心和会议室对学校、教会和非营利组织免费开放，用于举办会议、节目和活动。2015 年，这一地区 50 个不同的团体来到惠特尼中心使用这一空间。

绿色、可持续特性：项目设计中哪方面对绿色、可持续性有较大的影响？

户外步道、大阳台、餐厅露台和一个小水景都是惠特尼中心新的景观。一个棋盘图案绿色屋顶增加了视觉趣味，它从入口门廊开始延伸，沿着主街，一直到新的小酒馆。这一设计改进了公寓的景观，帮助保持了空间下方的环境温度，可以吸收水分，从而有助于减少雨水。现有住宅楼中新的节能窗降低了约 20% 的能耗。

对页左图：文化艺术中心
对页右图：小酒馆
摄影：爱丽丝·奥布莱恩
左图：户外散步步道、大阳台、一个天井餐厅和一个小水景均为惠特尼中心新建景观
摄影：鲍尔·波克

当尝试结合绿色、可持续设计特点时项目面临什么样的挑战？

将绿色、可持续功能纳入设计没有遇到阻力。相反，它有助于获得业主、居民与设计团队之间的共识。绿色倡议选项被提出来，连通每个选项的优缺点，以及主要考虑得到能源补贴。

设计初衷：项目中包含绿色、可持续的设计特点的初衷是什么？

设计初衷是体现客户、项目提供者和设计团队的目标和价值观；为更大范围的社群做出贡献。随着该建设地点发现军用弹药进行了处理，又接近整个地区的水库，连同居民“绿化园区”的倡议，开发环境友好的解决方案是负责任的决定。

技术：请描述项目中为提供护理或服务如何使用创新、辅助、特殊技术？

为了加强自主权，改善经营，设计师设计安装了一条光缆以支持未来的网络电视、电话及其他技术。设计师还实施了无线通信，先进的安防系统，漫游保护系统、无线紧急呼叫系统。这些新系统为住宅居室提供了更大的灵活性和个性化特色，提高了居民的安全性。文化艺术中心拥有完善成熟的声音和声学系统，包括辅助听力设施，还配有适合现场表演和讲座的职业音乐家。

PRDG建筑设计事务所

T. 布恩 · 皮肯斯临终关怀和姑息治疗中心

德克萨斯州达拉斯//长老会社区服务机构

设施类型: 临终关怀
目标市场: 混合收益
地点: 城市
绿地项目面积（平方米）: 7209

该项目所涉及新建筑的总面积（平方米）: 7209
翻新、现代化改造的目的: 重新布置
项目提供者类型: 基于信仰的非营利性组织

下图：唐纳德与夏洛特户外试验沉思中心池塘一景
对页图：戏剧性的高度变化——唐纳德与夏洛特户外试验沉思中心

项目总体描述

新的T. 布恩·皮肯斯临终关怀和姑息治疗中心将是德克萨斯州甚至是全国同类中心之中，唯一可以为患者及其家人带来创新性综合护理方案的中心。T. 布恩·皮肯斯临终关怀和姑息治疗中心面积超过54.6亩（3.64万平方米），提供5个卓越中心，包括：哈罗德·西蒙斯基金会住院护理中心（ICC），提供36个宽敞的住院护理套房，为患者与家属提供临终关怀、同情与尊严；哈蒙教育资源卓越中心（ERC），与大学、医院和支持最新临终关怀和姑息治疗培训和教育的医疗保健系统进行合作；精神护理中心，有一个礼拜堂为病人及他们的家庭提供精神慰藉；唐纳德与夏洛特户外试验沉思中心（ORC），通过专门设计的冥想回忆花园、步行小径、迷宫、安静的泉水池等，它将是一个那些初在人生旅程各个阶段的人们都可以去沉思、回忆、恢复精神的地方；丧亲创伤平复中心（II期），让家人们以自己的节奏通过分组或者个人来探索和处理他们的悲伤。作为长老会社区服务机构的扩展，这个项目旨在填补临终关怀和姑息治疗社区的空白。通过为病人提供优质的关怀安慰解决方案和心存未来的研究与教育来设计项目，T. 布恩·皮肯斯临终关怀和姑息治疗中心有别于其他同类项目。

项目目标

主要目标是什么？

- 创建最先进的住院护理和教育资源中心，提供临终关怀的综合方案。从项目一开始，业主的这一目标就成为设计团队关注的焦点——通过5个卓越中心提供临终关怀的综合方案：住院护理中心、哈蒙教育资源中心、精神保健中心、丧亲创伤平复中心和户外沉思中心。这五个要素与自然环境进行了复杂地整合，进而形成了最终设计，可以为有限生命的病人及其家庭提供高品质的富有同情的关怀服务。
- 建造一个对于所有居民、访客和员工都易于出入，令人愉悦的户外沉思中心。中心是一个综合性发展项目，其建设地点原有一个湖，从湖到拟建建筑物有着9米急剧的高程变化。这个湖成为了户外沉思中心的核心特征，和谐的建筑元素、外景规划、涵盖了周围的商业写字楼和住宅小区。公共场所和临终关怀社区的连通性使得人们接近自然。中心倾向于对患者和家属建造户外设施的需求给予特殊的考虑，以及与德克萨斯奥杜邦学会（Texas Audubon Society）结盟的综合原则。这种伙伴关系形成于两者在规划和现场设置与可持续发展的维护实践活动之中。与德克萨斯奥杜邦学会的合作，将给项目带来“鸟类故事会”（奥杜邦学会倡议的是一种充满活力的、独特的、低成本治疗项目，可以让患有痴呆症的病人体会户外大自然的鸟类世界）。此外，景观设计师目前正在寻求国际奥杜邦学会的认证，以协助业主在设计环境时，能够达到长期的经济和环境目标，当然要优先考虑临终关怀的环境。

- 设计一个考虑到所有信仰和修行的小教堂。设计团队将从宗教活动和神职人员那里获得建议作为设计的基础，这将受到所有有信仰的人的欢迎。教堂面向东方，有一个现代设计风格的，以石头和彩色玻璃为特色的墙。相同的彩色玻璃也用于门廊，用水元素营造了舒缓的气氛。石头、树木和长廊用来创造自然与精神环境的联系。多个壁龛里安置了雕像、蜡烛、插花、熏香以及或其他精神元素。教堂将对于家庭和工作人员全天候开放，以进行个人沉思或提供葬礼服务。为客人提供了多个出入口，同时为穿过建筑移动的死者保留了尊严。

创新：什么样的创新或独特功能会被纳入该项目的设计？

T. 布恩·皮肯斯临终关怀和姑息治疗中心的5个卓越中心，包括住院护理中心，提供了36个宽敞住院护理套房；教育资源中心，与大学、医院和支持最新临终关怀和姑息治疗培训和教育的医疗保健系统进行合作；精神护理中心，提供一个圣殿教堂；户外试验沉思中心有一个迷宫和露天剧场；丧亲创伤平复中心，让家庭以自己的节奏通过分组或者个人来探索和处理他们的悲伤。该建设地点的首选规划解决方案是将设施分成住院护理中心、教育资源中心和丧亲创伤平复中心等。该解决方案使得每个建筑的设计都反映出了各自特殊的要求和功能。它也有利于将病人的持续护理活动、失去挚爱的悲伤痛苦的家庭以及额外的教育研究活动等分开。独立的建筑物允许设计保持一定的住宅规模。建筑物的内部被特别设计成像温暖的家一样的个人住所。室外景观精心布置以为每个人提供一个宁静而愉快的户外体验。患者和访客行走在“生命礼赞”步行道上，瀑布、喷泉、沉思冥想的曲径、湖水的声音缓和了痛苦，抚慰了人们的心灵。

总平面图

挑战：设计时最大的挑战是什么？

挑战1：为患者、家属和工作人员设计36个面向池塘的普通房间。解决方案：这些房间是为病人、家庭和员工平等设计的。所有房间面向池塘，舒适的阳台上可容纳一张大号的床。家庭套房中有沙发床、书桌、衣柜等舒适的家具。娱乐室靠近每个房间，家属可以走出房间，但仍在病人呼叫距离范围内。所有员工的设备位于门边的床上，便于取放，同时使干扰降到最低。备餐室可从房间和走廊进入避免打扰病人的药物治疗或卧床休息。暖通空调和照明系统的设计有着最大的灵活性，病人、家庭成员和工作人员都可以控制。

挑战2：在为园区扩张与基础设施创造灵活性的时候，开发一个54.6亩（3.64万平方米）的户外沉思中心以满足患者、访客和工作人员的需求。从池塘到拟建建筑物，该建设地点有一个9米的高度变化。解决方案：创造性的挑战是应对这9米高度变化，在住院护

对页图：家庭房（住院护理中心）
下图：咖啡厅座位（住院护理中心）

左图：精神护理中心
上图：哈蒙教育资源中心
下图：病房

理中心和湖之间15米的区域内，创造条件，分层布置湖边阳台花园。这些阳台彼此相近，被隔离成私人的、半私人的和公共区域，从而满足所有用户外出欣赏湖边景色、与大自然互动的需求。整个项目的花园、庭院和步道为社交互动与隐私之间提供了体贴周到的平衡。这些设施还支持各种各样的体验，如好玩的迷宫、户外探究课堂、圆形露天剧场举办纪念性集会以及在不同的花园大阳台、户外客厅、露台之间，进行有益身心健康的冥想沉思等。

挑战3：在利用天然设施，保持独立车辆通道和行人通路各自用途的同时，在建设地点有限的可用部分中实现多种用途（临终关怀、培训、丧亲等）。解决方案：占地59亩（约3.93公顷）的建设地点上，有一个带有公共步行道的33亩（2.2公顷）的池塘，还有7.5米的坡度变化。设计团队面临着临终关怀中心、培训中心、迷宫、圆形露天剧场，和拟建的丧亲创伤平复中心都集中在池塘周围的挑战。访客进入临终关怀中心，员工进入培训中心是分开的，这样不仅减少了车辆和行人的通行量，还减轻了访客去往临终关怀中心的拥堵压力。一连串的湖边石挡土墙用于创建分离的层次结构——临终关怀中心的露台，半私人的迷宫和剧场的公共步道等。在小路上散布着许多有座位的景观节点，为沉思冥想提供了安静的区域。

挑战4：建设地点曾是一个废弃的采石场（活跃于在20世纪50年代），后来变成了一个垃圾场。随着时间的推移，新建筑包围了建设地点，它就被当作一个私人或公共公园，有一条1.2米长的破旧人行道（既不符合美国残疾人法案，也不滨水）。解决方案：改进滨水岸线设施（包括人造和自然景观），提升在湖边互动的安全性。设计团队安装淡水井用于灌溉，同时保持恒定的水位，改善动物栖息地环境，减少虫害。

合作：利益相关者、居民、设计团队，其他协作方在规划设计过程中如何做？

包容性合作在项目开始时建立了起来。小组成员包括行政人员、董事会成员、项目主管、护理员、规划顾问以及工程师和设计师，他们专注于功能、临终关怀中心的财务运作、健康护理、殷勤的服务和老年生活环境等。业主方则在他们现有的社区网络中找出目前达拉斯并未提供临终关怀的患者，家属和工作人员却需要的那些需求。他们基于其广泛的经验开发了5个“卓越中心”。设计团队使用了这一框架作为设计过程背后的推动力。随之而来的是协同设计过程，从与客户的复合规划会议开始，改善功能空间的需求与建筑成本分配的关系，以将费用维持在预算内。景观设计师开发3D模型与动画视频，就该建设地点的潜力与业主、股东、捐赠人以及设计团队进行沟通。这些作品允许观众体验室内建筑方案和外部体验区之间的互动效果。此外，视频为潜在捐赠者提供了宣传材料，使其获得对建设方案超越常规的二维方式的、全面和经验性的认识与理解。这有助于捐赠者了解5个“卓越中心”是如何交织在一起，也有助于早于客户预期的时间获取充足的捐赠者资金（该项目由一个非营利设施100%捐赠资助）。设计人员和行政人员参访了多个不同地点的类似项目，以观察成功的临终关怀项目及其环境。这些参观使设计团队加强了与大自然的连接和对于患者户外活动的重视，使得设计中每个病房包含的朝向池塘的露台或大阳台，成为该建筑的独特之处。采用室内3D效果图，将这一空间完工后的外观和感觉展示给社区居民、捐赠者和业主，以确保各方达成一致并保持同样的关注。与建设地点周边邻居的沟通交流也很重要。该项目有多种用途，包括办公室、多户住宅、医院、教育空间等。举行许多信息通报会，以确保邻居对项目知情，并认识到施工期间及竣工后的影响。

外联：为更大范围的社群提供的外联服务都是哪些？

基于信仰的临终关怀作为长老会社区与服务机构的一部分，为家庭和病人提供全面的服务。这些项目包括满足患者的生理和情绪需求，以解忧小组支持他们的家庭，为悲痛的人提供支持，等等。

绿色、可持续特性：项目设计中哪方面对绿色、可持续性有较大的影响？

能源效率；减少太阳辐射得热量、减缓热岛效应的遮阳棚、种植植物；材料的精心选择。

上图：迷宫
效果图：PRDG建筑设计事务所，福克纳设计小组和MESA设计小组

当尝试结合绿色、可持续设计特点时项目面临什么样的挑战？

实际成本超预算。

设计初衷：项目中包含绿色、可持续的设计特点的初衷是什么？

设计初衷是体现客户、项目提供者和设计团队的目标和价值观；为更大范围的社群做出贡献。

评审委员会评价

与自然环境的密切联系是显而易见的，从每一个区域，包括内部和外部。从临终关怀的病人、家属、员工到访客，在每个人的切身体验上，倾注了相当大的关注。该建设地点包括了五个组成部分，但所有用户出入其间时，每个人的感觉都是私密而独特的。临终关怀室温暖祥和，同时提供个性化的和集会的空间。空间组织经过设计团队的深思熟虑，在保证隐私的同时仍可提供近距离护理。陡坡采用多层次的步行区，包括沿着湖边奥杜邦项目的一条小路。公众可以融入到这个地方的设计之中，沿着小路惬意舒适地漫步以愈合心灵的创伤。

珀金斯·伊斯特曼、波尔克·斯坦利·威尔科克斯

阿肯色退伍军人事务部：新国家退伍军人之家

阿肯色州北小石城//阿肯色中部退伍军人之家设施类型：长期专业护理

目标市场：美国退伍军人
地点：城市
绿地项目面积（平方米）：136316

该项目所涉及新建筑的总面积（平方米）：8092
翻新、现代化改造的目的：重新布置
项目提供者类型：政府

下图：步行道日间外景
对页图：鸟瞰图

项目总体描述

当阿肯色退伍军人事务部（ADVA）面临着为退伍军人建造更多住房的需求时，他们将其当作一个为退伍军人提供新护理文化的机会。受全民运动的启发，美国退伍军人事务部（USDVA）发生显著的变化，从一个制度模式上的护理到现在营造以居民为中心的、规模较小的、亲密的、如家一般的环境，而阿肯色退伍军人事务部也力图在如何为本州退伍军人提供良好的护理方面做出重大改变。护理的灵活性最大化也是一个关键因素，即依据年龄和能力护理各种居民。其位于该州中部则又是一个额外的重要因素。阿肯色退伍军人事务部选定的建设地点原来是一个高尔夫球场，坐落在能俯瞰阿肯色河的断崖之上，在阿肯色州北小石城历史上著名的福特鲁茨联邦退伍军人事务部（Roots Federal VA）园区内。该项目将分阶段建设：第一阶段将包括八个居民住宅;一个社区建筑，以及维护性建筑；第二阶段将增加四个居民住宅，还包括对社区建筑的合理扩建。

每个居民住宅约 892 平方米，均基于退伍军人管理局社区生活中心设计指南而设计。12 个居室是单人间并设有私人浴室。两个指定夫妻房，每间大小可容纳两名居民。居民房间环绕公共空间而建，暴露在外的程度各有不同，以适应居民的个人需求——无论是喜欢外出活动还是希望保留更多隐私。公共区域——客厅、学习室、餐厅、厨房和书房集中布置，以丰富的自然光和通过大窗户与玻璃天窗通风为特点。前面和后面的门廊提供到户外的直接通道。前面门廊是一个非正式的聚会场所，而后面门廊则更安静私密，通过增加可移动的窗户，可以享受阿肯色多个季节的特色。社区建筑是园区的核心，位于所有居民和工作人员目的地的中心。这个建筑能容纳大型活动，同时也可为小团体和个人举行较为私密的活动。中央大厅和画廊的空间为大型活动预留了功能空间。

项目目标

主要目标是什么？

- 为阿肯色州的退伍军人提供更高品质的生活环境。根据美国退伍军人事务部制定的社区生活中心指南和阿肯色州的标准，该项目目标是创造远离制度模式的文化改变，实现规模较小的、以居民为中心的、如家一般的护理模式。
- 培养居民的独立性。利用住宅与社区建筑之间的步行路，打造一个从室内到社区建筑和周围地点来去自如的环境。
- 建造一处地方，使退伍军人团体能走到一起。社区建筑目标是双重的——一个不局限住宿而提供必要服务的地方，一个为退伍军人居民、家庭、朋友们举行大型聚会的场所。它既可以服务于本地退伍军人也

可以服务于更大范围的退伍军人社区。该设计需要利用的户外空间大小不亚于室内空间。

- 设计一个体现当地设计风格的住宅社区。设计团队和客户希望在尊重自然环境的情况下，建造一个社区——不同于传统的小型住宅模式，而是一个独栋家庭社区模式。
- 创造一个健康、可持续的环境。尽管该项目没有追求认证，但团队还是非常自觉地基于可持续发展理念做出每一个决策。重要考虑因素包括：充分利用建设现场资源，包括先进的用水管理；选择高效机电系统；选择优质安全的室内材料等。

创新：什么创新或独特的功能被纳入了该项目的设计？

新的阿肯色退伍军人事务部退伍军人之家的建设地点位于阿肯色州北小石城历史上著名的福特鲁茨联邦退伍军人事务部园区内原有的高尔夫球场。具有相当大的球场地形、绿树成荫的球道以及相邻的水库，12 公顷的规模提供了独特的设计机会和观景长廊——一些长而开阔，而另一些则更私密、风景更加优美。设计团队制定了一个战略，使之对建设地点的破坏最小化，以赞美这些自然之赐：1) 提高社区意识和安置居民；2) 支持园区的运作需求；3) 平衡建设地点基础设施的经济性。

居民住宅之间的中心位置是社区建筑。作为园区内的核心，这个建筑将在多个方向设立出入口并为社区提供集会、治疗和行政管理的空间。这个治疗和康复服务设施将对园区外更大的退伍军人社区开放。社区空间和户外露台将用于居民、家庭和访客的活动和集会，以及国家节日的特别庆祝活动。服务、运送和维护人员的出入都走一个单独的入口，以将干扰降低到最低，提供更容易出入后勤区的通道。

在最初的规划中，考虑了一个更大的有 12 个床位的家庭式建筑。据了解，12 个床位的家庭式建筑规模更适合当地环境和人口情况。这个外观设计将补充一些阿肯色中部地区的南方民间风格——从历史上著名的福特鲁茨联邦退伍军人事务部园区借鉴其材料运用和细节设计。通过对耐用性、成本、舒适性、美学与可持续性等做出平衡，精心挑选内饰、材料和家具。

挑战：设计时最大的挑战是什么？

其中一个关键的挑战是在以前未开发的，具有挑战性地形的建设地点上设计一个郊区布局。团队选择顺应建设地点的自然地形而不是与地形对抗。建筑师团队与景观设计师和土建工程师紧密合作，建造了一个顺应土地形态的有机布局。最终，这种方法对建设地点的破坏最小，通达性最大，建设成本也最少。另一个设计挑战是体现美国南方民间风格。重要的是项目设计延续了社区的南方历史遗迹特征，反映居住在那里的退伍军人们熟悉的风格。团队研究了福特鲁茨联邦退伍军人事务部园区的材料运用和在南方占主导地位的住宅建筑风格。由此产生的设计借鉴了福特鲁茨联邦退伍军人事务部园区的外部材料和细节设计、内饰以及在南部的家庭生活中识别度极高的舒适的前门廊。

建设地点平面图

对页图：休息室
左图：厨房、餐厅

住宅单位方案——选项1

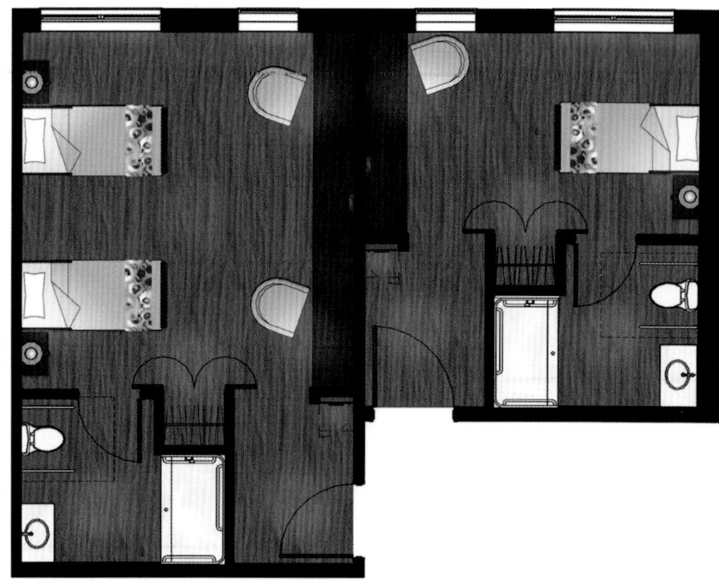

住宅单位方案——选项2

最后的挑战是在设计和实际建设中平衡预算。从项目一开始的设计会议开始，团队就有意识地维持预算，仔细考量建设地点的布局及住宅和社区建筑正确的规模尺寸，以求效益最大化。选择优质的、耐用的材料（也负担得起的）。早期的工程推演让团队知道什么是最重要的，包括在社区规划和设计上满足客户的目标。

合作：利益相关者、居民、设计团队，其他协作方在规划设计过程中是如何做的？

本项目的设计涉及阿肯色州和联邦政府机构，以及一个深度咨询顾问团队，它的成功依赖于从项目启动时他们之间就已开始的合作。阿肯色退伍军人事务部主管和副主管领导这个团队，同时非常注重他们收集到的专家意见。另外建筑、工程设计团队，规划设计组由另一个阿肯色退伍军人管理局园区的行政和工作人员补充，一个专业护理顾问护士代表来自于监管机构。项目开始时，规划和设计研讨会允许所有参与者：讨论此类项目的趋势和最佳做法；审查相似的模型；评价运作模式，加以考量；研究当地民间建筑风格；访问建设地点以期望能考虑到可以成为退伍军人之家的各种因素。为了推进全面综合设计的进程，设计团队安排了一系列会议审查各种选择并确保在建筑外观、室内设计和景观设计之间的全面合作。在关键时刻，国家长期护理认证机构被引入并参与讨论设计过程与小型住宅概念及其合理性。同时还需要美国退伍军人事务部办公室建筑与设施管理部根据社区生活中心设计指南对项目进行若干次复审。

外联：为更大范围的社群提供的外联服务都是哪些？

社区建筑的治疗与康复服务社将向园区外更大的退伍军人社区开放。

绿色、可持续特性：项目设计中哪方面对绿色、可持续性有较大的影响？

场地设计考量；能源效率；用水效率。

设计初衷：项目中包含绿色、可持续的设计特点的初衷是什么？

体现客户和项目提供者的目标和价值观；降低运营成本；提高入住率。

技术：请描述项目中为提供护理或服务如何使用创新、辅助、特殊技术？

社区生活中心模式的基本原则是促进居民

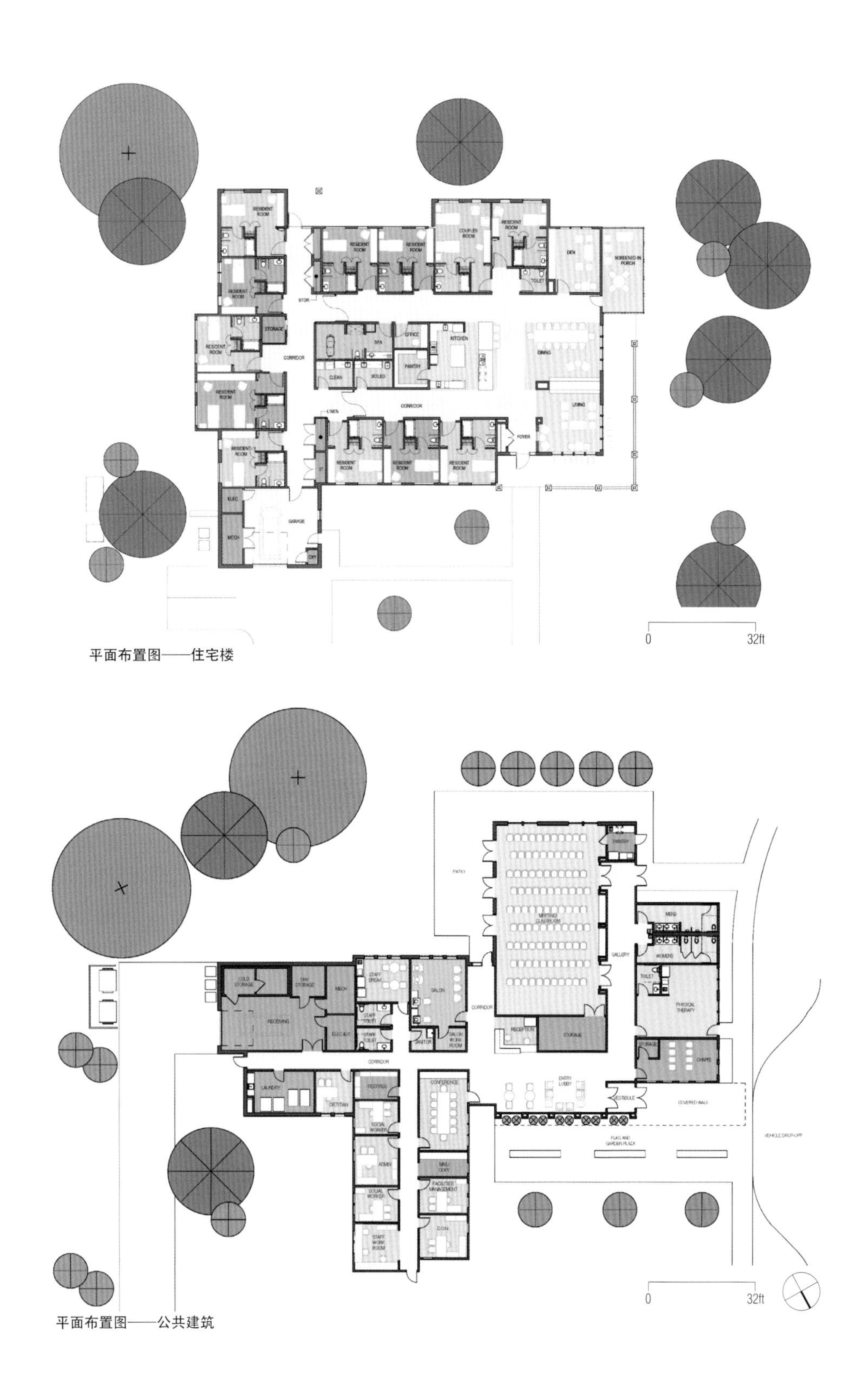

平面布置图——住宅楼

平面布置图——公共建筑

独立出入的可行性。而技术只是一个因素，许多应用这些原则的方法是通过提升个人联系和人与人之间的关注和关怀而达成的。天轨式移位机在每个居民的居室中都有安装，可协助工作人员转移病人，个人医疗服务器被放置在房间入口，以减少推车堵在门厅的次数，从而减少类似医院的制度性感觉，增加家的感觉。

评审委员会评价

向那些曾在军队服役过的人展示出这样一种社区的感觉是前所未有的。该建设地点向居住于此的对社区各方面熟悉的那些居民致敬。通过阿肯色州和联邦机构有意识地把制度性环境改变成如家一般的生活空间，由此也可以注意到很多体现出的细节。我们的退伍军人居民看重的是温馨的氛围。同理心用在空间及功能的设计中是显而易见的；包括居室和公共区域之间的最小出行距离，室内、室外过渡空间和适应多层次护理的灵活性等。背离制度性的设计，创建最低限度的尽量不被看到的区域，以进行维护和服务援助，开放式的平面布置简易朴素，便于维持日常家政工作的运行，同时也可以将焦点放在居民身上。在科技进步的世界中，个人之间的互动正在减少，这个社区坚持创造人的独立性，个人联系和以居民为中心是首要关注点。本建设项目向那些为国贡献和牺牲良多的人们致敬，他们也值得拥有人生这一阶段中最好的东西。

上图：入口
对页图：外部走廊夜景
效果图：珀金斯·伊斯特曼建筑设计事务所、波尔克·斯坦利·威尔科克斯建筑设计事务所

珀金斯·伊斯特曼建筑设计事务所

阿特里亚福斯特城老年生活社区

加利福尼亚州福斯特城//阿特里亚老年生活公司

设施类型: 独立生活; 辅助生活
目标市场: 上
地点: 郊区
项目面积 (平方米): 18023

该项目所涉及新建筑的总面积 (平方米): 18023
翻新、现代化改造的目的: 重新布置(所有新建筑)
项目提供者类型: 营利性组织

下图: 主大厅入口
对页图: 正面拐角

项目总体描述

阿特里亚老年生活公司过去的几年一直在升级他们目前的资产组合，希望找到一个机会，建立一个新的、可以反映他们哲学的园区——在一个充满活力的连续社区的核心，提供独立和协助生活服务。阿特里亚的城市老年生活旗舰项目展示了选址的新方法与反响热烈的设计，将居民融入更大邻里活动中，邀请邻居进入建筑。这个六层楼的老年生活设施坐落于福斯特城，是更大的福斯特广场发展项目不可分割的一部分，由该项目的主要开发商承建。他们的主要目的是在福斯特城核心区域建造一个适合步行的、互动的、多代同堂型的老年生活社区。它与城市公园、湖泊，图书馆和社区中心等周围的设施相互连接。项目包含了多种老年生活建筑产品，包括待售的联排别墅、独立的老年生活公寓和经济实惠的老年住房。该项目还建造了一个活力四射的城市广场，零售便利设施林立。阿特里亚项目是这一街区的重点项目之一，还包括临近街区可以使用的零售商店和一个地下小酒馆。居民们可以在门前的城市广场漫步、购物。居民和访客将主入口作为一个从二楼公共区域到半公共区域的过渡。建设计划有 152 个居住单元，其中 24 个专门用作记忆护理。其他剩余的单元则根据居民的需要作为独立或者辅助生活单元。项目整体设计以现代奢华生活为特色，互动的公共空间、充满活力的花园庭院，还有街道零售等应有尽有。建设项目的居住单元各元素使用相同的建筑材料，建筑形式与周围的建筑结构相融，从南侧面向城镇广场较低的建筑物及经济适用老年生活建筑进行过渡，以增加公共区域边缘的高度。其设计要素是建造一个模仿相邻的连栋房屋的三层楼高的立面。除了考量建筑周围的环境因素，该建筑的设计也对自然条件变化做出了回应，如风与太阳的运动等因素。花园庭院面向东南的建筑形式可以在防护常见的北风的同时获得大量光照。

项目目标

主要目标是什么?

- 将老人们融入福斯特城街区:
  1) 用临街的零售网点界定城市广场边界;
  2) 为零售网点边缘提供充满活力的建筑——老年生活餐饮、落客区，主大堂入口则作为街道与公共区域联系互动的场所。

- 建造一个与街区当中此建筑相关的魅力十足的高档场所：

  1) 主入口与社区行人公共步道成一直线，使之成为活动焦点；

  2) 设计建筑立面，模仿市政厅的比例与韵律——较深的屋檐悬垂，顶层盖过下方的立面，细长的半露方柱，垂直或加长型店面玻璃；

  3) 在地势较低的南面区块建造连栋楼房，模仿对面福斯特城林荫大道的公寓住宅和本福斯特广场社区的公寓风格；

  4) 建筑物上部的分层阳台和露台可以更加促进积极活跃的互动体验。

- 确保通过如下建筑设计以反映此建设地点的环境因素：

  1) 设计一种建筑形式：可以免受北风侵袭，朝向海湾和山峦，并从朝向东南的、别致的花园庭院获取温暖和煦的阳光。

  2) 在北面，设计 45 度的转角建筑形式，以迎合市中心的车辆环岛。

  3) 通过对环岛的模仿，建设一个到建筑物的过渡点，作为一个焦点场所在此设置座位，方便来自市政厅和街区停车场的行人。

  4) 设计一个建筑形式以应对街区输电塔对零售网点和住宅建筑的较大阻碍——往远处直视就能看到丑陋的输电塔。服务设施和管道井的空间设计位于塔的正对面。

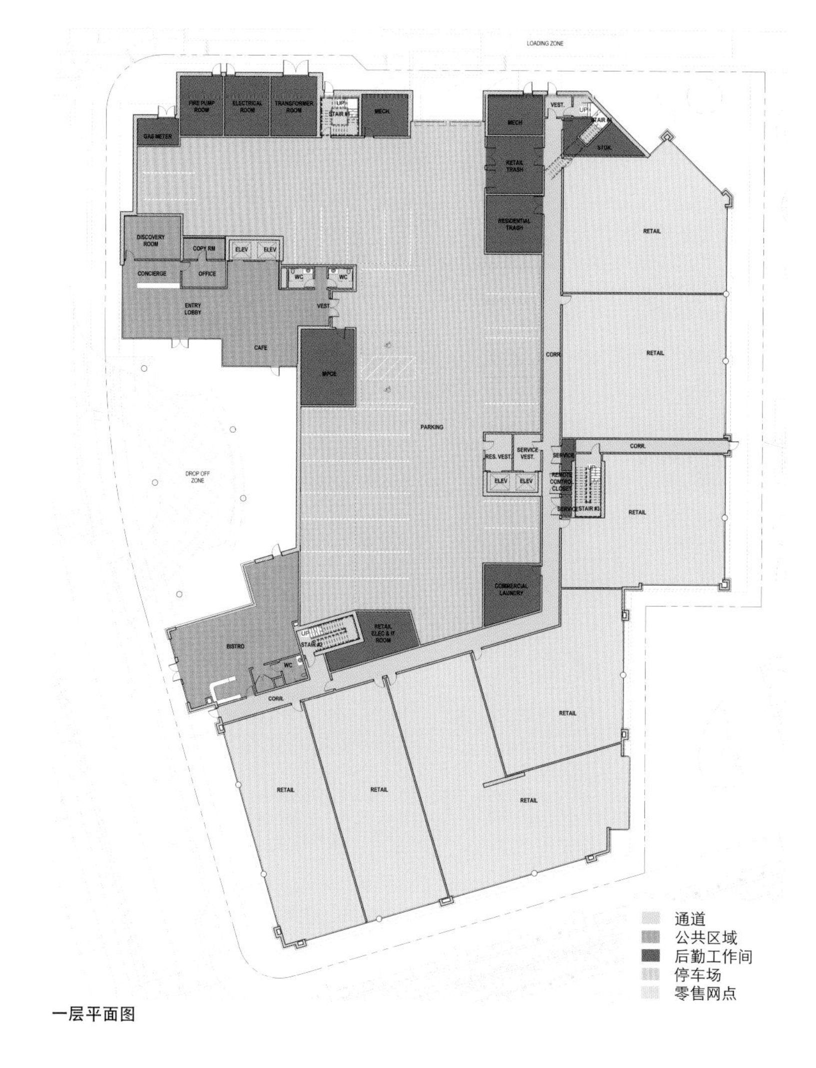

一层平面图

创新：什么样的创新或独特功能被纳入了该项目的设计？

通过建设地点的选址，该建筑位于一系列建筑体范围内——公共图书馆、一个重要的滨水公众公园、本市老年中心、私立学校、未来的市民礼堂、犹太社区中心、零售网点和市政厅等。它被设置在一个拥有活跃的、多年龄段人群的、可以独立自主生活和经济实惠的老年生活住宅街区当中。市民广场由阿特里亚集团福斯特城分公司承建，是该项目的一个独特亮点。该建筑和景观考虑了城市整体规划、拟建的农贸市场、7 月 4 日独立日庆典以及该地区办公室工作人员在零售网点进行户外午餐等因素。地下的零售网点将容纳各种餐厅和一些便利店及专卖店等，使广场充满生机，创造福斯特城市中心的夜生活。这里为居民提供了一个出行的目的地，同时也能同各个年龄段的人进行交流。阿特里亚集团福斯特城分公司所拥有的一个零售网点被设计为社区小酒馆。它对社区自由开放，提供了可替代餐饮场所。居民可以在他们独立居住的公寓内接受

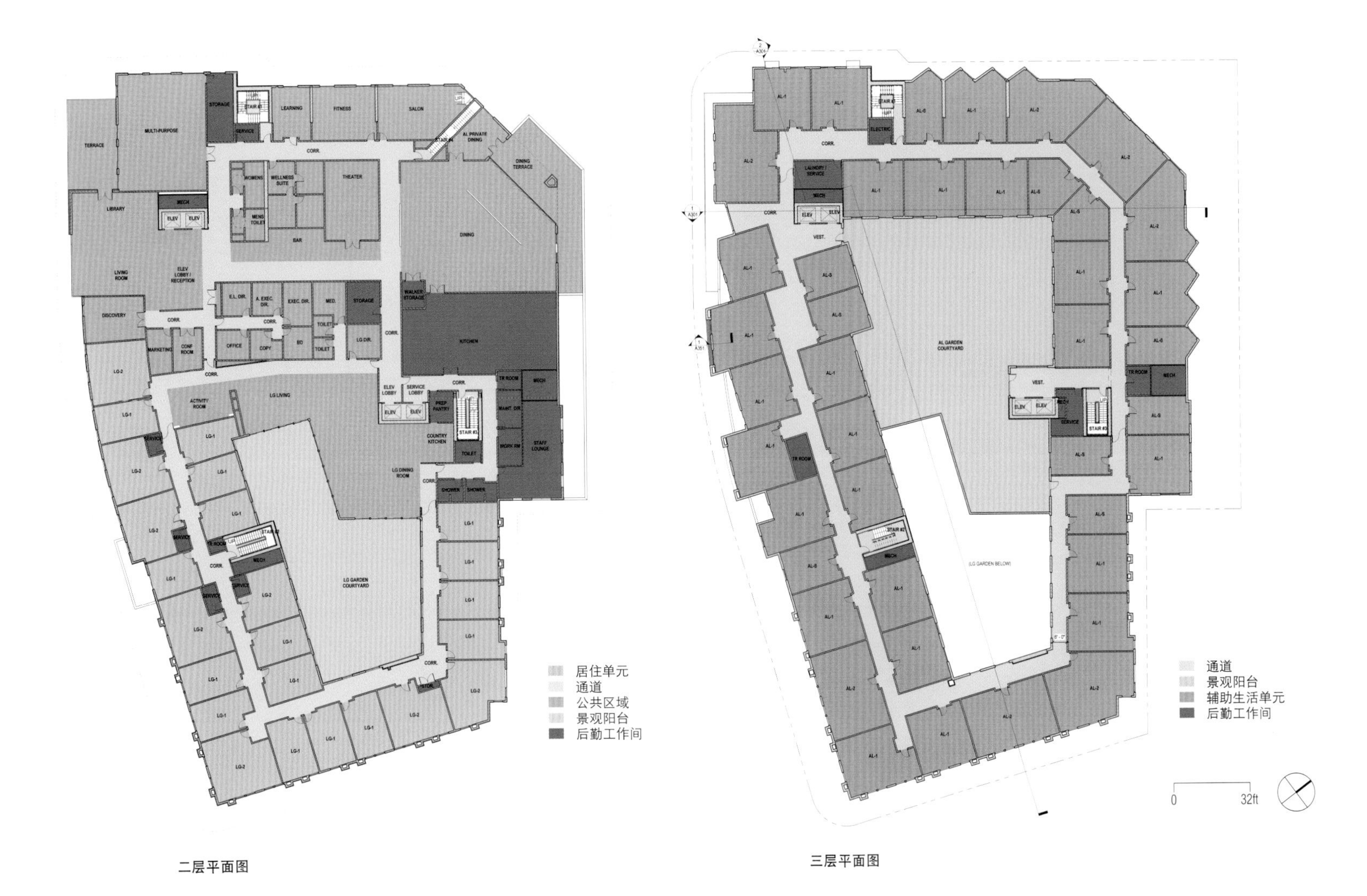

二层平面图

三层平面图

辅助生活服务，服务水平与其他同类机构并无差别。如果有记忆支持需要那么建筑物内也可提供“生活指导”服务。此建筑在三楼有一个户外的、有防护措施的朝南庭院，可以提供给居民一个安全的环境。在二楼屋顶还有一个花园用于记忆支持项目。

挑战：设计时最大的挑战是什么？

该项目紧邻东面巨大而突兀的输电塔和输电线路，需要进行改进设计。我们决定将建筑物往回收缩，建造锯齿形立面，使窗口看起来尽量远离输电塔。我们将服务设施和管道井设计在塔的正对面，这样居民就不会意识到输电塔与建筑及住宅如此之近。由于在一楼合理的零售网点在居民一贯活动的位置，且连接建筑物入口，因而需要重新考虑。我们建造了一个朝向停车场的餐饮服务接待空间——行人经过通道安全地进入有着住宅公寓风格的大堂，走到一组电梯上到二楼，而二楼则更像“一楼主厅”。主要的住宅前台接待服务中心位于二楼大堂直接下来的位置，在居民进行主要活动的客厅、图书馆、多用途酒吧或用餐场所之间。鉴于加州海湾区火热的建筑市场，要项目成本将保持在预算内，需要与业主和承包商以另一种方式进行合作。

剖面图

上图：前立面
右图：酒吧、拟建餐厅

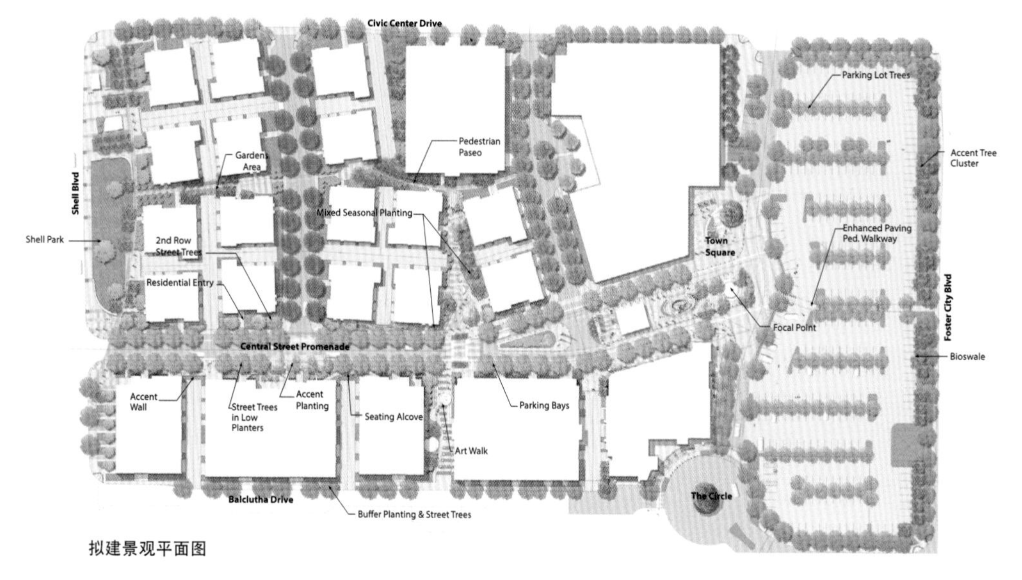

拟建景观平面图

合作：利益相关者、居民、设计团队，其他协作方在规划设计过程中是如何做的？

由于加州海湾区市场建设成本较高，业主在项目早期便引进了承包商，并在设计开发结束时要求承包商出具保证最高价格合同（GMP）。这就要求建筑师在设计开发阶段为投标提供详细的文件，与承包商密切合作，确定具体的投标包，根据施工期间以书面形式的决策框架，以保持在最高限价以内。周例会根据建筑师的规格说明，整合业主认可的分包商建议。团队中的每个人都在规划委员会批准的预算内协同工作以完成最终建设目标，确保项目能满足领先能源与环境设计银级认证、消费市场目标以及老年人口的需要。

外联：为更大范围的社群提供的外联服务都是哪些？

在一楼有一个向公众开放的小酒馆和一个多用途房间可用于街区的公众会议。

绿色、可持续特性：项目设计中哪方面对绿色、可持续性有较大的影响？

场地设计考虑；能源效率；用水效率；减少太阳辐射得热量、减缓热岛效应的遮阳棚、种植植物，改善室内空气品质；采光最大化；材料的精心选择；垃圾回收。

设计初衷：项目中包含绿色、可持续的设计特点的初衷是什么？

得到良好的公关关系；降低运营成本；提升入住率。

评审委员会评价

这个项目是一个混合用途城市模型的良好范例。该项目的老年生活部分在项目的开发中处于非常突出的位置，它也明确了城市广场的建设特点。评审团十分赞赏将零售网点作为该建筑和总体项目的一部分，这使得公众可以很方便的从建筑体的某一部分中即可得到体验，同时从老年住宅到零售网点出行方便。评审团同时赞赏了大城市花园的设定，在这里每一个人都会得到记忆支持和辅助生活服务。至于室内设计，虽然还只是效果图，却十分精致，似乎是为当地人而量身定制的。

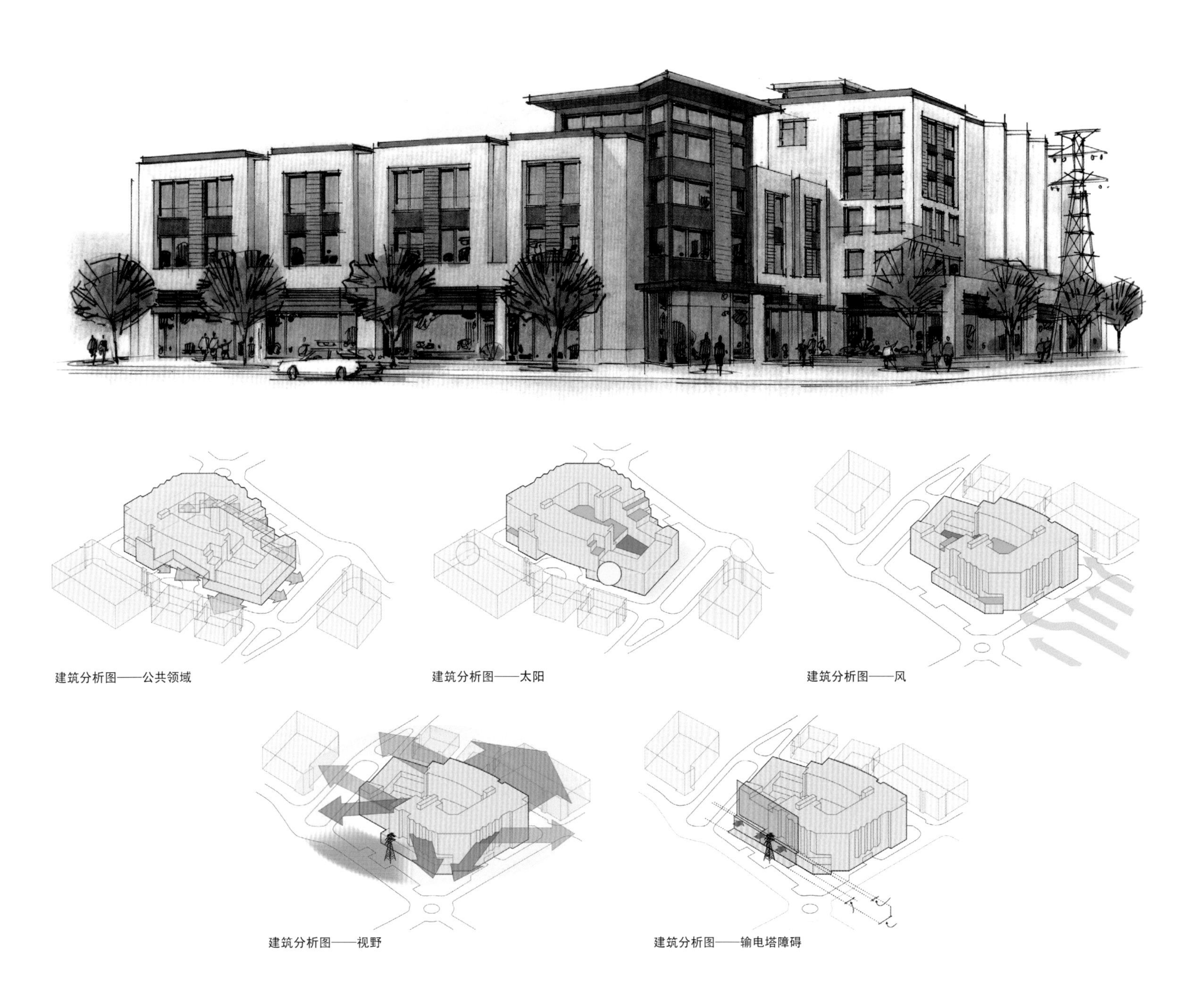

建筑分析图——公共领域

建筑分析图——太阳

建筑分析图——风

建筑分析图——视野

建筑分析图——输电塔障碍

对页上图：后广场一景
上图：后立面
效果图：珀金斯·伊斯特曼建筑设计事务所

BKV建筑集团

米尔城市之角——阿比坦公寓与米尔城公寓

明尼苏达州明尼阿波利斯//伊库曼老年住宅开发公司，路普地产开发公司，沃尔地产公司

设施类型（完成年份）：独立生活、辅助生活（2016年）
目标市场：米尔城市之角公寓：低收入、补贴；阿比坦公寓：中、中上、上
地点：城市
项目面积（平方米）：12774

该项目所涉及新建筑的总面积（平方米）：27592（生活区）；41249（生活与停车区）
翻新、现代化改造的目的：重新布置（新建筑）
项目提供者类型：营利性组织；基于信仰的非营利性组织

下图：东南视角一景——阿比坦、米尔城和远处的米尔城市之角公寓

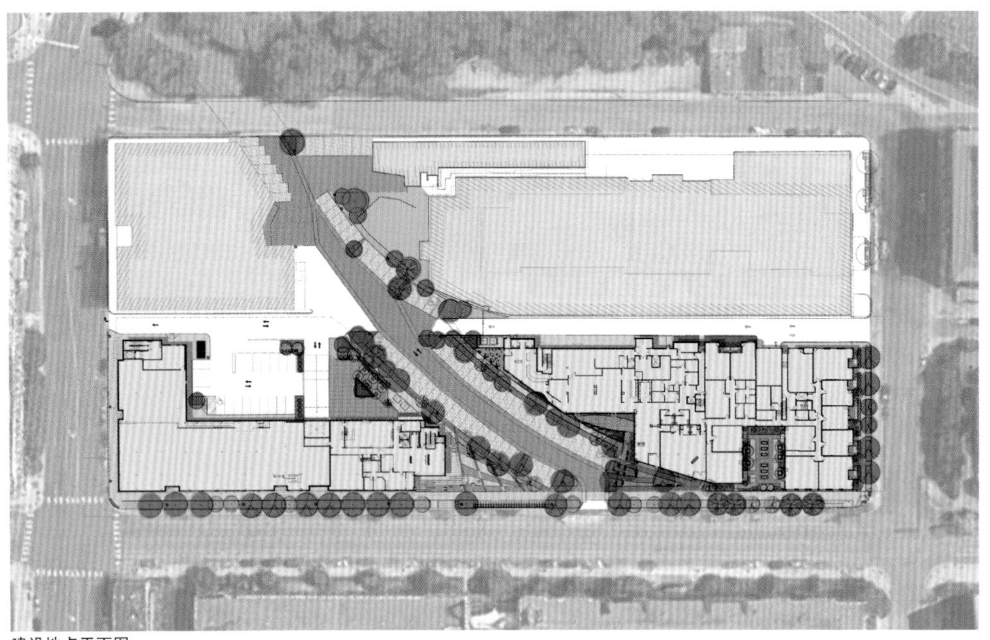

建设地点平面图

项目总体描述

米尔城市之角项目是一个密集的城市填充式开发项目，依托建设地点的历史去塑造未来。过去该建设地点布满了连接到许多城市的面粉厂和主要火车站的铁路线。当汽车成为主要运输形式以后，铁路线关闭，现场的建筑物被拆除。该建设地点最后被填平成停车场，此地到河边的道路也被关闭。新开发项目重新获得了建设地点连通性的原有要素，建造了一个新的城市老年园区，追忆街区的历史，并将之融入未来的设计之中。米尔城市之角是一个交通导向型、混合功能的开发项目，包括住宅单位、商业和零售空间等。重新开放了历史上曾连通到河边的林荫大道。项目中有两栋新建筑将可以提供一系列老年住房，包括价格实惠的市场化的独立生活单位，以及为老年痴呆症患者而建的记忆支持单位。

这个项目是近 20 年来明尼阿波利斯市中心第一个重要的关注老年人的开发项目。这个城市老年园区开创了城市老年生活的新范式。老人们将有机会在城市环境中优雅地变老，因为这个城市出行方便，有很多吸引人的事物和便利设施，加上多种方式的公共交通，可以减少或避免开车出行。现在的明尼阿波利斯居民即使年龄和需求发生了变化，也能够留在自己的社区中生活。该项目的城市属性促进了积极的生活方式，包括建设高标准的自行车道、步行道、河边林荫道、城市公园、餐厅、剧院以及其他便利设施等。建设地点的设计灵感来自该地区的历史地图和照片，设计团队在早期规划和设计阶段对此进行了广泛深入的研究。该设计理念包括使用钢轨、铁路复制品和从铁路货场提取的铺路材料样品等。在此框架内，我们在曾经的铁路岔道位置周围建造一个广场，将之作为连接两个建筑物的纽带。本设计提供了创造一个私人—公共的庭院式道路的机会（灵感来自荷兰的共享街道，自行车、汽车和行人共存，汽车减速行驶）。庭院式道路提供了到河边的公共道路，还设置了许多自行车道和步行道,这也是目前该地区缺少的一个关键功能。通过沿这一共享街道布置主要的建筑功能的形式，这个建筑设计进一步激活了庭院式道路和更大的公众通道。建筑的入口、休息室入口、餐厅、俱乐部聚会室、咖啡厅、室外餐厅和休息室空间等都位于庭院式道路两侧。西面是米尔城市之角公寓,与一个健身中心、零售店和办公空间的临街部分排成一行。东面的阿比坦—米尔城是个无电梯公寓，有一个绿色的庭院，临街部分安置了健身用的火车车轮。建筑物外观设计采用现代建筑结构，灵感来自于遍布历史街区的建筑体和建筑元素。这两个建筑以实心砌体、砖石基础和公共空间安装大玻璃窗为建筑特点。通过窗体的使用和开口的布置，上部的居住楼层反映出一种工业化美感。这些楼层以砖、金属面板和玻璃作为主要材料。

项目目标

主要目标是什么?

打造高品质的老年城市园区。这个项目是近 20 年来明尼阿波利斯市中心第一个重要的关注老年人的开发项目。开发商和项目团队意识到市场上的需求，并根据如下目标进行设计：

- 建造一个可以在城市建筑中优雅地变老的地方。
- 建造一个可以使老年居民留在他们的街区的地方。
- 创造福斯特活跃的老年生活空间。
- 创造到河边林荫路、城市公园和市中心便利设施的可及性和步行可达性。
- 创造住房供给选项——经济实惠、市场价格、记忆支持。
- 创造护理选项——独立生活服务、带附加服务的独立生活服务、记忆支持服务。
- 以具有城市或大都市之感来设计建筑。

创新：什么样的创新或独特功能会被纳入该项目的设计？

本设计提供了建造私人—公共的庭院式道路的机会。这一空间没有路缘，车道通过栏杆和铺设路面的材料和颜色变化界定。庭院式道路设计的通过速度非常缓慢（每小时16千米），与欧洲城市那些典型庭院式道路类似。他们允许行人和骑自行车的人成为该空间的焦点，而汽车则被视为“访客”。该项目的设计也致力于展示一些雨水管理和低影响开发(LID)方面的最佳管理实践(BMP)。项目中采用了一些新理念和技术包括雨水回收、植物墙、透水性铺路材料、奇特的停车位、屋顶绿化等，还有一个特别值得注意的是它的地下贮留系统。雨水将从这两个建筑定向收集到庭院式道路下面的一个公共的地下

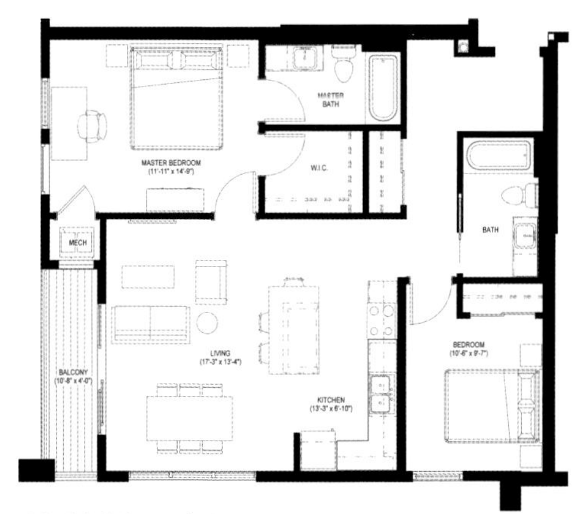

米尔城市之角两居室单元平面图

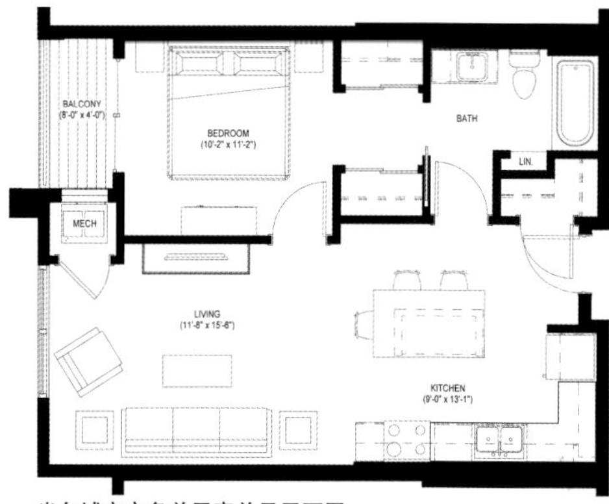

米尔城市之角单居室单元平面图

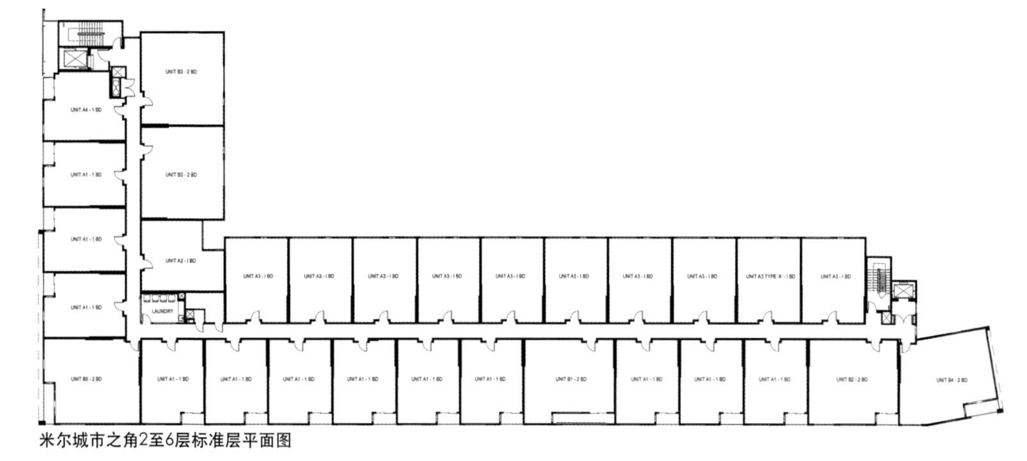

米尔城市之角2至6层标准层平面图

贮留系统中，该系统包括一个埋入在多孔岩地段里的多孔管廊。雨水可以渗透到系统下面的土壤中。一个防渗漏管纵向套装在系统周围以限制渗透的雨水横向扩展出来。这个系统还有一个凸起连接到明尼阿波利斯市南二街的雨水管道上的排放孔，它可控制雨水以允许的速率排放到城市下水道中。

挑战：设计时最大的挑战是什么？

其中一个主要的设计挑战是遗产保护准则。具有历史意义的米尔斯（面粉厂）区总体规划与圣安东尼瀑布区建设指南及其城市填充思想相冲突。传统模式遵循的原则是设置坚硬的街道路缘和建筑缩进区，以保持与现有建筑物的一致性。这个历史街区的主要规划建议绿地和建筑缩进区沿着第三和第五大道，但这会违反原本熟悉常见的城市形态，打造出一个整体的公共空间规划——不与周边拐角和街道边缘重复。因此我们决定在本开发项目中，代之以更明显和更具交互性的公共空间，创造一种庭院式道路。另一个主要的设计挑战是建设地点停车场。在米

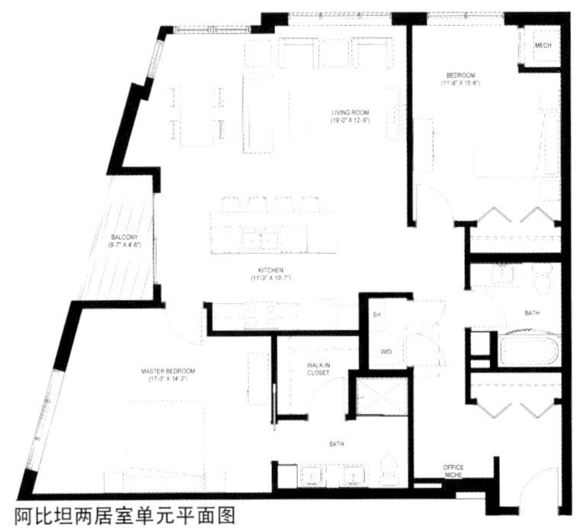

阿比坦两居室单元平面图

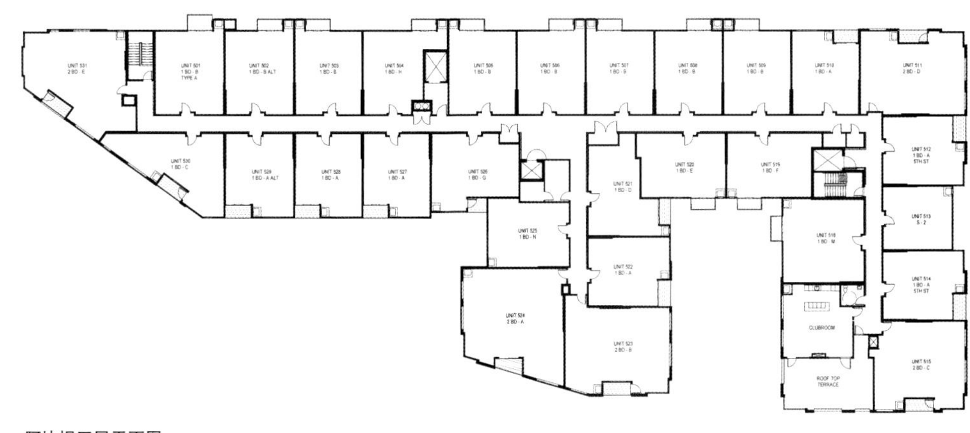

阿比坦五层平面图

阿比坦单居室单元平面图

阿比坦二层平面图

尔面粉厂和火车轨道被移除后，建设地点周围的城市发展了起来，对于所有邻近建筑而言，停车使用权变得相当混乱。此外，该建设地点基岩深度低于地基和在基岩顶部有地下水。设计挑战是适应两个建筑的停车需求，并为附近建筑增加 200 个额外的停车位。在每个建筑停车场坡度之下的两层和庭院式道路之间，该项目提供了拥有 510 个车位的停车空间。此外，雨水管理也构成了重大挑战。城市法规要求该建设地点不能新增雨水到现有下水道中，另外只在该地点边缘修复了一些排水问题。这就需要特别复杂的地下雨水管理系统。这两个建筑的雨水将流向庭院式道路下的公共地下水贮留系统，该系统包含了埋入在多孔岩地段里的多孔管廊。一个防渗漏管纵向套装在系统周围以限制渗透的雨水横向扩展出来。这个系统也有一个凸起连接到明尼阿波利斯市南二街的雨水管道上的排放孔。这个排放孔可调控雨水到允许的速率排放到城市下水道中。

最后的设计挑战是将记忆支持服务和独立住宅合并在城市环境里（阿比坦）的单一建筑中。这个建筑的城市连通性引导着设计集中在居民的便利设施和街道边缘的无电梯公寓上。这就要求记忆支持住宅和室外花园被安置在建筑的第二层。特别是由于很多单位的堆叠和建筑结构与机电系统延续继承下来的复杂性而造成了许多复杂的设计。此外，将明尼阿波利斯米尔城的入住和迁出这一用途在二楼则需要额外的建筑规范协作完成。

ABIITAN

ABIITAN

合作：利益相关者、居民、设计团队，其他协作方在规划设计过程中是如何做的？

大量的合作是必需的，因为该建设地点为三个不同的团体拥有，代表着不同的利益。老年园区的愿景和以有历史意义的铁路线为基础的庭院式道路是共同创造、涉及各方的高品质项目的关键。此外，更多必要的合作是融资和获得城市有历史意义的公用场地与分区的批准。很多不同的团体聚集在一起清理建设地点，创建庭院式道路，为经济适用住房和非营利住房提供资金支持。最后，特别护理的设计也考虑到了多个街区团体的协作。这一建筑现在和未来的居民们交流互动，举行很多会议以确保该项目让每个人都满意。

外联：为更大范围的社群提供的外联服务都是哪些？

餐厅、酒吧、咖啡馆和健身中心将向公众开放。健身中心是转租给第三方。一个第三方的经理管理餐厅。我们期待着来咖啡厅吃早餐和午餐的人形成较大的客流量，因为邻近的咖啡馆在这些时间段营业的很少。

绿色、可持续特性：项目设计中哪方面对绿色、可持续性有较大的影响？

选址；场地设计考量；采光最大化。

当尝试结合绿色、可持续设计特点时项目面临什么样的挑战？

实际成本超预算。

设计初衷：项目中包含绿色、可持续的设计特点的初衷是什么？

为更大范围的社群做出贡献；降低营运成本；提高入住率。

上图：米尔城市之角公寓
对页上图：阿比坦庭院式道路旁的一楼主要入口，记忆护理花园在二楼
对页下图：米尔城市之角庭院式道路与河边林荫道相连

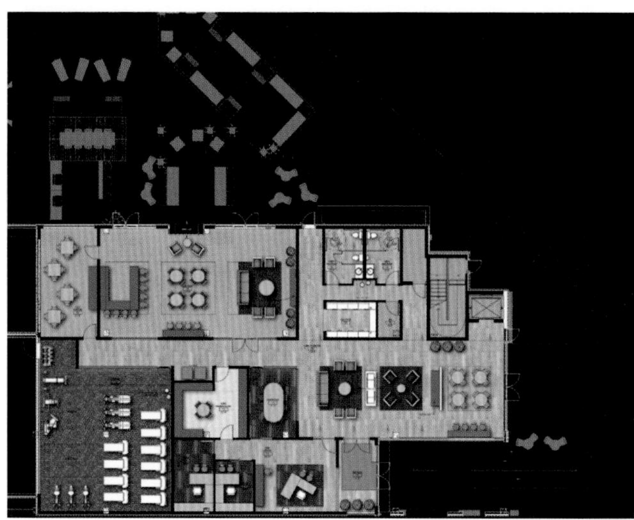

米尔城市之角剖面图

阿比坦内部平面图

对页图：餐厅内部
左图：天台上的户外休闲空间
效果图：BKV建筑集团

技术：请描述项目中为提供护理或服务是如何使用创新、辅助、特殊技术的？

阿比坦建筑的独立生活住宅根据适当的老龄化目标，如有需要将提供附加服务。其服务范围从小型服务项目到护理服务均可提供。伊库曼老年住宅开发公司进一步加强的服务也会提供，家庭护理服务网络可以提供连续的护理服务。只要可能，我们想让居民住在他们的家中即可接受服务。居住环境的高品质设计是伊库曼老年住宅开发公司提供的护理项目的整体特点，借助睡眠觉醒障碍护理方法（有计划地安排护理活动，尽量减少对病人睡眠的干扰）——一个创新的、非制度性措施，并结合个体优势，以提供全面的老年服务和记忆服务。一些减少干扰的细微之处与阿尔茨海默氏症相关，包括无眩光灯具、私人房间、活动站（室内和室外）和分散的定向线索等。护理手段的其他要素包括领导能力、增加服务项目、护理者继续教育，通过对于每个居民的个性化认识，而描摹出的"荣誉肖像"生活故事以及药物缩减策略等。这些行之有效的方法已经减少了许多患者对精神药物治疗的需求。

评审委员会评价

米尔城市之角是一个密集的城市填充式开发项目，建造一个混合功能的园区，追忆街区的历史，使之对未来的设计产生影响。评审委员会很高兴能看到一些杰出的集老年住宅于一身的城市混合功能项目。这个项目立志开发成一个活力十足的混合功能项目，其设计的灵感来自于贯穿整个历史街区的工业美学。这个项目的城市属性将促进积极的生活方式，并提供了一条独特的道路到附近的河边林荫路，而沿线周围则是其他的市中心便利设施。庭院式道路一体化概念是最为独特的功能，获得了评审委员会一致好评和赞赏。通过沿街设置主要建筑功能，该设计将之作为一个一体化元素描绘未来的图景。建筑入口、用餐空间、俱乐部聚会室、咖啡厅、户外餐厅和休息室空间的结合使这一空间生气勃勃。将项目列入服务于低收入、补贴与中等和中上等收入人群的公寓比较好处理。这个项目是一个紧凑的城市建设创意规划，可以成为全国各地城市的典范。

D2建筑设计事务所

本塔纳社区

得克萨斯州达拉斯//巴克纳退休服务机构

设施类型（完成年份）：独立生活；可持续护理退休社区或其中一部分；辅助生活；辅长期专业护理；短期康复
目标市场：中、中上
地点：城市；绿地
项目面积（平方米）：12480

该项目所涉及新建筑的总面积（平方米）：63556
翻新、现代化改造的目的：升级环境
项目提供者类型：基于信仰的非营利性组织

下图：大堂
对页左上图：外景

总平面图

项目总体描述

本塔纳设在一座城市建筑的12层以上，最初是一个可持续护理退休社区，位于达拉斯最知名的两条大街的交叉路口，市中心地平线以北11千米，本塔纳双子大厦的落地玻璃窗提供了大都市区360度环视的良好周边视野。两座大厦在中轴处有不太大但较为明显的15度弯曲，且项目位于本塔纳密集的市区，能够最大限度地提高全景视野。使用保暖和轻盈的材料，综合景观设计的本塔纳可以提供愉快和精致的居住、生活、制造回忆的空间。在其核心——本塔纳双塔连接处较低的5层，居民们可以共享不同层次的护理和便利设施。本塔纳的一层楼用于康复治疗，有两层楼用于“绿屋计划”（美国非营利养老服务组织）——提供认证的专业护理和辅助生活护理服务；记忆支持与为老年痴呆症患者提供护理单元被分配到一个楼层；本塔纳剩余的8层楼作为独立居住单位和设施使用。设施包括沙龙、水疗中心、一个用于小型或大型集会的礼堂、室内游泳池和按摩浴池、户外烹饪和生活区、健康瑜伽和健身室、一个治疗池和一个带有私人庭院的屋顶露台、绿地和居民园艺用的高身花槽，在第12层有一个露天休息区以及十个不同的餐饮场所，提供普通的、休闲的或精致的用餐体验。地面停车场和地下两层停车场可以充裕地容纳本塔纳所有居民、工作人员和访客的停车需求。

项目目标

主要目标是什么？

- 该项目的主要目标是满足北达拉斯，帕克城和东达拉斯等邻近区域的大量老年生活需求。其结果是在这座城市最活跃地区之一，利用重要的城市填充机遇优势，建造一座混合了一系列综合生活方式的高效率的高层建筑。本塔纳位于达拉斯最成熟的心脏地带，这一区域有教堂、餐馆和购物中心等。未来的本塔纳居民强烈表达了他们希望住在这些城市建筑中的愿望。这就是为什么建设地点选择于此的原因，虽然其占地面积不大，形状还有点儿古怪，还毗邻高速公路，这些问题同高层建筑的挑战一起在遵从规范和预算的前提下，被仔细地进行了平衡，以创造一个引人注目的、高效的、多元化的城市老年生活新模式。绿屋计划组织的调查研究、玛姬·卡尔金斯（Maggie Calkins）博士和她的研究所（IDEAS Institute）的调查以及建筑公司的内部研究都是设计过程中不可或缺的一部分。

- 基于拟建大厦的城市化密度情况，另一个目标是分流社区人口到邻近社区中，以保持适量的居民数，从而融合绿屋计划组织的价值观使之成为具有混合功能高层城市化住宅环境。南大楼的家庭搭配工作完成得很好，使他们有一个如家一般的独立生活住宅，从而得到了社区连通性的平衡。客户的价值理念也同样影响了其他的领域。
- 另一个优先事项是用多样的屋顶阳台融合室内和室外，该建筑的楼层平台对弥补建设地点的狭窄限制很有帮助。此建筑的大部分都被一分为二，并随着建筑高度的升高而进一步缩进（退台式建筑），以在多个楼层开拓出户外区域。露台和屋顶花园提供给居民大型开放空间和浪漫的小角落。在明亮日光下，向阳的不同空间被遮蔽和保护了起来。这些空间可用于加强个人关系或为居民和员工根据他们的需要提供独处的时间。

创新：什么样的创新或独特功能会被纳入该项目的设计？

本塔纳提供的绿屋计划——认证专业护理设施，在高层可持续护理退休社区建筑当中很少见。两个较薄的大厦提供给居民多样而激动人心的景观。项目中，自然光的使用被高度考虑。落地玻璃窗使大量的光照射进建筑单位之中。另外一个三层楼高的天窗安装在大厦连接部分的较低楼层中心，允许自然光倾泻到医疗护理和设施空间中，否则只能用人工方法照明。这种“天井”是仿照了北方公园中心商场美食广场（街正对面的一个高档商场）的相似特征。在设计阶段，建筑师与客户为了建造“天井”，安排参观了北方公园中心商场的设施，参照这一案例建成了“天井”。使用保暖的材料和色调。较低的三个楼层都有保暖的天然陶土板；剩下的上层大厦有略带绿色色调的玻璃。本质上，项目的设计风格是很先进的，是现代与传统混合的产物。建筑的形状与材料、颜色选择于当前的潮流，成为了这座城市天际线的一个目的地。明亮的内部装饰有着吸引人的暖色，提供了必要的柔和度和愉快生活的舒适色调。

挑战：设计时最大的挑战是什么？

在建设地点上，恰当地拟合本塔纳可持续护理退休社区项目，在提供吸引人的生活场所的同时，也催生了多项挑战。该建设地点占地面积相对来说小而紧凑，且坡度变化约大于7米。本塔纳的建设地点是城市规划发展地块中最后一批未开发的地产，需要当地业主协会负担许多的停车位。此外，该建筑四个面有三面毗邻街道，只有一面可以进出，有两面是主干道，这有可能产生不必要的公路噪声。解决方案是通过在多个楼层堆叠很多用途，该设计实现了本塔纳的可持续护理退休社区项目。经过深思熟虑，根据结构柱的布局来安排各个空间，从车库到医疗护理层，然后再到独立生活层。对于居住要求是通过建造两座满是独特居住单元的大厦来达成的。该建设地点的陡坡限制停车场只能有两层，但是要提供所需的车位才行。从唯一可进出的一条街上提供三个入口——用于独立生活区、医疗护理区和装运车位的停车库入口。噪声控制由树木、“活”的葡萄墙、构造墙来完成。此外，隔音玻璃安装在双子大厦选定的几个侧面上。50% 的窗户表面区域是特殊的层压玻璃，其隔音值（STC）为 39 的玻璃、美国室外—室内传输级（OITC）为 32。

营销 / 入住：关于营销的问题是什么或如何实现充分入住？

售楼处于 2015 年 6 月开业，等候名单人数众多；举办了预售活动。

合作：利益相关者、居民、设计团队，其他协作方在规划设计过程中是如何做的？

该团队与运营商、业主工作人员和管理人员合作，贯穿整个设计工期。建筑师促成了参观另一个最近完成的高层可持续护理退休社区项目——奥斯汀的克伦西亚，以及当地的地标式建筑——前面提及的北方公园中心商场。几个部门频繁与巴克纳退休服务机构接触，包括该组织的关键成员从其他城市飞到该项目，和团队专家合作建立目标并了解设计情况。此外，建筑设计事务所举行了两场大型设计专家研讨会，各方利益相关者均有参会，包括客户方高管、其他项目的客户代表、潜在的居民、中级职员、开发人员，甚至那些已经成功建设了多个高层项目但还没有推向老年市场的开发商等。也有无数来自当地社区的对此项目感兴趣的潜在居民组成的焦点小组。业主与设计团队敏锐地听取了这些焦点小组提供的反馈并作出适当调整——提供更昂贵的隔音玻璃以及选用噪声控制系统。

外联：为更大范围的社群提供的外联服务都是哪些？

本项目客户实际上是一个基于信仰的大型慈善组织的一个分部，客户表达了他们对本塔纳日常居住生活之外的，基于各种不同目的的使用意图——包括举行董事会议、特别会议、简报会及场外工作人员宴会，健身中心也对场外工作人员开放等。为了也使居民和他们来访的家属受益，各种会议室（座位从 12 个至 250 个）都可以对外部演讲者、讲师和表演者开放。社区还包括暂住式康复诊所，诊所将对居民提供服务业，且对整个社区开放。一般每月有 40 到 50 人能受益于这项服务。

绿色、可持续特性：项目设计中什么对绿色、可持续性有最大的影响？

能源效率；采光最大化；垃圾回收。

当尝试结合绿色、可持续设计特点时项目面临什么样的挑战？

实际成本超预算。

设计初衷：项目中包含绿色、可持续的设计特点的初衷是什么？

为更大范围的社群做出贡献；降低运营成本，提高入住率。

技术：请描述项目中为提供护理或服务是如何使用创新、辅助、特殊技术的？

康复区将由专门的治疗池提供水疗服务，这个治疗池有电子监控设备和潜水式跑步机。为了人们能有更好的生活质量，专业护理楼层将提供"绿色之家"护理服务。记忆护理的居民有指定的工作站，可以为记忆护理活动提供舒适的治疗。

左上图：独立居住单元
右上图：小酒馆
右中图：室内游泳池
效果图：D2建筑设计事务所

RLPS建筑设计事务所

沃维克·伍德兰斯——摩拉维亚庄园养老院社区

宾夕法尼亚州利蒂茨//摩拉维亚庄园养老院

设施类型（完成年份）：独立生活（第一阶段2017年）
目标市场：中、中上
地点：郊区；绿地
项目面积（平方米）：117359

该项目所涉及新建筑的总面积（平方米）：36500
翻新、现代化改造的目的：升级环境
项目提供者类型：基于信仰的非营利性组织

下图：中央绿地前的街道
对页图：建设地点俯视概念图

项目总体描述

自从1975年建立以来，摩拉维亚庄园养老院运作的前提是完美地融入到周围的城市——被选为美国2013年度最酷小镇的利蒂茨，而不是仅仅运营自己那个孤立的社区。社区的发展需要更大的空间，而其市中心位置的独特吸引力则成为了一个挑战。机构购买了附近苗圃的437亩（约23万平方米）土地，为沃维克·伍德兰斯社区的发展提供了可能。沃维克伍德兰斯的设计反映了传统邻里开发（TND）原则，包括不同类型的住房、庭院和公共空间，可以方便出入到附近的设施中，行人专用道和社区的人行道可以直接连接到利蒂茨的人行道和路网上。许多家庭进入车库需要经由大街小巷再减速进入到行人专用道。未来的规划设想是出租沿街的零售场地。第一阶段，目前正在销售的有10个独立的双层连栋房、70个独栋房、56个公寓、猫头鹰之巢小酒馆和酒吧。从摩拉维亚庄园养老院到此步行距离很短，新的独立生活社区正在销售给那些有活力的老人们，他们不仅可以方便地出入附近的可持续护理退休社区设施，而且离有社区娱乐中心的城镇也不是很远，穿过大街就是繁华主街的商店和服务设施。第二阶段预计将有附加的住房以及扩大的社区共同空间，包括街面租借空间等。

项目目标

主要目标是什么？

- 利用现有的设施和周边社区基础设施。摩拉维亚庄园养老院就作为一个社区内的团体而言和其他的有所差别，它更看重与当地企业、商店、餐馆的合作关系。由于活跃的成年居民有意向使用自己附近的许多资源和设施，所以沃维克·伍德兰斯只提供有限的现场设施。所有居民都得到了利蒂茨娱乐中心会员资格。其他的一切都是“按单点菜”：就餐、打扫房屋等，让居民可以选择适合他们的具体生活服务方式。沃维克·伍德兰斯居民将不仅可以轻松出入摩拉维亚庄园养老院服务和设施，也可以到不远处的繁荣小镇，那里有一个充满活力的网点，商店、餐馆、服务设施等一应俱全。还有一些独特的活动，如“年度巧克力漫步”等。建设地点大约800米外，利蒂茨温泉公园全年举办一系列演出、特别活动及假期庆祝活动等。
- 与当地的情况相协调。一个设计优先级是创建一个传统街区开发项目，与周边城区的历史背景互补。这个项目的设计和审批流程正在进行，不断与利蒂茨工作人员和建筑官员进行合作与互动，以创造一个新的社区，从建筑上和规模上模仿利蒂茨的特征，包括与现有住房空间前后一致的较高密度。社区的特征参照了利蒂茨—沃维克联合战略整体规划，保存了这一地区的主要特征。为了加强住宅规模，伍兹公寓大楼的建筑立面，呈现出沿着镇上街道互连建筑的外观。多变的色调和建筑材料用在各种类型的独栋房和连栋房反映出了现有社区的风格。
- 原居安老。该团队需要设计一个适销的混合类型住房，具备居民们原居安老理想的

生活设施和灵活性。这些公寓房离利蒂茨市中心和沃维克·伍德兰斯的设施最近，可以从室内进入餐厅和地下停车场。两层楼的连栋房和独栋房被精心规划，使居民可以非常舒适地住在一楼。二楼空房间可以作为有客房、游戏室、办公室或业余爱好区。两种类型的住房都设计有电梯井以提供住宅电梯。未来的居民们不希望住在一个可及性过于明显的房间里，需要更具家的特点。因此，采用了更宽敞的门口和类似的措施，如淋浴室内附加的滑轮，未来如果需要再行安装。设置了高度合适的厕所和无门槛的淋浴室，但安全扶手则作为一个可选的项目，因为已经安装滑轮的原因，需要随后将其加装上去。

创新：什么样的创新或独特功能被纳入了该项目的设计？

这个扩建项目的一个关键方面是在保持现有城镇风格的前提下，延长第六大街。独栋房沿着街道有“双前门”设置，通过前门廊和人行道走到大街上，车库设在对面小巷边，车辆由此进出社区。同样，伍兹公寓大楼是临街建造的，地下停车通道和地面停车位在建筑的后面。那些有屋顶遮蔽、连接到停车场的典型传统住宅是以未来的居民优先的。双前门设计方案将新社区融合到街道景观之中，同时也响应了目标市场的预期。业主需要为那些不一定对精简型小住宅感兴趣的老人们，扩大独立住宅。项目联排房和独栋房的最重要的特征是宽敞开放的住宅，一层住宅用于生活，同时在其传统的民居里为服务设施提供了充足的空间，包括在一些住宅中可以通过电梯出入的二楼。

第二个特征是通过门廊和露台提供充足的户外连接。独栋房也有日光室，可以全年享受温暖和煦的阳光。迄今为止，基于焦点小组和销售结果，沃维克·伍德兰斯住宅对那些不想改变他们的生活方式，但愿意放弃自己居所，在摩拉维亚庄园养老院的中享受安全住宅的夫妇们很有吸引力。沃维克·伍德兰斯雨水径流将被收集起来，通过一些集雨花园进行处理，通过植物过滤径流和将之输送到社区绿地下的地下储存设施之前，可以改善土质。地下雨水存储设施包括有百年一遇年暴雨存储容量的雨水管道，可降低流速以排放到利蒂茨现有的雨水输送系统中。让雨水停留在地表以下，营造出理想的“绿色中心”空间，与此同时居民可以使用上面的人行道和花园区域。

挑战：设计时最大的挑战是什么？

建设项目内容的变动和放弃必须得到利蒂茨分区听证委员会批准，委员会减少了建筑物的缩进和间隔，允许建造比传统郊区开发项目所要求的更加密集的社区。项目规划审批过程包括与利蒂茨工作人员、官员、分区听证委员会、规划委员会、理事会等一系列的会议。与会者包括摩拉维亚和利蒂茨居民、官员、工作人员、应急服务机构代表和其他社区利益相关者等。最终的传统邻里开发理念与满足社区长期目标的方法相一致。然而这些目标必须与居民们的期望保持平衡。例如，小巷车库是这一区的一个卖点，但一些街道车库的建造也都包括在内，这也是准居民焦点小组讨论的结果。沃维克·伍德兰斯项目最初的总体规划完成于 2002 年，但购买这块地时正值经济衰退期，导致该计划被搁置到 2011 年。基于当前市场可行性研究结果和委员会更加谨慎地考量，采用了一种多阶段的方法进行项目实施。设计团队设计了第一阶段的概念，提供足够的密度以维持最初的基础设施费用，并创造出了期望的传统街区审美而不是像那些正在进行中的传统项目那样。作为社区服务设施的焦点，小酒吧是唯一的公共空间，它被认为是第一阶段的必要设施。基于市场研究和焦点小组的讨论结果，创建一个传统的街区设计，反映周边景观都是大规模住宅的环境还是有一定挑战的。减小房屋的感知规模，创建所需的街道景观，门廊建的较小以融入到更大的社区结构中去。该团队还将房屋间距缩至最小，以匹配街道和人行道边所有住房的感知密度。在房后修建车库进一步降低了房屋的感知规模。

营销 / 入住：关于营销会遇到什么问题或如何能充分入住？

营销工作在预售的第一个月卖出 45 套住房，这是一个非常积极的开始。业主希望到夏末时完成预售目标。最初期望是该目标在两年时间内实现，所以目前营销进度提前了很多。

合作：利益相关者、居民、设计团队，其他协作方在规划设计过程中如何做？

设计团队包括业主、建筑师、土木工程师与当地官员广泛接触，讨论沃维克伍德兰斯社区将如何支持利蒂茨—沃维克联合战略整体规划和利蒂茨镇的目标，以保持本镇的历史完整性。综合概念图和街景效果图的演示所传达的设计目标完美地展现了社区内的独立生活场景。强化城镇连接的目标（而不是建造那些更典型的、向内聚焦的园区）导致采取了许多措施，使新的住宅融入现有环境当中。这些措施包括：多种多样的住房类型、引导标识减到最少以及与现有的街道和人行道路网的连接等。在该镇认可几个分区的变动之下，这些措施是主要的“卖点”，其中包括供应高密度住宅的模式。业主也成立了一些焦点小组以验证这种类型高档产品的市场需求。此外，焦点小组还参加建筑师提供的教育课程，帮助明确当前趋势和与老年住房有关的消费者期望。

绿色、可持续特性：项目设计中哪方面对绿色、可持续性有较大的影响？

场地设计考虑；采光最大化。

当尝试结合绿色、可持续设计特点时项目面临什么样的挑战？

实际成本超预算。

设计初衷：项目中包含绿色、可持续的设计特点的初衷是什么？

体现设计团队的目标和价值观；为更大范围的社群做出贡献。

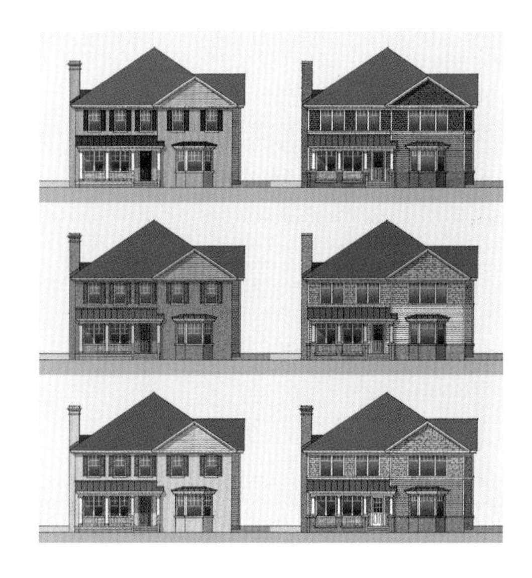

对页左图：莱克星顿——双独栋房
对页右图：莱克星顿——厨房
上图：沃维克——连栋房正面图选项
效果图：RLPS建筑设计事务所

附录

十年奖//终身成就奖//老年公寓设计见解与创新//项目数据
新时代设计工作室//建筑事务所索引

十年奖

挑战传统，建立信任：金泽富夫与日本HCM公司

十年奖以其 HCM 工作经历和老龄化社区设计（DFA）的作品当选。HCM 公司是日本首屈一指的开发商——老年居住社区经营者，公司董事长金泽富夫具有敏锐的洞察力，是个勇于创新的创始人。两个项目案例如下：一个早期作品和一个近期作品——体现了 HCM 公司对创新、高质量的护理以及老年生活环境设计恪守的承诺。当然也包括从大量 HCM 项目中挑选出来的项目拼图。

今年春天，神奈川县太阳城项目迎来了它的第 20 个生日。今年它周围的花开得比往年晚一点儿。项目位于一座山顶上，距离神奈川县秦野市火车站有 10 分钟车程，在东京西南方向，距离东京市中心 1 小时车程，这个退休社区拥有 350 个单位和一个有 40 张病床的护理中心，为日本老年人的新生活方式设定了标准。面对着那些具有挑战性的成见包括家庭角色、个人选择以及政府医疗保健与老龄化政策等，神奈川县太阳城项目展示出了以消费者为导向的服务、设计、财政模式，在此之下的运营和革新可以使一个私人的、营利性的公司通过建立和维护老年日本人的信任，来重新定义日本的老年生活市场。

神奈川县太阳城项目是董事长金泽富夫创立HCM公司的第一大项目。目前，太阳城有横跨日本关东和关西 7 个地区的 16 个社区，4500 多个单位，超过 6000 居民可以享受独立生活、辅助生活、记忆护理、康复与专业护理服务。HCM 公司建造的社区有的像东京外围调布市太阳城项目那样有 116 个辅助住宅单位，或像大阪市冢口社区太阳城那样是有 678 个住宅单位的大型社区，说明 HCM 公司可以根据不同地点需求、细分市场情况、当地情况而改变设计和商业模式。相信没有两个日本老人或社区是相似的，金泽先生和 HCM 公司从一开始就明白，建立一个全国性的社区项目并没有规定的建筑式样、室内设计或景观；基于设计、工程、财务、人员配置等基本原则，每个社区可以创建出自己的特点，通过改善法（日本公司的持续改进管理法）对这些元素进一步完善和改进，把每个项目都作为全新的工程进行规划实施。

金泽先生出生于 1935 年，在二战接近尾声的时候，他和他的家人在东京大轰炸后，搬到了东京的西郊。作为长子，金泽先生在 20 世纪 50 年代中期从日本一桥大学毕业后，前往美国犹他大学学习会计专业。在犹他求学的时候，金泽先生的父亲去世，金泽中断了学业，回到东京，打理家里的酱油作坊。同时，金泽先生也接管了他父亲的新创企业——建设并出租住宅给那些居住在东京西部基地的美国军人及其家属。由于他的海外教育背景和他的第一个客户——美国政府，金泽开启了他的终身模式：学习国外、因地制宜、创造成功的大型运营机构。

1962 年，金泽先生创建了一个新的连锁超市——奥林匹克超市，积累了关于人员配置和连锁经营的宝贵经验。在 20 世纪 60 年代后期，金泽涉足商业地产，这一经历为他提供了对于日本错综复杂的组合地产世界和组织大型项目以最大化利用日本的税收优惠的深刻见解。十年后，金泽再次大胆投资，学习借鉴 AMI 和哈门那公司（美国哈门那公司 Humana 是医疗健康服务的主要提供者）建立了私营医院集团，现在在东京周围的五个地点拥有超过 2100 个床位。

在 20 世纪 80 年代中期，金泽先生的兴趣转移到即将到来的“银发海啸”中，预计到 20 世纪 90 年代中期，日本将变成一个“超级老龄化社会”。金泽看到一个机会，即结合房地产、金融、医疗保健、职员培训、连锁经营的经验教训、金泽决定创建一个新的公司。

金泽先生明白老年生活是不同于任何他以前做过的任何事情，这是一个持续的、非“交易型”的事业，与居民的接触是必不可少的。作为一家私营公司，通常缺乏政府那种公信力，如果它想获得年老日本人及其子女的信任，就需要一个与众不同的方法才行。

HCM 公司认为，这将是对于传统和期望的挑战：所有日本家庭理想化的愿景总是照顾他们的长辈；政府医疗保健系统提供的一切基本上都是免费的；父母被其他人照顾护理等同于遗弃。

为了建立诚信，新公司建立在 1 亿 2000 万美元的资本之上，其资金来自 100 个大公司的股东，这些股东主要从事的行业是保险、银行、证券、医疗设备和药品等，但规避了房地产开发商、总承包商或设计师等方面的股东。金泽认识到海外营运经验的必要性后，该集团收购了一家夏威夷的康复和专业护理养老院，给 HCM 公司提供一个可以直接获取先进的工作准则和规程，对员工和管理人员进行“在职”培训的条件。

公司战略最初主要集中在两个截然不同的商业模式上：营利性独立专业护理养老院和 A 型非营利性可持续护理退休社区。一路走来，HCM 公司学到了重要的一课：美国在许可发牌、赔偿、服务定义和人员建设上，和日本并无任何差别。HCM 公司灵活地建立了一套统一法则，以便更好地适应居民及家属对改变生活方式的期望。这种定位使公司可以更快地调整以适应混乱的市场，包括由于日本的“失去的十年”（日本在泡沫经济崩溃后自 1991 年开始到 2000 年初的长期经济不景气）给房价带来的压力和日本长期护理保险计划的持续演变需要纳入更灵活的入门费等。

从一开始，设计就被理解为是向日本老年人传达新生活方式的强大工具。HCM 公司利用了建造项目交付策略，创建了另一个东西方融合的典范，混合了美国的建筑师、室内设计师、景观设计师和采购代理商与日本承包商、工程师和供应商等。HCM 公司给了一些美国公司第一次在亚洲设计老年生活社区的机会，包括理查德·彼尔德建筑师事务所（Richard Beard Architects）、贝肯·阿里戈尼与罗斯建筑师事务所（Backen Arrigoni & Ross）、巴比·莫尔顿建筑师事务所（Babey Moulton）、SWA 景观设计集团、HOK 建筑师事务所、帕金斯·伊斯特曼建筑设计事务所、鲍勃·巴里建筑师事务所（Bob Barry）、赫希·拜德纳室内设计事务所（Hirsch Bedner），以及美国养老设计咨询委员会理事、著名建筑设计师丹尼斯·科普办公室（Office of Dennis Cope），日裔女室内设计师乔伊斯·横沟、建筑设计师麦克·桑德勒（Michael Sandler Design）和希金斯采购集团（Higgins Purchasing Group）等。HCM 公司项目成功的关键是金泽先生设计团队的管理“风格”——高度期望与高度信任团队能力相结合。金泽先生是一个严厉的监工，但他却能让设计师们作为行业专家来独自完成工作。金泽先生总是说：“你为什么要我来决定？你是专家。我雇了你……你最好是对的！”

神奈川县太阳城项目是第一个获得十年奖的社区，作为 HCM 公司的第一大项目有着一个不寻常的挑战：一个新的园区能否传达新的生活方式——社区意识和热情好客的品质。一个新创企业的私营部门将为那些习惯于制度化护理或家庭照顾的日本老年人提供膳食和护理服务，他们会习惯吗？复杂的挑战出现了这样的状况：该项目的应享权利已批准给其他住宅，而非老年社区用途。在这些已批准的应有权利范围内，设计团队重组了景观，使其成为一系列的空间，并各具用途和特点；重新设计门口场地、入口、大堂和中央花园，使之成为室外—室内—室外的交替空间；建造了一条连接园区四栋建筑和主要公共空间的散步长廊；在有 40 个床位的护理中心里，重新定义日本的专业护理和记忆护理服务。

居民们的反馈证实了新思路的成功：公寓专门设计的无障碍日本浴缸成了 HCM 公司的标准，并成为该公司生产的热门产品。“纯正西方”和“纯正日本”公共空间的相互融合说明了日本客户强烈偏爱“真材实料”的选择，而不是任何一个打了折扣的版本。单居室公寓的日式拉门分隔了客厅和卧室，帮助准居民们将他们的生活和宝贵的财产融入到新的生活方式中去。

完工九年后，横滨太阳城——第二个获得十年奖的社区，用实例证明了 HCM 公司模式的演化以及独特的融合设计：建设地点规划、建筑风格、室内与景观设计等。建设地点在一个废弃的炸药厂，设计团队在 HCM 公司的运作下紧密合作，创建了一个“双群落”的概念，将居民的选择优先于员工的便利。建设地遗留的银杏树被保存下来，补充组合到“自然”和人造景观和园林景观中。由一座桥连接的公共空间为避免重复，采用不同的走向和设计方法，甚至餐厅里的菜单和特价也不相同。

有趣的是，“分隔”反而强化了社区。在入住的采访中，所有居民都承认，他们不像想象中对“在那里”能发现什么有着更大的好奇心，而且加速认识园区的过程需要所有新居民去推敲和品味。

HCM 公司的社区现在已经成为其他国家和公司的典范，在韩国、中国和新加坡，他们寻求将 HCM 公司的经验模式用于当地的老龄化社会中。HCM 公司融汇东西方的设计——建造合作模式使得项目被公认是卓越的设计，并获得了全美非盈利养老服务联合会和美国建筑师协会的优异奖和特别荣誉奖以及许多其他建筑、室内设计和老年生活社区奖项。

HCM 公司的居民们已经认识到这种创造机会的生活方式的价值，他们中的一些人留下遗嘱将其遗产送给社区——以日本的标准来看，这是个非凡的举动。HCM 公司结合那些遗赠与自己的营业收入，建立了 HCM 基金会以进行更深层次的社会规划工作。HCM 公司明白自身已经取得了什么，以及它需要做些什么以保持当前的成就。HCM 公司革新计划正在通过它的社区实施着，从神奈川县太阳城开始，不仅更新了公共空间，也为新一代日本老年人重新配置。

我们都有机会成为 HCM 公司新出发的一部分，并协助金泽先生追求自己的目标，为日本老年人口创造新的生活方式。巧合的是，金泽去世那天，也是在全美非盈利养老服务联合会研讨会上授予 HCM 公司十年奖的那天，赞美金泽先生的一生和辉煌成就，我们期待着看到 HCM 公司继续发展下去。美国建筑师协会老年住宅设计中心祝贺金泽先生获得十年奖。

米奇·格林 (Mitch Green)，
迪仕曼建筑 (Tishman Construction) 第一副董事长
丹尼斯·科普，美国建筑师协会会员，
丹尼斯·科普办公室董事长、建筑师，2016 年 4 月。

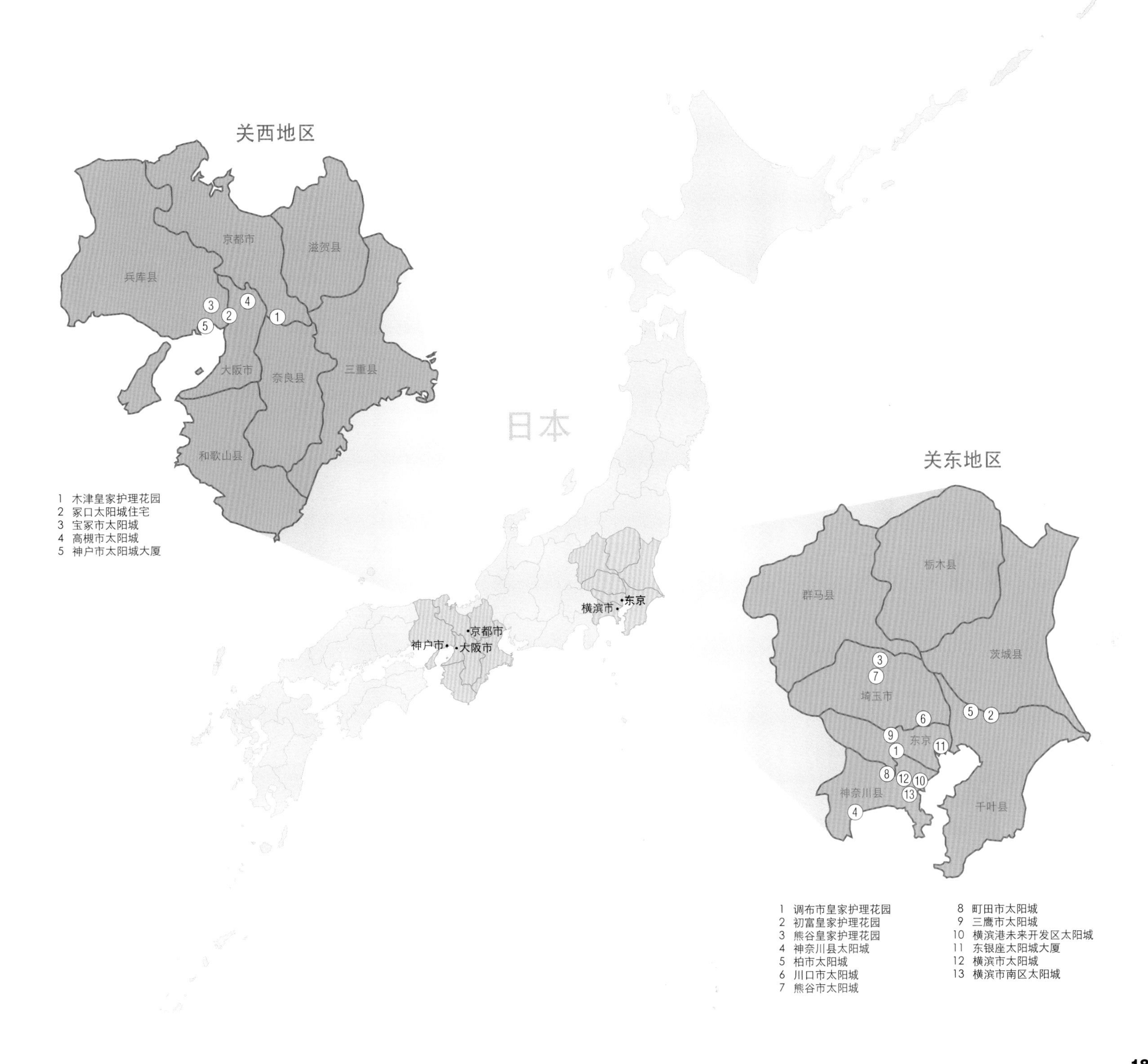

1 木津皇家护理花园
2 家口太阳城住宅
3 宝冢市太阳城
4 高槻市太阳城
5 神户市太阳城大厦

1 调布市皇家护理花园
2 初富皇家护理花园
3 熊谷皇家护理花园
4 神奈川县太阳城
5 柏市太阳城
6 川口市太阳城
7 熊谷市太阳城
8 町田市太阳城
9 三鹰市太阳城
10 横滨港未来开发区太阳城
11 东银座太阳城大厦
12 横滨市太阳城
13 横滨市南区太阳城

神奈川县太阳城项目

作为 HCM 公司的第一个项目，神奈川县太阳城有着一个不同寻常的挑战：新园区能否传达这样一种生活方式的选择——社区意识和热情好客的品质，一个新创企业的私营部门将为那些习惯于制度化护理或家庭照顾的日本老年人提供膳食和护理服务，他们会习惯吗？

HCM 的董事长，金泽富夫认为，将美国持续护理退休社区与亚洲的情感整合，会产生一个吸引日本人改进护理水平的产品。当 HCM 的运营团队研究合同和人员配置详情之后，金泽招募了美国的设计团队，创造了一个将其想象带入现实生活中的环境：BAR 建筑设计事务所的建筑式样设计、美国巴莫室内设计公司的室内设计、SWA 景观设计集团的景观设计，以及 HOK 建筑师事务所设计的护理中心等。美国人作为日本建筑师、工程师和建筑工人的合作伙伴，使之成为“HCM 风格”的设计——建造协作模式。在这些已批准的应有权利范围内，设计团队重组了景观，使其成为一系列的空间，并各具用途和特点；重新设计门口场地、入口、大堂和中央花园，使之成为室外—室内—室外的交替空间；建造了一条连接园区四栋建筑和主要公共空间的散步长廊；在有 40 个床位的护理中心里，重新定义日本的专业护理和记忆护理服务。

神奈川县太阳城的 350 个独立居住单位的空间足够大，可以将材料、颜色和东西方的艺术品组合起来，容纳到各种各样的空间去，从纯粹的“本土”空间如茶亭和日式温泉浴场，到国际化的空间如图书馆和西式茶室等。东西方的混合出乎意料的流行——一间卧室公寓的日式拉门分隔了客厅和卧室，帮助准居民们将他们的生活和宝贵的财产融入到新的生活方式中去。

项目团队

建筑设计师：理查德·彼尔德，美国建筑师协会会员，BAR 建筑设计事务所，加利福尼亚州，旧金山

助理建筑：日本国土开发工业公司 (Kokudo Kaihatsu) 日本，东京

室内设计师：杰瑞·朱 (Gerry Jue)，美国建筑师协会会员，美国巴莫室内设计公司，加利福尼亚州，旧金山

护理中心设计：丹尼斯·科普办公室，美国建筑师协会会员

乔伊斯·勃拉姆斯 (Joyce Polhamus)，美国建筑师协会会员，HOK 建筑师事务所

景观设计：SWA 景观设计集团，索萨利托，加利福尼亚州

开发总监：米奇·格林，HMC

承包商：日本国土开发工业公司与高岛茅场町附属建筑公司 (Takashima Kayabacho Annex)

下图：中央庭院
对页左上图：入口立面
对页右上图：麻将桌
对面下图：长廊
摄影：杰米·阿迪利斯·艾诗（Jaime Ardiles Arce），汤姆·福克斯（Tom Fox）

左上图: 日光室
右上图: 单居室公寓
下图: 大堂吧
对页左上图: 台球厅
对页右上图: 餐厅
对面下图: 图书馆
摄影: 杰米·阿迪利斯·艾诗，
汤姆·福克斯

总平面图

横滨市太阳城项目

在 HMC 公司金泽富夫董事长的领导下，横滨市太阳城公园坐落在“山野幽居”之中，从 2005 年 9 月起通过全方位的水疗设施向日本老年人提供退休生活服务。这个山野幽居提供 480 个公寓和 120 个护理中心客房，其设计与自然融合，完美无缺地融入到非凡的美景当中。

东西村落都集中在一个郁郁葱葱的中心花园中，一条流动的小溪和一棵成熟的银杏树为周围环境带来了生气。为了加强与自然的联系，这两个村庄通过一座桥相连，这里有登高望远的视野，可见花园和山下以及横滨市的天际线。

每个村都有独特的特征和形象，提供给居民一个较小的社区及更私密、更短的步行距离，增加了很多选择和各种餐饮场所。

护理中心和一系列小规模的社区被期望与独立居住区品质相当。每层楼的每一侧都是一个由 16 至 18 间居民房间组成的“家庭”，餐厅在护理中心，一个共享的大房间或活动室连接着它们。

项目团队

建筑设计： 珀金斯·伊斯特曼建筑设计事务所 DPC，宾夕法尼亚州，匹兹堡

助理建筑设计： 观光企划设计公司，日本，东京

室内设计师： 麦克·桑德勒，美国建筑师协会会员，首席设计师，HBA 建筑设计事务所，加利福尼亚州，旧金山

景观设计： SWA 景观设计集团，加利福尼亚州，索萨利托

开发总监： 米奇·格林，HMC

承包商： 大成建设，日本，东京

右图： 连接东西村落的桥
左上图： 西村正门
摄影：纳卡萨联合公司（Nacása and Partners Inc.），日本，东京
对页右上图： 花园的日本特色大门
对页下图： 花园
摄影：汤姆·福克斯，SWA景观设计集团

左上图: 西村接待处
下图: 西村沙龙
对页左图: 西村温室
对页右上图: 东村餐厅
对页右下图: 西村餐厅
摄影: 纳卡萨联合公司, 日本, 东京

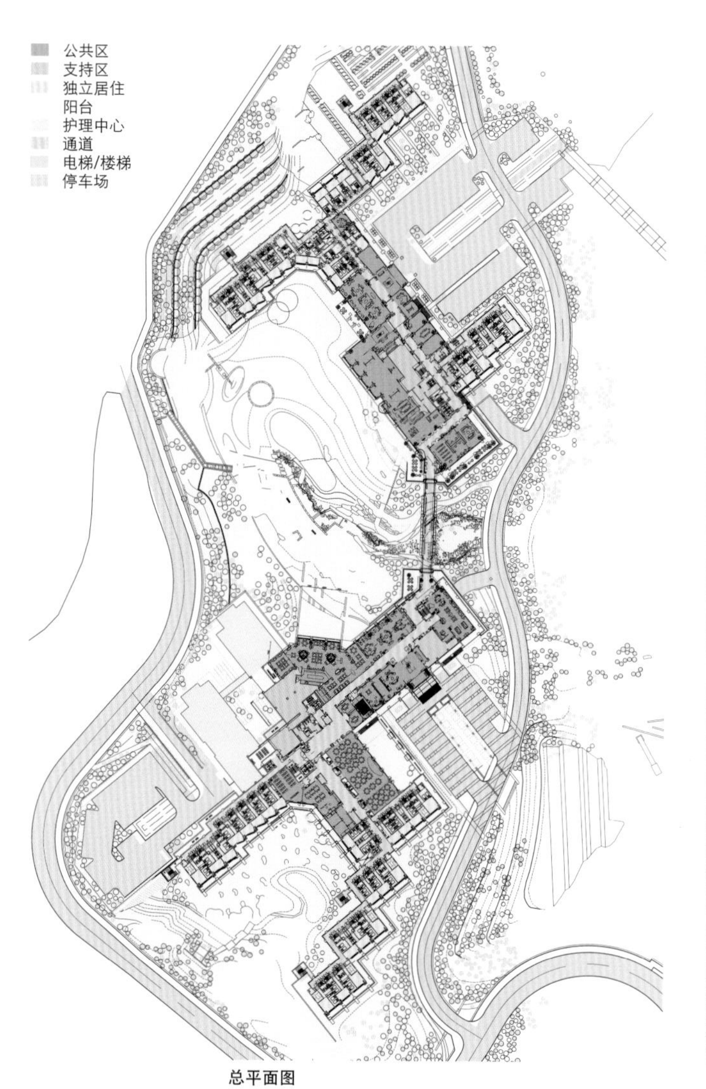

总平面图

东银座太阳城大厦（摄影：米尔罗伊和麦利卡尔摄影工作室，汤姆·福克斯）

宝冢市太阳城（摄影：汤姆·福克斯，史蒂夫·霍尔 [Steve Hall]）

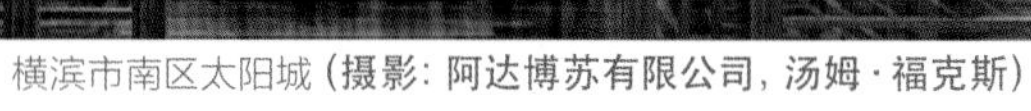

横滨市南区太阳城（摄影：阿达博苏有限公司，汤姆·福克斯）

熊谷皇家护理花园（摄影：丹尼斯·科普）

柏市太阳城（摄影：查克·蔡 [Chuck Choi]，汤姆·福克斯，道格·邓 [Doug Dun]）

町田市太阳城（摄影：汤姆·福克斯，史蒂夫·霍尔）

调布市皇家护理花园（摄影：汤姆·福克斯，道格·邓）

初富皇家护理花园（摄影：查克·蔡，汤姆·福克斯）

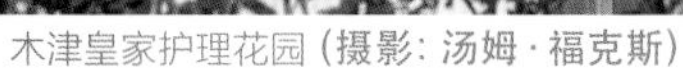

木津皇家护理花园（摄影：汤姆·福克斯）

家口太阳城住宅（摄影：汤姆·福克斯）

横滨港未来开发区太阳城（摄影：川澄·小林研二摄影工作室 [Kawasumi Kobayashi Kenji Photograph Office Co.,Ltd]）

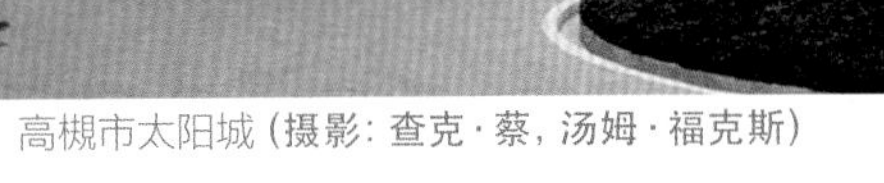

高槻市太阳城（摄影：查克·蔡，汤姆·福克斯）

终身成就奖

杰拉德 · 韦斯曼（Gerald Weisman），博士；尤利尔 · 科恩（Uriel Cohen），建筑学博士

在提升老年人居住质量环境的基础研究方面上，可以说很少有比韦斯曼博士和科恩博士有更大的影响力。其影响不仅直接催生了许多最先进设施，还有一个巨大的间接影响是通过他们指导、教学和演讲，向威斯康星大学密尔沃基分校研究所的学生们和其他人传授并分享了老龄化人口及其生活环境方面的知识。科恩和韦斯曼博士于 1990 年在威斯康星大学建筑与城市规划学院共同成立了老龄化与环境研究所，以促进有关老龄人口环境方面的学术研究和服务等，特别是认知障碍的老年人。研究所的使命是通过住房、制度与服务环境的改进与创新，提高老年人的生活质量。这一使命是通过促进和引领老龄化和环境研究、大学和社区教育关注老龄化和环境问题、创新性的环境规划以及设计和设计实践来达成的。

通过这个研究所，人们完成了许多研究项目，为护理提供商提供的众多参考提升了护理环境，而且研究所经常举办一些实证设计竞赛，并通过讲座、节目和研讨会报告进行知识分享。此外，该研究所培养的许多学生继续扩大了研究所创立的学术界和商业环境的知识库。这项研究中的很多成果为老龄人口构筑了良好的环境，极大地提高了他们的生活质量和独立性。

该研究所目前参与老龄化环境学术研究或改善老龄人口生活环境实践活动的毕业生部分清单包括：

艾迪 · 阿布索谢 (Addie Abushousheh)，**博士**，威斯康星州格伦代尔，经济发展顾问委员会 (EDAC)，提供以居民为中心的咨询服务

安德鲁 · 奥尔登 (Andrew Alden)，**建筑学专业硕士**，威斯康星州密尔沃基爱泼斯坦 · 约恒建筑师事务所 (Eppstein Uhen Architects) 高级规划师、设计师

苏珊娜 · 阿尔维斯 (Susana Alves)，**博士**，土耳其伊斯坦布尔奥坎大学建筑学助理教授

玛格丽特 · 卡尔金斯 (Margaret Calkins)，**博士**，目前担任俄亥俄州肯特市州立大学建筑与环境设计学院医疗保健项目协调员

哈比卜 · 乔杜里 (Habib Chaudhury)，**博士**，现为加拿大不列颠哥伦比亚省西蒙弗雷泽大学老年学系系主任

麦德里娜 · 查宾 (Meldrena Chapin)，**博士**，**设施管理学士**，取得财务管理学士学位 (FMII) 、国际发展经济学学位 (IDEC)，是乔治亚州亚特兰大艺术设计学院萨凡纳的室内设计教授

凯斯 · 迪亚兹 · 摩尔 (Keith Diaz Moore)，**博士**，现任犹他州盐湖城犹他大学建筑与规划学院院长

牛顿 · D · 索萨 (Newton D' Souza)，**博士**，密苏里州哥伦比亚市密苏里大学建筑学研究副教授

林恩 · 吉贝 (Lyn Geboy)，**博士**，威斯康星州密尔沃基小天鹅创新集团 (Cygnet Innovations) 董事长

葛莉·贝特拉贝特·古尔瓦迪 (Gowri Betrabet Gulwadi)，**博士**，爱荷华州锡达福尔斯北爱荷华大学人类应用科学学院室内设计副教授

米吉特·考普 (Migette Kaup)，**博士**，堪萨斯州曼哈顿堪萨斯州立大学教授

珍妮弗·金斯伯里 (Jennifer Kingsbury)，**建筑学专业硕士**，明尼苏达州明尼阿波利斯市珍妮弗·金斯伯里有限公司董事长

清田英巳，**博士**，华盛顿特区居场所 (Ibasho) 公司总裁

马克·普罗菲特 (Mark Proffitt)，**博士 (2016 年)**，田纳西州纳什维尔，咨询服务公司

葛莉·罗德曼 (Gaurie Rodman)，**建筑学专业硕士**，威斯康星州密尔沃基，阿普图拉规划服务主管

申慧珍 (Jung hye Shin)，**博士**，威斯康星大学麦迪逊分校人类生态学院助理教授

亚乌兹·塔奈里 (Yavuz Taneli)，**博士**，土耳其布尔萨市乌鲁达大学助理教授

在 1991 年发表的，由科恩博士和韦斯曼博士合著的《居家养老：为老年痴呆症人士设计环境》（约翰·霍普金斯大学出版社）一书，是一个经常为大家引用的这一领域的重要出版物，该书提出了一个与特殊治疗目标相联系的实用设计原则纲要，旨在通过改善物理环境，来进一步支持老年痴呆症患者的生活。这一设计原则包括整修私人住宅和以社区为基础的住宅。

科恩博士是以色列注册建筑师，环境设计研究协会会员，美国老年学学会和美国老龄协会会员。他是美国老年学学会的资深会员，分别在 1978 年、1979 年、1980 年、1990 年和 1997 年获得美国《进步建筑》杂志应用研究奖，以及 1991 年美国建筑师协会图书奖和 1991 年美国建筑师协会和美国建筑学院协会健康设施研究奖。他担任过美国和加拿大 200 个老年痴呆症患者设施的规划设计顾问。拥有伊利诺伊大学芝加哥分校建筑学学士和密歇根大学建筑学专业硕士及建筑学博士学位。

韦斯曼博士拥有卡耐基 – 梅隆大学建筑学学士和密歇根大学建筑学专业硕士及博士学位。他执掌美国建筑师协会老年中心设计委员会，是老年环境促进会副主席。他也是环境设计研究协会和美国老年学学会会员。他也是受到了美国建筑师协会国际设计图书博览会竞赛的嘉奖。韦斯曼博士是美国建筑师协会老年社区设计顾问组的初始成员。

2010 年，科恩博士从威斯康星大学密尔沃基分校和研究所退休。这之后，韦斯曼博士也于 2013 年从威斯康星大学密尔沃基分校和研究所退休，随后研究所解散。然而，他们所从事的研究和应用影响深远，他们创建了一所以大学为基础的研究中心并继续建立了其他几所老年环境和老年学研究中心,同时将他们的研究成果应用到专业领域的日常工作中。他们的影响在设计师身上延续着，不仅通过研究所的毕业生，还通过这些毕业生扩充了知识库，且乐于公开分享这个知识库。

随着科恩和韦斯曼博士的退休和老年环境研究所的关闭，以居民为中心的护理设计的拥护者和拓荒者，将环境与护理项目相结合，同时基于研究的设计已经传递给新一代的设计师。无论怎样，他们对老年环境设计方面的贡献都促进相关设计的变化。

美国建筑师协会老龄社区设计委员会荣幸地选择了这两个有影响力的人物，特别感谢他们毕生致力于提高老人的生活以及他们在实证设计原则研究方面的进步，并无私地与设计师和护理提供商们分享他们的天赋和知识。

见解与创新奖

作者：艾米丽·赫梅莱夫斯基（Emily Chmielewski），经济发展顾问委员会，帕金斯·伊斯特曼研究会

关于本设计大赛和见解与创新奖专题研究

在 2015 年的春末，两年一届的美国建筑师协会老年社区设计奖举行了评审工作。大赛总共收到 62 份项目，评审委员会认为其中有 29 个项目可以获得奖项或出版发表。其中，5 个项目获得优秀奖，7 个项目获得特殊贡献奖，17 个项目在本书中发表。

项目提交并由评审委员会评定认可的包括：

优秀奖项目

- 花园村——美食餐厅与乡村公地
- 派恩维尤的格鲁夫——克伦威尔圣约村
- 朗伯斯滨河养老社区
- T. 布恩·皮肯斯临终关怀和姑息治疗中心
- 维拉·海丽老年住宅区和圣安东尼餐厅与社会服务中心

特别推荐项目

- 阿肯色退伍军人事务部：新州立退伍军人之家
- 阿特里亚福斯特城老年生活社区
- 炉石之家
- 德雷克塞尔的壁炉辅助生活设施
- 山景高地
- 狮溪河口项目第五阶段
- 米尔城市之角——阿比坦公寓与米尔城公寓

刊登项目

- 本菲尔德农场老年住宅区
- 寇盆宁翻修项目
- 健身中心翻修和阿伯·阿克斯联合卫理公会退休社区
- 福克斯通社区
- 皇家橡树园养老社区友谊之屋
- 莫斯生活区：桑德拉和戴维·S. 麦克馆
- 赛格伍德退休社区
- 撒玛利亚人高峰村
- 撒马尔罕生活中心
- 谢尔比护理中心
- 春湖村：主园区与西林住宅区
- 博物馆路斯泰顿项目
- 滨水区托克沃顿之家
- 诺斯山正北社区
- 本塔纳社区
- 沃维克·伍德兰斯——摩拉维亚庄园养老院的社区
- 惠特尼中心

项目的类别包括：已建项目(41 个项目，其中 19 个为评审委员会所认可)；未建项目（11 个项目，其中 6 份为评审委员会所认可）；工程总造价在 300 万美元或以下的小项目(10 个项目，其中 4 个为评审委员会所认可)。

将本次收集到的数据添加到前 12 轮收集到的信息中。本报告通过见解和创新奖专题研究，着眼于影响老年生活产业与社区设计的统计资料、模式和概念等，为读者提供了对这一领域更加全面的审视。这一研究课题的调查结果反映了重塑老年生活产业不断变化的需求和新兴的观念。

这一具有深刻见解的研究课题还证明了美国建筑师学会的目标——通过专注于建筑设计理念使建筑的设计超出典型的入住后评价，从而促进最佳实践。通过分析从 62 个设计大赛项目的数据，本研究调查了全国各地的许多建设地点和多个设计目标，从而展现了最先进的设计方案和更为深入的解释说明，以帮助设计师和供应商以及整个行业提升设计品质。

除了找出最佳实践和老年生活方面的新想法之外，见解与创新奖专题研究提供了一个领先的设计方案基准，帮助设计师及老年护理和服务提供商在设计质量上“更上一层楼”。该研究也通过评述评审委员会针对项目中认可项目的独特之处，为业界提供可借鉴之处，以及对未来的展望等方式增加了奖项的颁奖过程。

为了分享该研究中的深刻见解，本章分为三节。首先，“见解和创新”突出了评审委员会认可项目的一些有趣的调查结果。其次，在“项目统计”一节中，图表汇总了所有 62 个项目的基本项目信息。最后，“项目主题”表述了评审委员会认可项目中 29 个最常见的主题。从最普遍的开始，对每个主题进行审查，然后以“他们自己的语言”从项目中摘录说明，以突出相关项目是如何解决这一共同主题的。纵观本书，如有可能也可以和以前的设计大赛进行比较。

见解与创新奖

老年建筑设计大赛评审工作的“见解与创新”奖课题研究发现并揭示了当今老年生活行业中一些有趣的事情，并预测了未来的趋势。举例来说，评审委员会认可的项目中有72%被分类到现代美感里，对比过去的比例有显著提升，而往届往往都是传统美感占一半以上。然而，这种变化显示了现代设计不再像过去的见解研究报导的那样，把舒适如家视为传统设计，但是这种现代美感分类可能仅仅是现代老年人的新家园观。

我们还发现，项目中连接到更大社区的主题比以往任何时候都受欢迎。越来越多的老年居住建筑或社区向非居民们提供项目服务，并与外界提供老年服务的供应商和组织建立了伙伴关系。沿着这些路线，一个新的共同主题在这届大赛的分析中显现出来：近25%的评审委员会认可的项目描述了利用当地的服务设施（例如零售、餐饮和社区空间）。门控封闭式社区和生活规划社区（以前被称为持续护理退休社区）早已远去，这类社区只专注于内部，只为居住在园区的居民服务。

如今的老年人希望与更大的社区保持联系，渴望代际互动，并期望当他们搬到老年生活建筑或园区时，他们的生活方式继续成长而不是缩水。老年护理和服务供应商也看到了连接到更大社区的价值，借力现有的资源和设施，与志同道合的组织建立合作伙伴关系，供应商正在从为他们的委托人提供“更多服务”中受益，而不必承受这些附带项目和服务元素的全部费用。供应商和老人们都在从这一增长的趋势中获益。

老年居住建筑和社区与附近的街区之间互联互通的想法在接下来的见解研究中更进了一步：几个项目描述他们的项目实际上是为了改善周围的街区或通过设计支持社会进步。这些项目都明显比别人更进一步，而不仅仅是丰富这些老年生活社区的居民生活，更旨在为那些所有受老年生活社区内外影响的人们营造更好的生活。例如狮溪河口第五阶段项目，自称“设计品质服务于居民和社区，以达成客户、居民、房屋管理局及城市的社会目标。在预算之内进行了经济实惠地建造完工，这个住房仍然达到了高贵典雅，激励了它的居民，象征了建筑设计支持社会进步的重要性。”另一个鼓舞人心的项目，维拉·海丽老年住宅区和圣安东尼餐厅与社会服务中心，其中“老年住宅与包括免费餐饮计划在内的社会服务相结合，在改变街区的安全性、支持性和经济适用房方面起到了积极作用”。最后，滨水区托克沃顿之家是“梦幻的东普罗维登斯海滨重建计划中的第一座新建筑，新托克沃顿之家为其更广泛的社区提供了附加价值，成为这个城市的衰退滨水工业区进一步发展的催化剂。”

当考虑到他们的建筑或园区的生态影响时，关注一个项目的整体效果也是被许多项目所认可的。94%以上的项目提到了“绿色”，这个相似的比例出现在第11届和第12届所提交的项目当中，分别是92%和97%。生态可持续性不再是趋势而是常态。有趣的是，虽然许多项目并没有追求来自外部组织的领先能源与环境设计认证（如LEED），但近80%的项目表示他们为了达到绿色标准而设计，却选择不通过正式的认证过程。

本书另一个惊人的见解是关于生态可持续性、绿色驱动因素和有效的绿色特征之间的一个非常明确的断开（见项目主题图生态可持续发展部分）。分析表明，如果一个项目的主要驱动因素要是绿色，则须改善建筑居住者的健康与幸福，67%的评审委员会认为这是三大动因之一，这一统计数字在第12届期间只有9%，现在则明显上升很多。然而与此驱动因素相反，在改善室内空气质量方面，由于其影响力相对较低，虽然仍被提出来，但只有26%（比第12届期间的18%略微上升）。这两个统计数字对于室内空气质量对老年人健康有重要影响这种认知来说似乎不太一致。入住者健康和幸福是一个强大的绿色驱动因素，未来的老年生活项目应更加注重为建筑物的住户们进行室内空气质量改善。

许多项目的目的是通过其他手段改善住户的建筑设计，如使用协同设计流程。评审认可的项目中描述了设计师们是如何与他们的客户（供应商管理人员、工作人员）、邻居和街坊协会、承包商和顾问、代理和监管机构以及原来的居民和潜在居民们合作，以更好地塑造项目的建造环境，虽然这个占比从第 12 届的 76% 到第 13 届的 55% 有所下降。这些合作据说改善了需求评估和决策、沟通、成本和预算、组织文化变革、设计流程和项目时间表、施工进度计划，还获得了邻里和监管机构批准并建立了利益相关者共识。春湖村：主园区与西林住宅区项目将之总结为，“合作是这个项目成功的关键”。

在设计过程中对于研究成果的使用方面，和协同设计流程一样，与第 12 届相比也有普遍下降，虽然它是创造成功项目的另一个有效工具。然而，这有下降却是值得注意——评审委员会认定的项目中从第 12 届时期的 79% 到第 13 届时期下降到只有 21%。考虑到循证设计的崛起和以实践为基础的研究已经应用到当今各个领域的设计当中，这是一个令人惊讶的趋势。任何人都希望项目描述的这种下降不是由于缺乏研究成果的应用，而是类似于我们所看到的生态可持续性那样，其研究成果已成为主流，将其作为一个项目中指出来的“特殊”之处似乎是不必要的。不幸的是，我们期望的情况却并非如此。

因此，本研究的研究人员鼓励老年生活设计师和供应商认识到研究成果的价值，无论是在项目效果上正式还是非正式的努力都是如此。从焦点小组到入住后评价，设计师们在项目现场“夜不归宿”的先例研究，将研究成果用来改进项目。同样地，我们希望我们的见解与研究将帮助您使用研究成果以改进您的项目。从依靠这些行业统计资料确定基准点，到展现给大家常见的主题和趋势，本报告应该可以帮助到你与你的下一个老年生活设计项目。

项目统计

下面的图来自第 13 届的所有 62 个项目，除非另有说明。如有可能，可以和四轮之前的设计大赛进行比较。

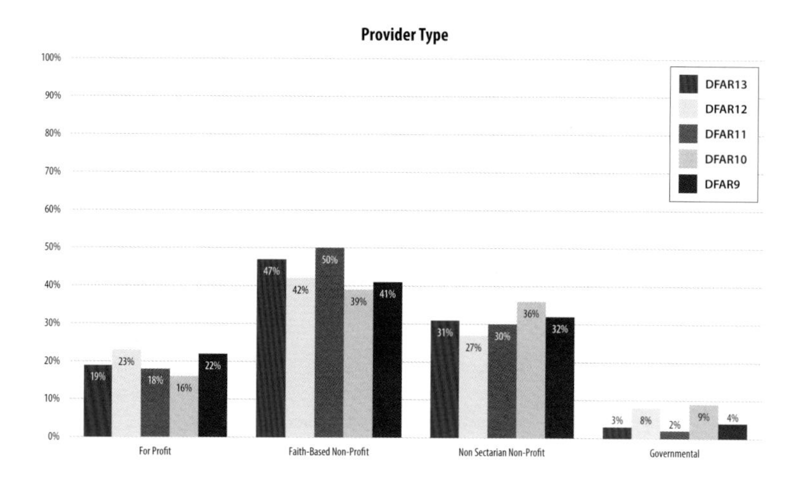

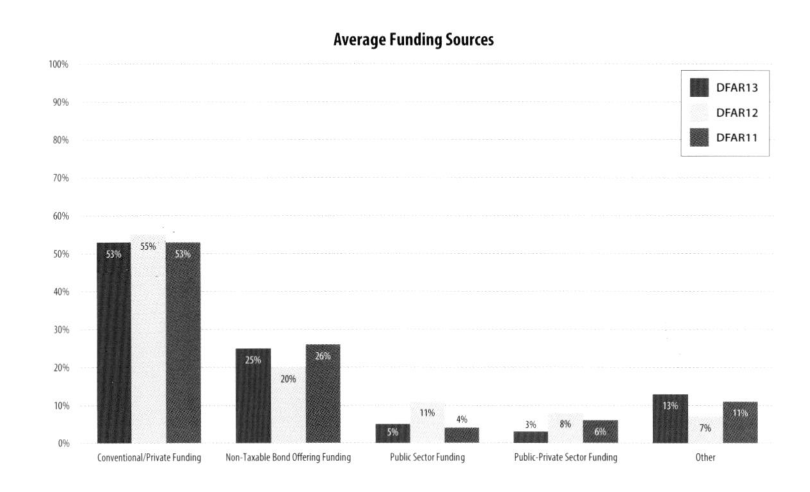
Average Funding Sources
100%
90%
80%
70%
60%
50%
40%
30%
20%
10%
0%
DFAR13
DFAR12
DFAR11
53%
55%
53%
25%
20%
26%
5%
11%
4%
3%
8%
6%
13%
7%
11%
Conventional/Private Funding
Non-Taxable Bond Offering Funding
Public Sector Funding
Public-Private Sector Funding
Other

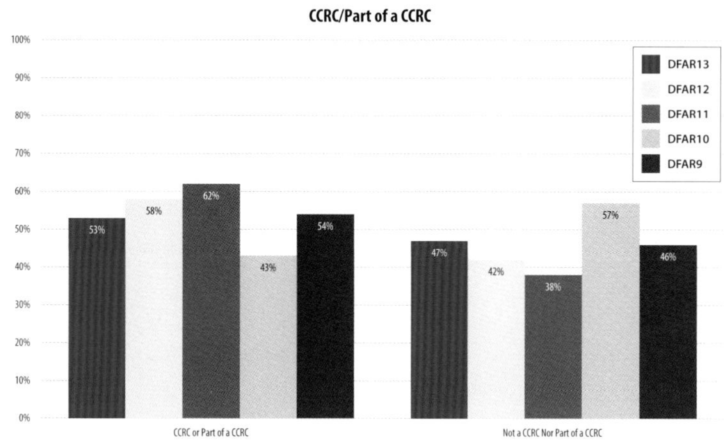
CCRC/Part of a CCRC
100%
90%
80%
70%
60%
50%
40%
30%
20%
10%
0%
DFAR13
DFAR12
DFAR11
DFAR10
DFAR9
53%
58%
62%
43%
54%
47%
42%
38%
57%
46%
CCRC or Part of a CCRC
Not a CCRC Nor Part of a CCRC

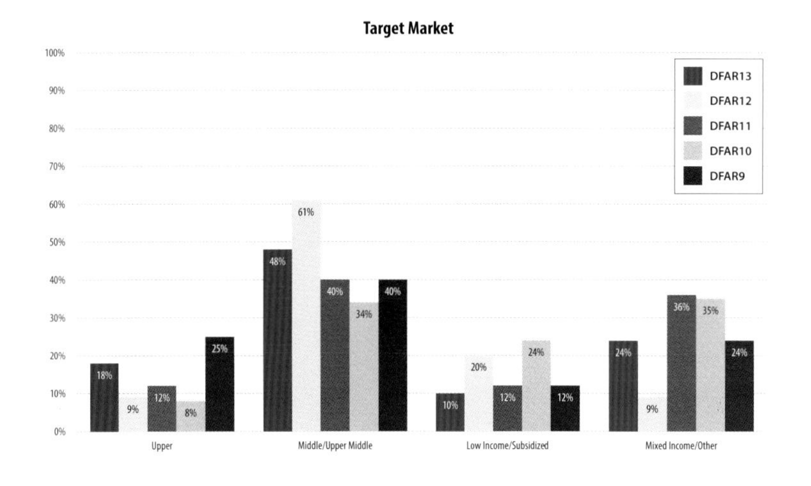
Target Market
100%
90%
80%
70%
60%
50%
40%
30%
20%
10%
0%
DFAR13
DFAR12
DFAR11
DFAR10
DFAR9
18%
9%
12%
8%
25%
48%
61%
40%
34%
40%
10%
20%
12%
24%
12%
24%
9%
36%
35%
24%
Upper
Middle/Upper Middle
Low Income/Subsidized
Mixed Income/Other

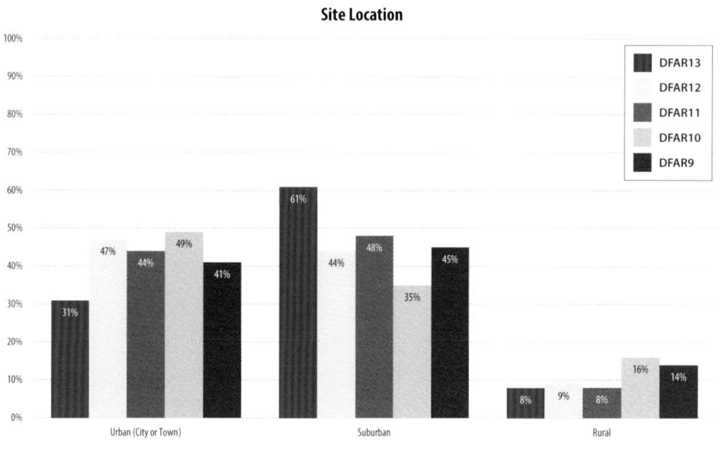
Site Location
100%
90%
80%
70%
60%
50%
40%
30%
20%
10%
0%
DFAR13
DFAR12
DFAR11
DFAR10
DFAR9
31%
47%
44%
49%
41%
61%
44%
48%
35%
45%
8%
9%
8%
16%
14%
Urban (City or Town)
Suburban
Rural

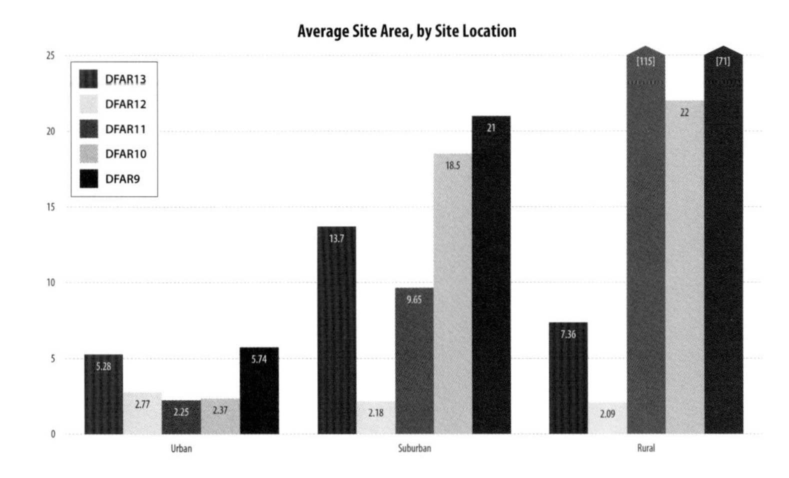

Average Site Area, by Site Location
DFAR13
DFAR12
DFAR11
DFAR10
DFAR9
25
20
15
10
5
0
5.28
2.77
2.25
2.37
5.74
13.7
2.18
9.65
18.5
21
7.36
2.09
[115]
22
[71]
Urban
Suburban
Rural

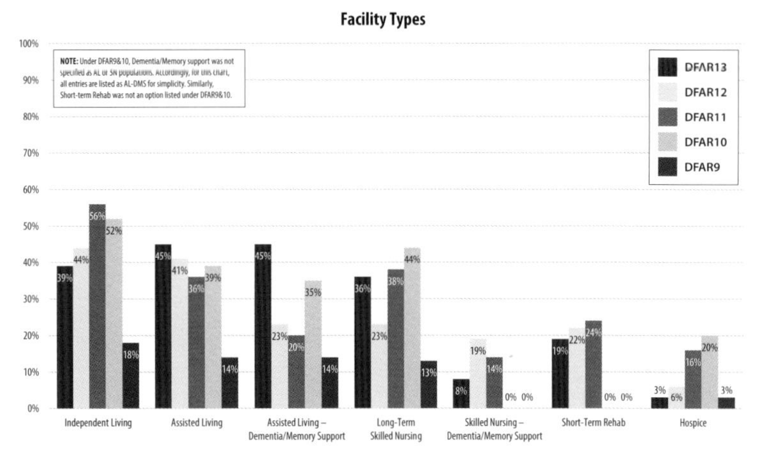

Facility Types
NOTE: Under DFAR9&10, Dementia/Memory support was not specified as AL or SN populations. Accordingly, for this chart, all entries are listed as AL-DMS for simplicity. Similarly, Short-term Rehab was not an option listed under DFAR9&10.
DFAR13
DFAR12
DFAR11
DFAR10
DFAR9
100%
90%
80%
70%
60%
50%
40%
30%
20%
10%
0%
39% 44% 56% 52% 18%
45% 41% 36% 39% 14%
45% 23% 20% 35% 14%
36% 23% 38% 44% 13%
8% 19% 14% 0% 0%
19% 22% 24% 0% 0%
3% 6% 16% 20% 3%
Independent Living
Assisted Living
Assisted Living – Dementia/Memory Support
Long-Term Skilled Nursing
Skilled Nursing – Dementia/Memory Support
Short-Term Rehab
Hospice

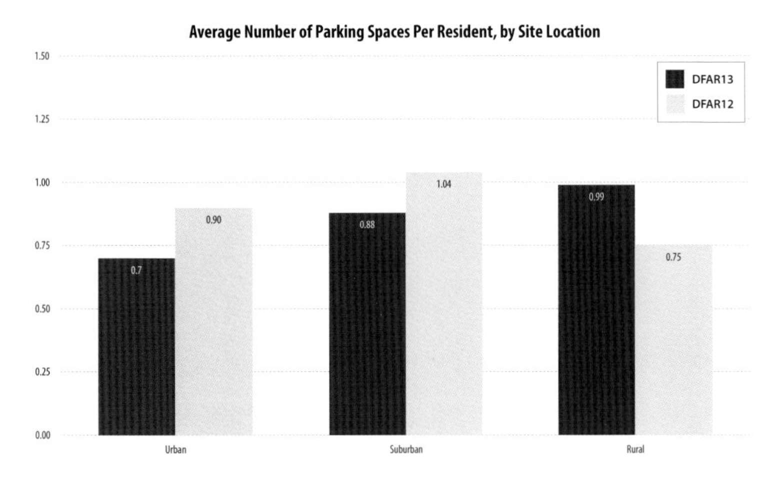

Average Number of Parking Spaces Per Resident, by Site Location
DFAR13
DFAR12
1.50
1.25
1.00
0.75
0.50
0.25
0.00
0.7
0.90
0.88
1.04
0.99
0.75
Urban
Suburban
Rural

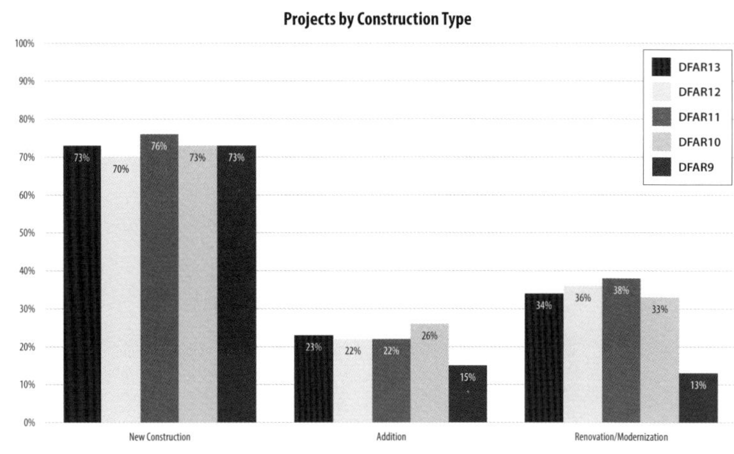

Projects by Construction Type
DFAR13
DFAR12
DFAR11
DFAR10
DFAR9
100%
90%
80%
70%
60%
50%
40%
30%
20%
10%
0%
73% 70% 76% 73% 73%
23% 22% 22% 26% 15%
34% 36% 38% 33% 13%
New Construction
Addition
Renovation/Modernization

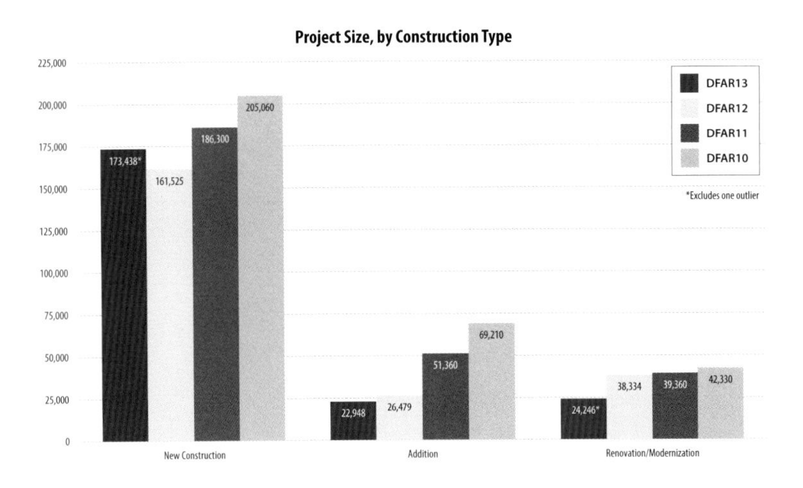

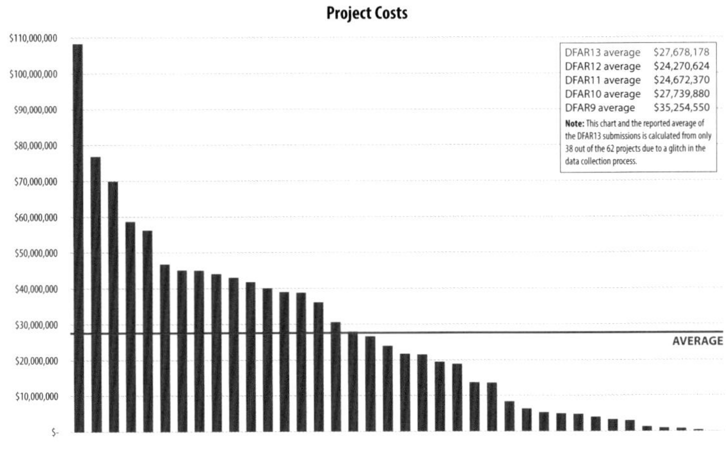

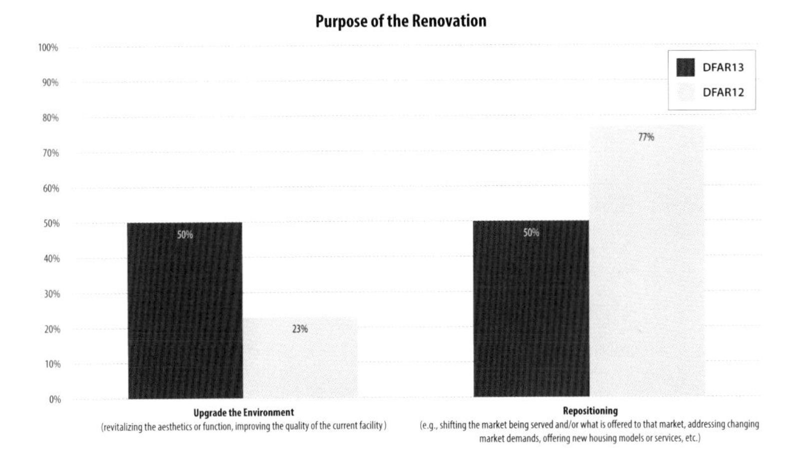

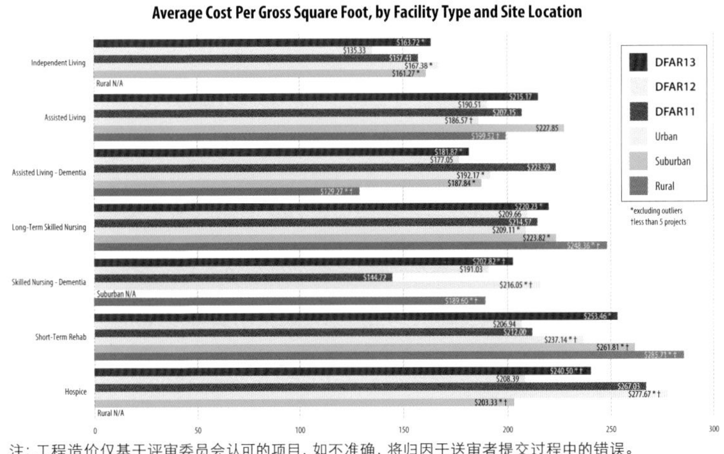

注：工程造价仅基于评审委员会认可的项目，如不准确，将归因于送审者提交过程中的错误。

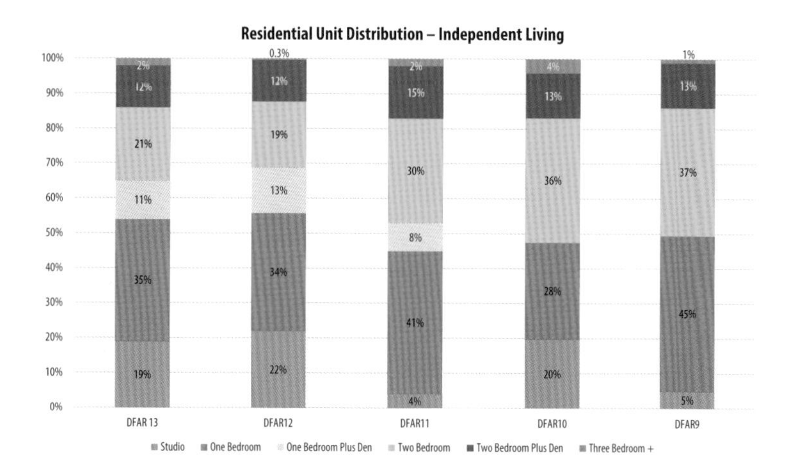
Residential Unit Distribution – Independent Living
100%
90%
80%
70%
60%
50%
40%
30%
20%
10%
0%
2%
12%
21%
11%
35%
19%
0.3%
12%
19%
13%
34%
22%
2%
15%
30%
8%
41%
4%
4%
13%
36%
28%
20%
1%
13%
37%
45%
5%
DFAR 13
DFAR12
DFAR11
DFAR10
DFAR9
Studio
One Bedroom
One Bedroom Plus Den
Two Bedroom
Two Bedroom Plus Den
Three Bedroom +

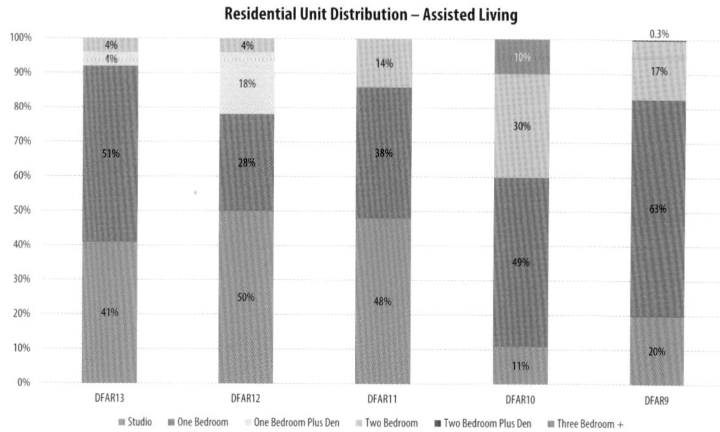
Residential Unit Distribution – Assisted Living
100%
90%
80%
70%
60%
50%
40%
30%
20%
10%
0%
4%
4%
51%
41%
4%
18%
28%
50%
14%
38%
48%
10%
30%
49%
11%
0.3%
17%
63%
20%
DFAR13
DFAR12
DFAR11
DFAR10
DFAR9
Studio
One Bedroom
One Bedroom Plus Den
Two Bedroom
Two Bedroom Plus Den
Three Bedroom +

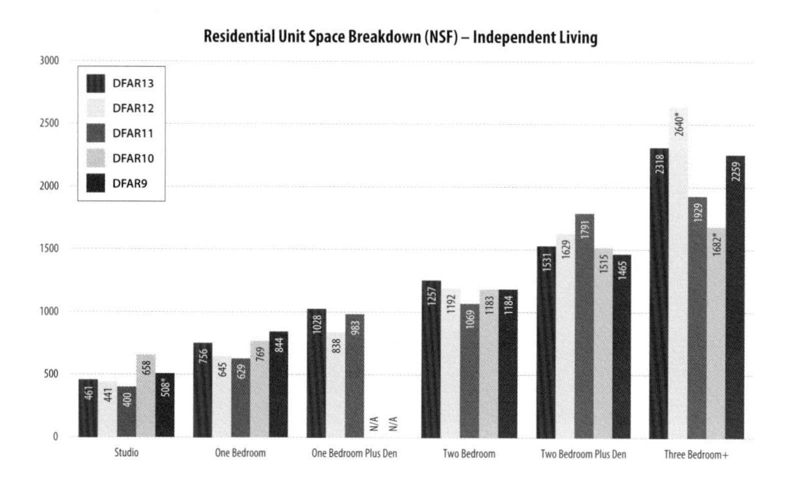
Residential Unit Space Breakdown (NSF) – Independent Living
3000
2500
2000
1500
1000
500
0
DFAR13
DFAR12
DFAR11
DFAR10
DFAR9
461
441
400
658
508*
756
645
629
769
844
1028
838
983
N/A
N/A
1257
1192
1069
1183
1184
1531
1629
1791
1515
1465
2318
2640*
1929
1682*
2259
Studio
One Bedroom
One Bedroom Plus Den
Two Bedroom
Two Bedroom Plus Den
Three Bedroom+

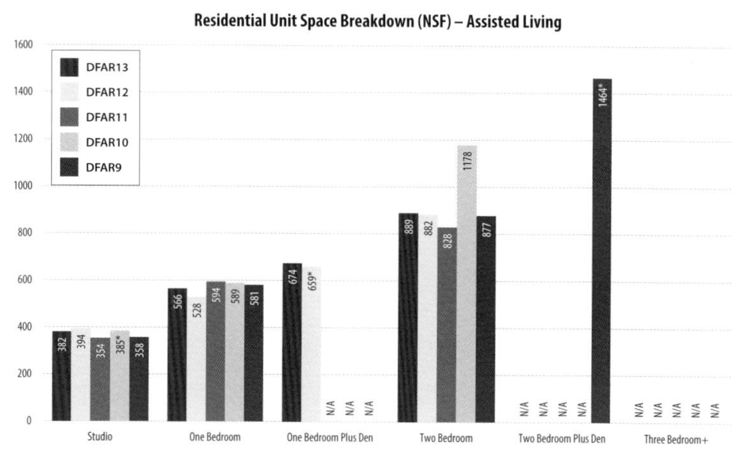
Residential Unit Space Breakdown (NSF) – Assisted Living
1600
1400
1200
1000
800
600
400
200
0
DFAR13
DFAR12
DFAR11
DFAR10
DFAR9
382
394
354
385*
358
566
528
594
589
581
674
659*
N/A
N/A
N/A
889
882
828
1178
877
N/A
N/A
N/A
N/A
1464*
N/A
N/A
N/A
N/A
N/A
Studio
One Bedroom
One Bedroom Plus Den
Two Bedroom
Two Bedroom Plus Den
Three Bedroom+

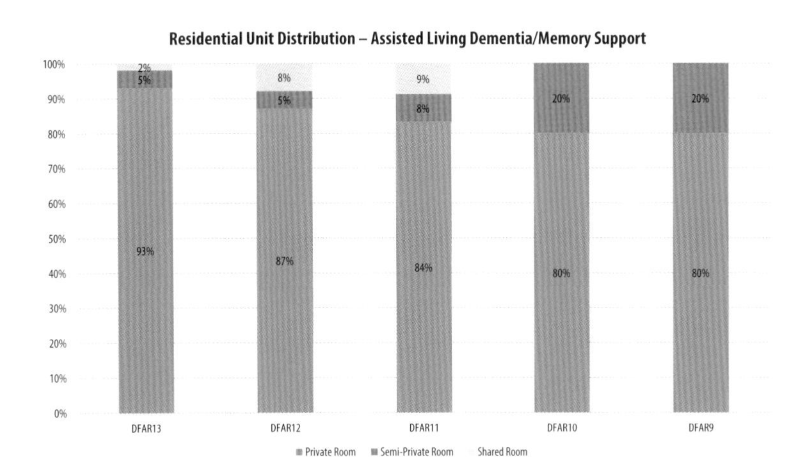
Residential Unit Distribution – Assisted Living Dementia/Memory Support
100%
90%
80%
70%
60%
50%
40%
30%
20%
10%
0%
2%
5%
93%
8%
5%
87%
9%
8%
84%
20%
80%
20%
80%
DFAR13
DFAR12
DFAR11
DFAR10
DFAR9
Private Room
Semi-Private Room
Shared Room

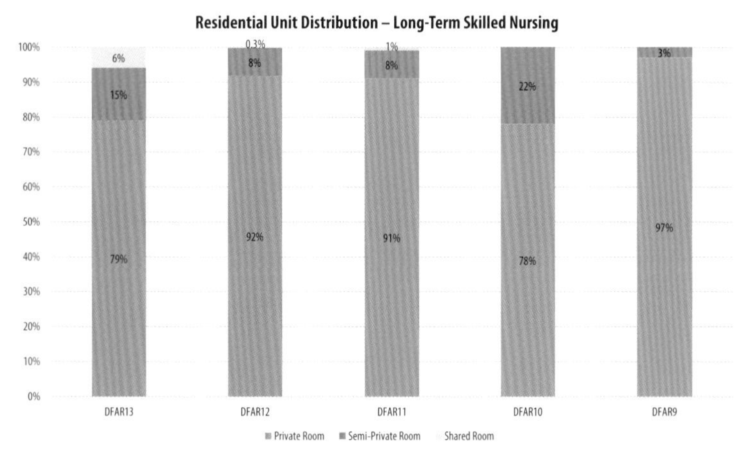
Residential Unit Distribution – Long-Term Skilled Nursing
100%
90%
80%
70%
60%
50%
40%
30%
20%
10%
0%
6%
15%
79%
0.3%
8%
92%
1%
8%
91%
22%
78%
3%
97%
DFAR13
DFAR12
DFAR11
DFAR10
DFAR9
Private Room
Semi-Private Room
Shared Room

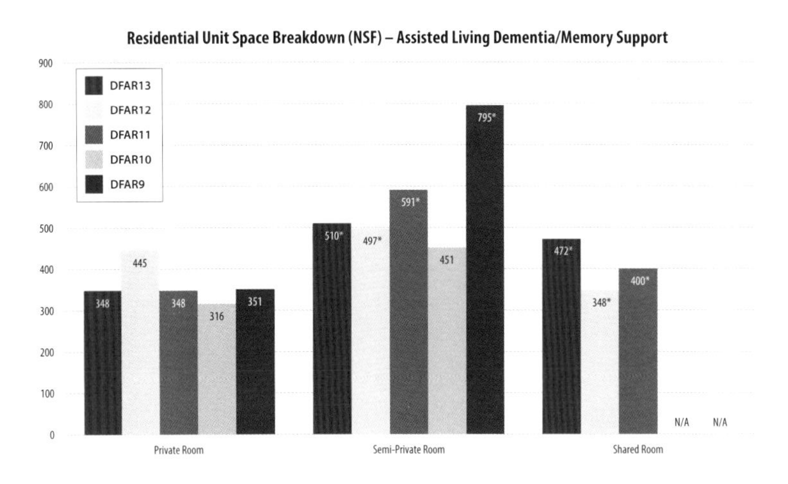
Residential Unit Space Breakdown (NSF) – Assisted Living Dementia/Memory Support
900
800
700
600
500
400
300
200
100
0
DFAR13
DFAR12
DFAR11
DFAR10
DFAR9
348
445
348
316
351
510*
497*
591*
451
795*
472*
348*
400*
N/A
N/A
Private Room
Semi-Private Room
Shared Room

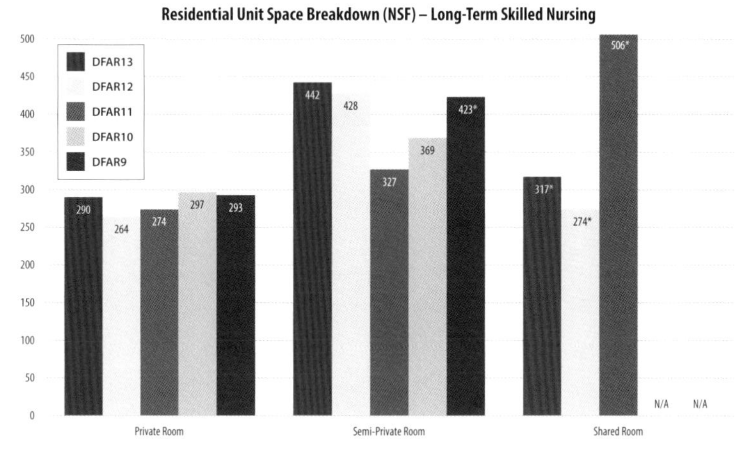
Residential Unit Space Breakdown (NSF) – Long-Term Skilled Nursing
500
450
400
350
300
250
200
150
100
50
0
DFAR13
DFAR12
DFAR11
DFAR10
DFAR9
290
264
274
297
293
442
428
327
369
423*
317*
274*
506*
N/A
N/A
Private Room
Semi-Private Room
Shared Room

Residential Unit Distribution – Long-Term Skilled Nursing Dementia/Memory Support

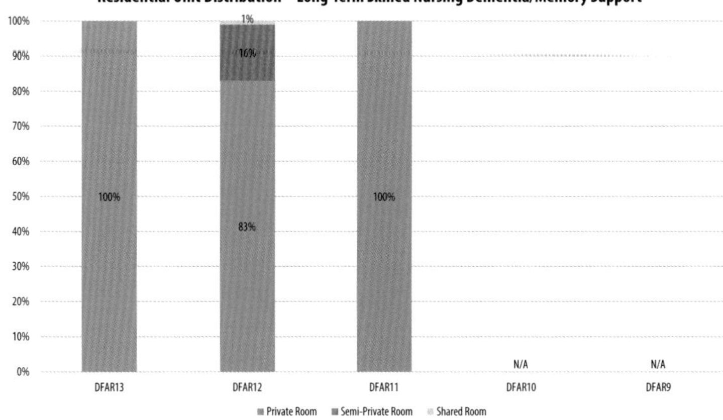
100%
90%
80%
70%
60%
50%
40%
30%
20%
10%
0%
100%
1%
16%
83%
100%
N/A
N/A
DFAR13
DFAR12
DFAR11
DFAR10
DFAR9
Private Room
Semi-Private Room
Shared Room

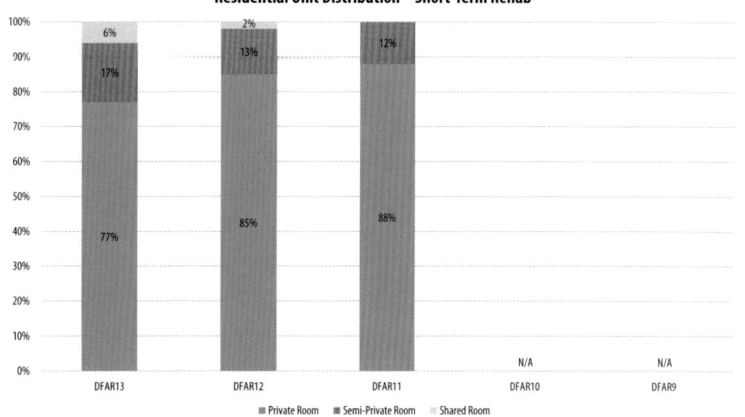
Residential Unit Distribution – Short-Term Rehab
100%
90%
80%
70%
60%
50%
40%
30%
20%
10%
0%
6%
17%
77%
2%
13%
85%
12%
88%
N/A
N/A
DFAR13
DFAR12
DFAR11
DFAR10
DFAR9
Private Room
Semi-Private Room
Shared Room

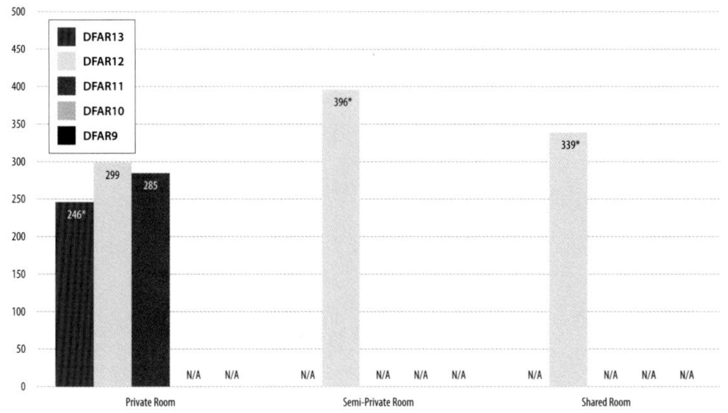
Residential Unit Space Breakdown (NSF) – Long-Term Skilled Nursing Dementia/Memory Support
500
450
400
350
300
250
200
150
100
50
0
DFAR13
DFAR12
DFAR11
DFAR10
DFAR9
246*
299
285
N/A
N/A
N/A
396*
N/A
N/A
N/A
N/A
339*
N/A
N/A
N/A
Private Room
Semi-Private Room
Shared Room

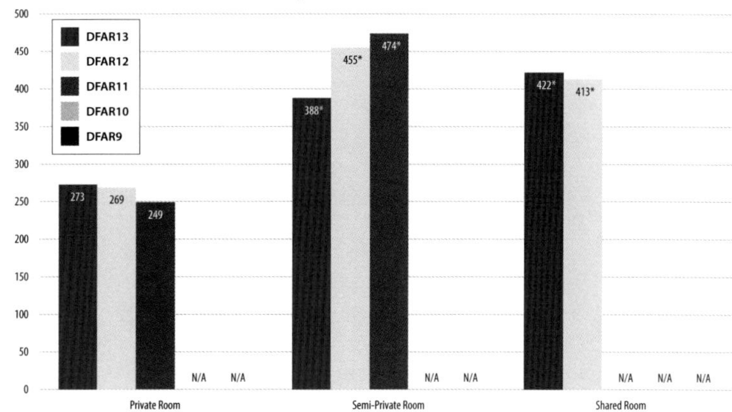
Residential Unit Space Breakdown (NSF) – Short-Term Rehab
500
450
400
350
300
250
200
150
100
50
0
DFAR13
DFAR12
DFAR11
DFAR10
DFAR9
273
269
249
N/A
N/A
388*
455*
474*
N/A
N/A
422*
413*
N/A
N/A
N/A
Private Room
Semi-Private Room
Shared Room

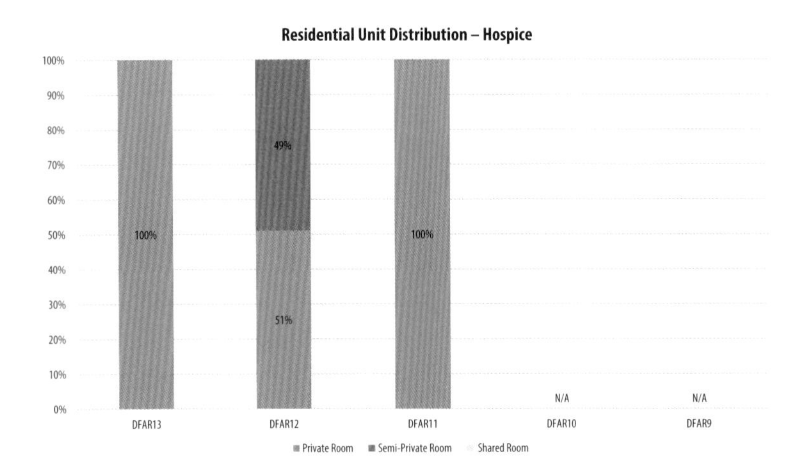

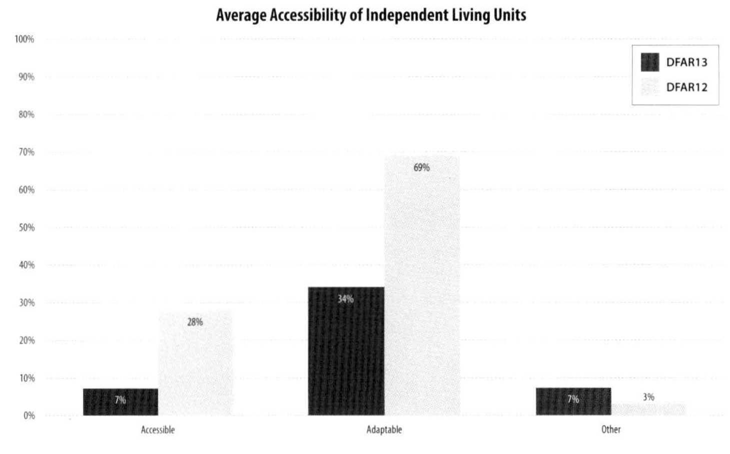

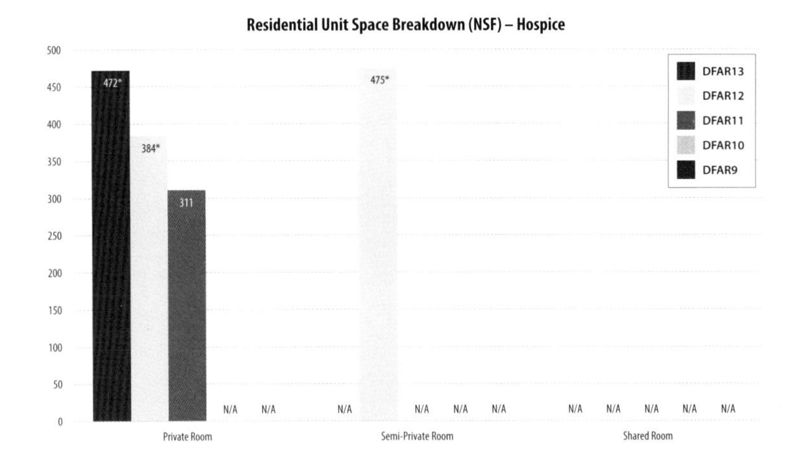

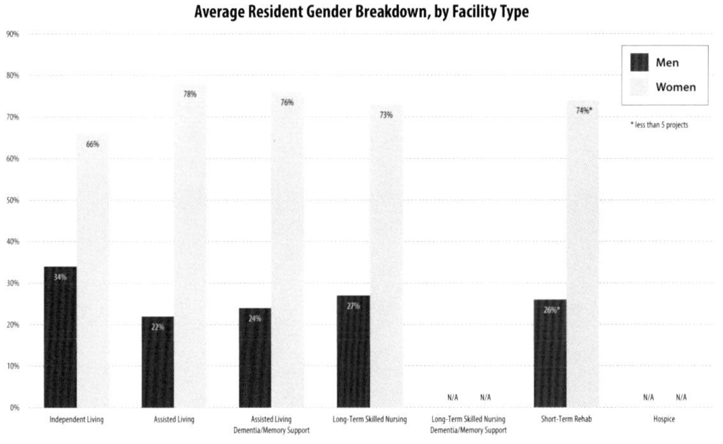

注：标有星号（*）的值来自少于五个项目；“私人房间”有一个单独的住户；“半私人房间”有两个住户，他们有各自单独的床位区，但共享浴室；“共享房间”有两个住户，他们有一个共享床位区和一个共享浴室。因此，所有条目列入辅助生活服务——老年痴呆症、记忆支持。

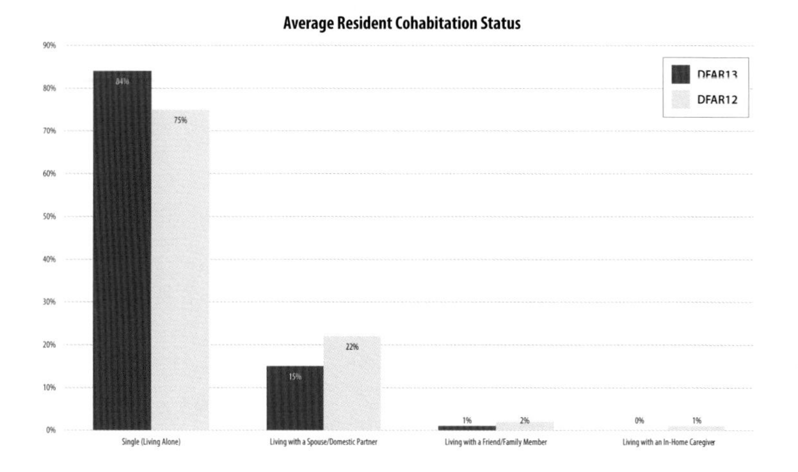

项目主题

虽然这 29 个由评审委员会认可的项目多种多样，但还是有几个常见的和相互关联的项目主题，在项目中的整体项目描述和目标、建筑组成、创新特征与设计流程、设计和营销的挑战，以及特殊的技术等方面有着相似之处。下面描述了评审委员会认可的项目的共同主题。

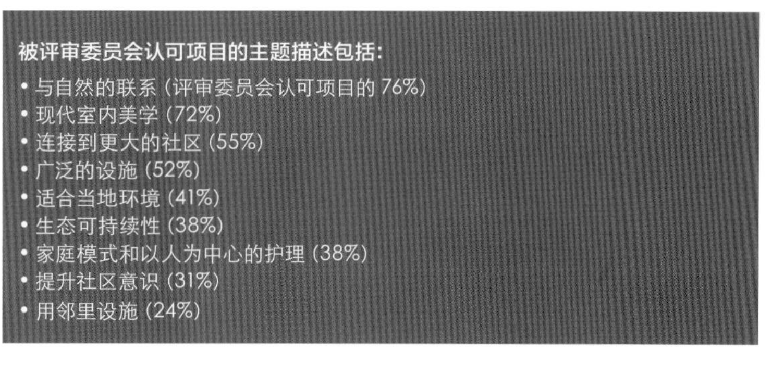

被评审委员会认可项目的主题描述包括：

- 与自然的联系（评审委员会认可项目的 76%）
- 现代室内美学（72%）
- 连接到更大的社区（55%）
- 广泛的设施（52%）
- 适合当地环境（41%）
- 生态可持续性（38%）
- 家庭模式和以人为中心的护理（38%）
- 提升社区意识（31%）
- 用邻里设施（24%）

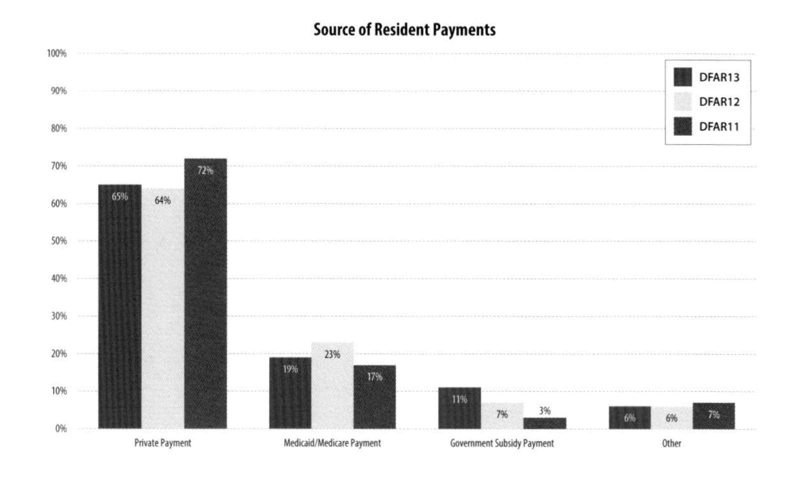

项目总体描述

评审委员会认定项目中的 76% 描述了与自然的联系。

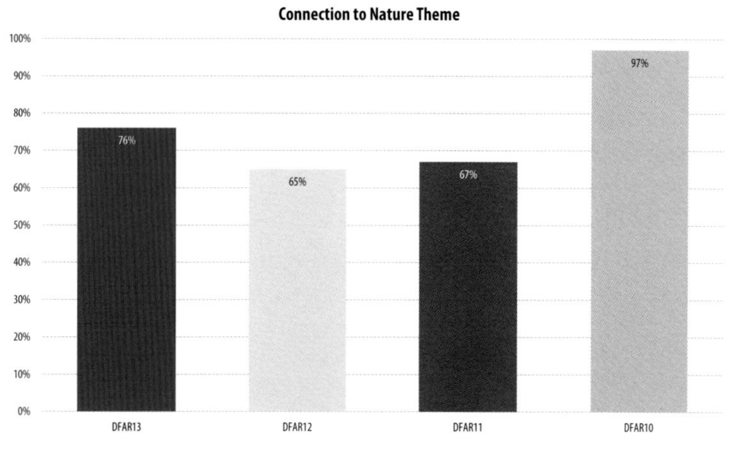

被评审委员会认可的。项目描述了他们与自然的联系，包括如下项目：

- 阿肯色退伍军人事务部：新州立退伍军人之家
- 阿特里亚福斯特城老年生活社区
- 本菲尔德农场老年住宅区
- 炉石之家
- 皇家橡树园养老社区友谊之屋
- 派恩维尤的格鲁夫——克伦威尔圣约村
- 德雷克塞尔壁炉辅助生活设施
- 山景高地
- 朗伯斯滨河养老社区
- 狮溪河口项目第五阶段
- 莫斯生活区：桑德拉和戴维·S. 麦克馆
- “戴布里克的赛格伍德”退休社区
- 撒玛利亚人高峰村
- 撒马尔罕生活中心
- 谢尔比护理中心
- 博物馆路斯泰顿项目
- T. 布恩·皮肯斯临终关怀和姑息治疗中心
- 滨水的托克沃顿本塔纳社区
- 维拉·海丽老年住宅区和圣安东尼餐厅与社会服务中心
- 沃维克伍德兰斯——摩拉维亚庄园养老院的社区
- 惠特尼中心

与自然的联系——户外空间

博物馆路斯泰顿项目

德雷克塞尔壁炉辅助生活设施

本菲尔农场老年住宅社区

与自然的联系包括：

- 进入户外空间（77% 的项目具有连接到大自然的主题），包括共享花园和私人户外空间（即住宅庭院或阳台）；加上散步小径，架高式种植床和屋顶花园。
- 充足的采光（64% 的项目），通过大窗户，一些特殊场合使用了采光天窗和采光天井。
- 户外的视野（45% 的项目），其中从城市天际景观到私密的花园场景各不相同。
- 使用天然材料、颜色和纹理的建筑室内设计（14% 的项目）。
- 围绕建设地点的自然特征进行设计（14% 的项目），如湖泊和古老的树木等。

与自然的联系——采光

本菲尔德农场老年住宅区

滨水区托克沃顿之家

与自然的联系——视野

撒玛利亚人高峰村

本塔纳社区

博物馆路斯泰顿项目

皇家橡树园养老社区友谊之屋

“楼面布置旨在让自然光通过共同生活空间从一边倾泻进来，而一个可操作的大型玻璃墙系统允许自然光从室外花园照进理疗室，鼓励居民在花园里散步，其中包括一些特色治疗元素，如表面材料的变化，台阶和其他对于每个居民沿着花园散步都被视为必要的相关活动等。该建筑的室外空间景色怡人，可被全年使用。”

派恩维尤的格鲁夫——克伦威尔圣约村

“通过最大限度地暴露建筑楼层南向，使居民们不会处于不能看到窗户外面的位置。这有助于调节昼夜节律，没有这些会导致老人们的睡眠障碍。当居民们大部分时间在室内的时候，视觉上的昼夜感很重要。”

山景高地

“一个指定用于老年痴呆症的住宅庭院，位于远离主要楼层居民餐厅的地方。户外空间为患有痴呆症的居民从事或观察自己比较熟悉的活动提供了机会。院子里有一辆福特经典老爷汽车作为中心装饰品，鼓励居民们去‘修修补补’。与其他地区的设施一样，在户外区域营造了一个家庭般的环境。走廊、凉棚、遮阳棚的使用让居民在没有刺眼的阳光直射的情况下享受自然，也模拟出了‘后廊’的环境……自然的照明是天然的情绪倍增器与调节生理节律的定时器。”

朗伯斯滨河养老社区

“这个项目旨在为所有空间提供丰富的自然光。每个居室都有一个凸窗，可以通过不同尺寸的窗户提供充足的日光。……在建筑的第三层，屋顶光线带来了温暖，南面的阳光照进走廊，不仅使天花板的视觉高度多变，而且在阳光照射进来的地方坐着聊天或阅读也十分惬意。……密西西比河的景色，往西看是不断变化的河流交通，往东看是茂盛的橡树林，这一切都使得居民更加热爱这座独特的本土城市。”

狮溪河口第五阶段

“该项目一个特殊的特点是外部空间的多样性、数量和质量，在建筑侧面和后院区进行运动课，庭院轮廓分明并设置防护措施，第四层屋顶露天平台上设有社区活动室。……由于能看到旧金山湾区景观，这地方是个特别受欢迎的场所……每亩 14 个单位的高密度设计有效利用了有限的场地面积，通过将葱郁庭院环绕在建筑周围，从而为各个单位和公共空间提供最大限度的光照和空气，同时为居民提供有防护设施的内部庭院。内置烧烤烤架以支持社区聚会，异想天开的动物游戏构筑物为来访的孩子们提供了游戏场所。弯曲的社区活动室延伸至庭院，和屋顶露台平台形成可供选择的户外消遣空间。”

T. 布恩·皮肯斯临终关怀和姑息治疗中心

“室外景观精心布置来为每个人提供一个宁静和愉快的户外体验。患者和访客行走在‘生命礼赞’步行道上，瀑布、喷泉、沉思冥想的曲径、湖水的声音缓和了痛苦，抚慰了人们的心灵。……整个建设地点规划好的花园、庭院和步道为社交互动与隐私之间提供了体贴周到的平衡……住宅套房里面有加大的窗户，其位置经过特殊考虑可以确保能看到外面湖泊景观的床。所有病房都有一个可容纳一张大号床的阳台，让居民可以享受户外生活，甚至在他们生命的最后阶段。”

本塔纳社区

另一个优先事项是用多样的屋顶阳台融合室内和室外，该建筑的楼层平台对弥补建设地点的狭窄限制很有帮助。……露台和屋顶花园提供给居民大型的开放空间和浪漫的小角落。明亮日光下和向阳的不同空间被遮蔽和保护了起来。这些空间可用于加强个人关系或为居民和员工根据他们的需要提供独处的时间。项目中，自然光的使用被高度考虑。落地玻璃窗使大量的光量照射进建筑单位之中。另外一个位于三层楼高的天窗安装在大厦连接部分的较低楼层中心，允许自然光倾泻到许多医疗护理和设施空间中，否则只能用人工方法照明。

现代室内美学

“见解与创新”奖专题研究中针对各个项目的现代美学与传统美学相比较，现代美学项目的占比逐渐增加。然而，直到这一次大赛具有现代设计的项目远远超过了传统设计的项目。本届评审委员会认可的项目中有 72% 被归类为现代美学，相比之下，仅有 14% 的项目具有传统的布置，而另有 14% 则表现的是两者的混合。

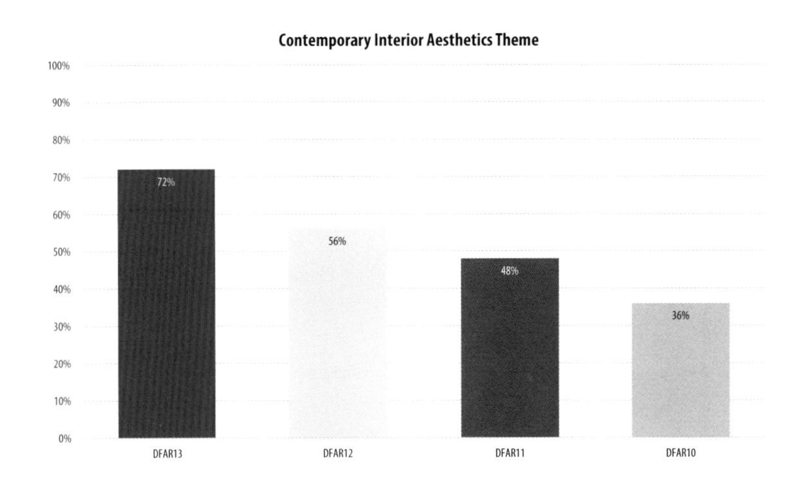

干净利落的线条，几何形状和直角格局及其他细节都有助于定义现代室内美学。另一方面，传统室内美学更可能比较多地包含冠顶线和踢脚线、带扶手的家具、折叠窗帘和更华丽细节和图案或曲线等特征。

被评审委员会认定的项目中被归类为具有现代室内美学特征的项目有：

- 阿肯色退伍军人事务部：新国家退伍军人之家
- 阿特里亚福斯特城老年生活社区
- 本菲尔德农场老年住宅区
- 炉石之家
- 健身中心翻修扩建项目
- 皇家橡树园养老社区友谊之屋
- 花园村——美食餐厅与村庄公地
- 派恩维尤的格鲁夫——克伦威尔圣约村
- 山景高地
- 朗伯斯滨河养老社区
- 狮溪河口第五阶段
- 米尔城市之角——阿比坦公寓与米尔城公寓
- 莫斯生活区：桑德拉和戴维·S. 麦克馆
- 赛格伍德退休社区
- 谢尔比护理中心
- 春湖村：主园区与西林住宅区
- 博物馆路斯泰顿项目
- T. 布恩·皮肯斯临终关怀和姑息治疗中心
- 诺斯山正北社区
- 本塔纳社区
- 维拉·海丽老年住宅区和圣安东尼餐厅与社会服务中心

山景高地

阿特里亚福斯特城老年生活社区

炉石之家

皇家橡树园养老社区友谊之屋

派恩维尤的格鲁夫——克伦威尔圣约村

莫斯生活区：桑德拉和戴维·S. 麦克馆

由评审委员会认定的项目中被归类为具有传统室内美学特征的项目包括：

- 寇盆宁翻修项目
- 德雷克塞尔壁炉辅助生活设施
- 撒玛利亚人高峰村
- 沃维克·伍德兰斯——摩拉维亚庄园养老院的社区

德雷克塞尔壁炉辅助生活设施　撒玛利亚人高峰村

由评审委员会认定的项目中被归类为具有现代室内美学和传统室内美学混合特征的项目包括：

- 福克斯通社区
- 撒马尔罕生活中心
- 滨水区托克沃顿之家
- 惠特尼中心

福克斯通社区　撒马尔罕生活中心

惠特尼中心

连接到更大的社区

评审委员会认可的项目中有 55% 描述了项目充分利用了其建筑或园区周围更大的社区或其中一部分，这是显着高于过去的几年中所提交的材料。

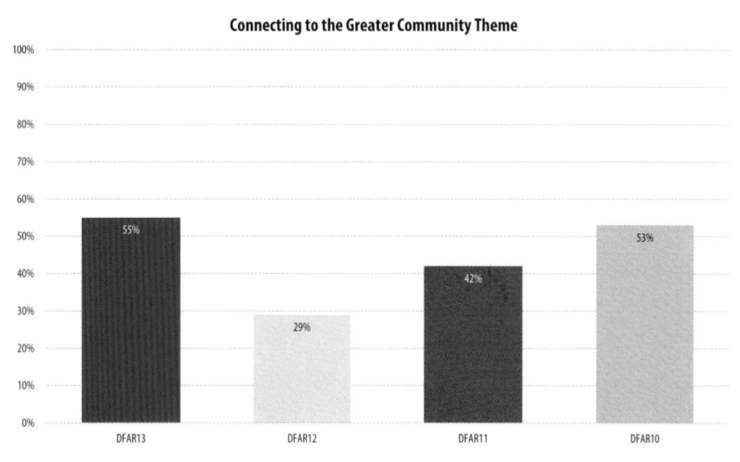

由评审委员会认可的项目中描述了连接到更大的社区的项目包括：

- 阿肯色退伍军人事务部：新州立退伍军人之家
- 阿特里亚福斯特城老年生活社区
- 花园村——美食餐厅与乡村公地
- 山景高地
- 朗伯斯滨河养老社区
- 米尔城市之角——阿比坦公寓与米尔城公寓
- "戴布里克的赛格伍德"退休社区
- 撒玛利亚人高峰村
- 谢尔比护理中心
- 博物馆路斯泰顿项目
- T. 布恩·皮肯斯临终关怀和姑息治疗中心
- 滨水的托克沃顿
- 诺斯山正北社区
- 本塔纳社区
- 维拉海丽老年住宅区 / 圣安东尼餐厅与社会服务中心
- 惠特尼中心

也许并不奇怪，连接到更大的社区的项目中 59% 都位于城市环境；35% 位于郊区，6%（只有一个项目）位于农村地区。连接到更大社区的建设项目主要是过非居民们提供各种项目服务。两个社区特别提到他们鼓励大家进入建设地点的绿地中去（T. 布恩·皮肯斯临终关怀和姑息治疗中心和滨水区托克沃顿之家），一个项目描述了治疗和康复服务设施对对公众开放（阿肯色退伍军人事务部：新国家退伍军人之家）和剩余的项目则提到更大社区的成员们可以进入他们的公共场所和便利设施中，从健身到餐饮和会议或表演场地等均可。

许多附加的项目表明一些建设项目通过一个混合用途的开发项目的一部分和认真的选址提供社区连通性。事实上，从所有的项目中均可以看出，58% 的项目在公共交通运输系统 305 米的范围内，如公共汽车站或快速公交线路；35% 的项目在 305 米以内有日常购物或医疗服务。

然而，对这些描述连接到更大的社区的项目当中，有 71% 在公共交通运输系统在 305 米范围内，53% 的项目在 35 米以内有日常购物或医疗服务。有四个项目还描述了他们与其他服务供应商和组织建立了合作伙伴关系：米尔城市之角——阿比坦公寓与米尔城公寓的健身中心和餐厅租赁给第三方，并由其管理。护理提供商和当地医疗服务供应商合作在谢尔比护理中心创造了新的治疗空间。T. 布恩·皮肯斯临终关怀和姑息治疗中心与几所大学、医院和医疗保健提供商之间建立了合作关系，以了解他们的培训、教育和护理项目。此外，一个项目通过与德克萨斯奥杜邦学会的合作来提供建设地点的设计和规划给公众。最后，维拉·海丽老年住宅区和圣安东尼餐厅与社会服务中心如果没有经济实惠的老年住房供应商和社会服务项目的话，将是不可能实现的。

山景高地

“该项目试图吸引周边邻里，在主楼层创造开放的、引人注目的公共空间，这个地方可以为居民和他们的家庭、护理小组成员、当地社区团体和访客们所共享。”

朗伯斯滨河养老社区

“健康中心是特意设计成可以将更大范围的社群引入园区之中。咖啡厅（野杜鹃花咖啡厅）向大众开放，可以消除大家对老龄化社区的偏见（从星期二到星期六，可以为超过 64 人同时提供早餐和午餐）。任何人都能来到咖啡厅和居民们同时进餐，并享受各种服务。健身中心由一个游泳池、更衣室、健身房和健身工作室组成，也向公众开放（年龄 55 岁及以上的人群）。目前有 85 个外部成员和 92 个独立住户。登记人数每天都在增加。设计师建立了邀请从小学到高中的学生免费使用游泳池的项目。作为交换，学生们为朗伯斯提供社区义工服务。”

米尔城市之角——阿比坦公寓与米尔城公寓

“米尔城市之角是一个交通导向型、混合功能的开发项目，包括住宅单位、商业和零售空间等。重新开放了历史上曾连通到河边的林荫大道……餐厅、酒吧、咖啡馆和健身中心将向公众开放。健身中心是转租给第三方的同时，还有一个第三方的经理管理餐厅。”

赛格伍德退休社区

“有一个大型会议室（多用途房间），可提供给所有居民、家庭成员和更大的社区进行活动和会议……赛格伍德为邻近符合年龄条件的居民和加登公园社区的 550 个家庭提供课程、水疗中心、沙龙和餐厅选择服务，同样在加登公园会所也提供老年健康和健身课程。”

撒玛利亚人高峰村

“这一空间也被广泛利用于更大的沃特敦社区，给当地居民带来了额外的好处，使得居民们熟悉了撒玛利亚人高峰村及其提供的服务。”

诺斯山正北社区

“诺斯山与当地尼德姆社区之间有很强的联系。诺斯山主办会议、画廊活动，举行演出吸引着这个社区的很多当地人。他们还提供各种教育课程，全年对居民与非居民开放。”

本塔纳社区

“本项目客户实际上是一个基于信仰的大型慈善组织的一个分部，客户表达了他们对本塔纳日常居住生活之外的，基于各种不同目的的使用意图——包括举行董事会议、特别会议、简报会及场外工作人员宴会，健身中心也对场外工作人员开放等。为了也使于居民和他们探访家受益，各种会议室（座位从 12 个至 250 个）都将对外部演讲者、讲师和表演者开放。社区还包括暂住式康复诊所，诊所将对居民提供服务业对整个社区开放。”

惠特尼中心

“惠特尼中心确定了扩大和融合他们的园区到哈姆登大社区中的需求。通过提升他们的设施，这个目标成为现实。文化艺术中心就是一个例子，在那里居民和普通公众聚集在一起表演、演讲，举办特别活动……还有就是一个艺术画廊每周向公众开放三天。这个画廊有三个确定的部分用于展示由大纽黑文艺术理事会组织的作品和由居民艺术画廊委员会组织的惠特尼中心居民的原创作品，以及当地高中也展示他们的作品……文化艺术中心和会议室向组织、学校、教会和非营利组织免费开放，可以举行会议、演出节目、举办各种活动。”

大量的便利设施

评审委员会认定的项目中有 52% 的描述提供了大量的便利设施，这一流行的主题比例是逐渐增加的——自 2009 年，我们已经看到这样的一个趋势。

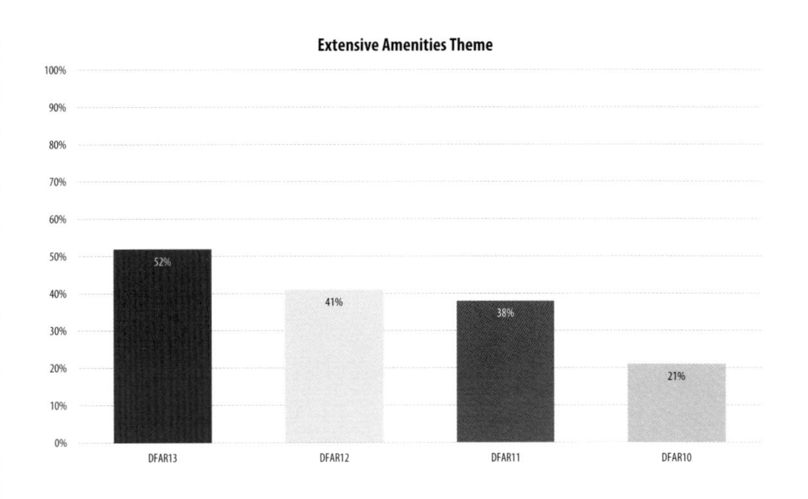

由评审委员会认定的项目中描述了大量便利设施的项目包括：

- 健身中心翻修扩建项目
- 花园村——美食餐厅与村庄公地
- 山景高地
- 朗伯斯滨河养老社区
- 狮溪河口第五阶段
- 赛格伍德退休社区
- 撒玛利亚人高峰村
- 撒马尔罕生活中心
- 春湖村：主园区与西林住宅区
- 诺斯山正北社区
- 本塔纳社区
- 维拉·海丽老年住宅区和圣安东尼餐厅与社会服务中心
- 惠特尼中心

当被问及项目的住宅组成部分中，哪些对于改善公共空间或设施或提高住宅单位或私人空间来说更是成功的关键时，评审委员会认可的项目中，有 71 % 的项目指出，公共空间更为重要。

由评审委员会提供认可的项目中描述了大量的便利设施的项目包括：

- 健身和康乐空间（93% 的项目具有提供大量便利设施的主题）
- 学习、会议、活动空间（87% 的项目）
- 餐饮场所（73% 的项目）
- 户外空间（60% 的项目）

健身和康乐继续成为行业的增长趋势，虽然健身和康乐空间的类型和数量在过去几年的比赛中是一致的。无论以何种方式，有几个项目，都会特别提到他们专注于人的整体健康：朗伯斯滨河养老社区；狮溪河口第五阶段；撒马尔罕生活中心；春湖村：主园区与西林住宅区。一个项目（撒玛利亚人高峰村）甚至指出，室内步行环路已被设计到它所有的家庭护理区，这是因为社区坐落在一个具有寒冷气候的地区，环路可以让居民即使在恶劣的天气中也能在室内进行锻炼。

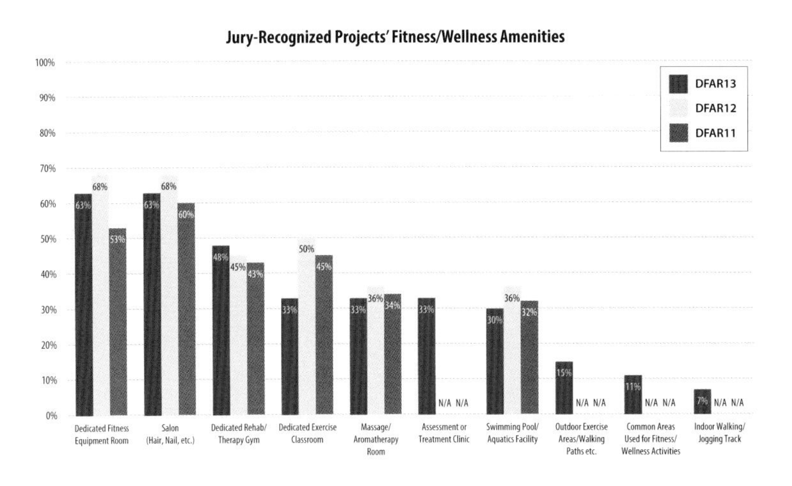

在学习、会议、活动空间中，无论是大型的还是更多私密的、规模较小的聚会空间都是常见的，如活动或游戏室等。户外活动或活动空间也明显比过去更加流行。

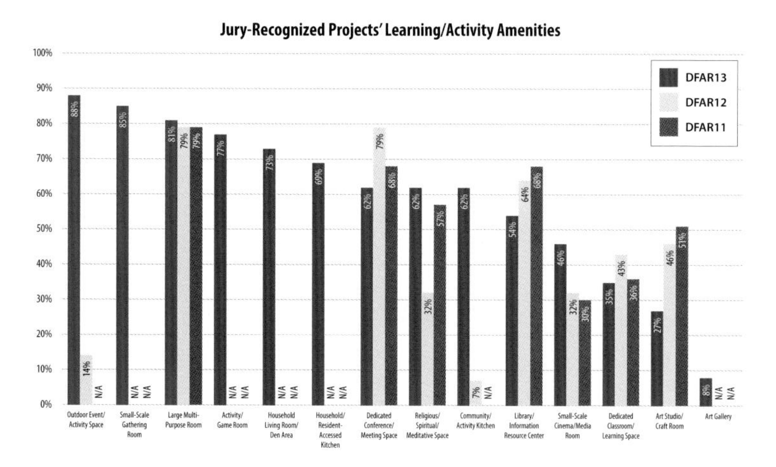

对于餐饮空间来说，休闲餐饮场所明显比正式场合更加常见。

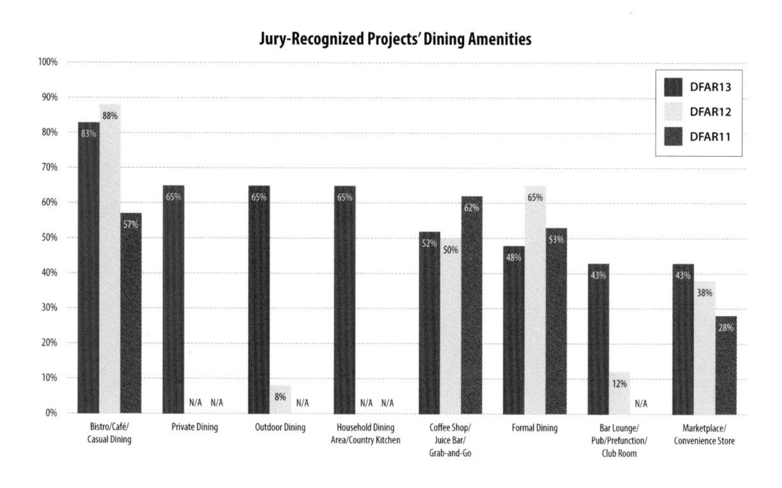

学习或活动设施空间

花园村——美食餐厅与乡村公地

山景高地

春湖村：主园区与西林住宅区

维拉·海丽老年住宅区和圣安东尼餐厅与社会服务中心

赛格伍德退休社区

惠特尼中心

户外设施的普及也在持续增长，从本文前述的最为流行的主题“与自然的连接”中可见一斑，同时评审委员会认可的提交材料中显示，庭院/花园空间和步行道/小路有显著增加。

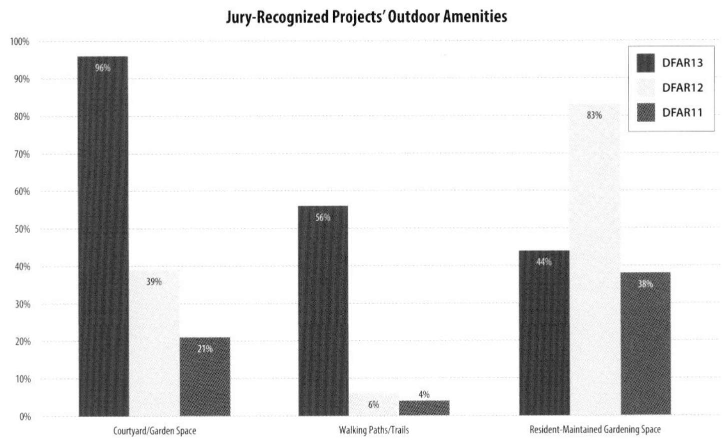

餐饮设施空间

花园村——美食餐厅与乡村公地

春湖村：主园区与西林住宅区

撒玛利亚人高峰村

本塔纳社区

惠特尼中心

山景高地

撒马尔罕生活中心

户外休憩空间

狮溪河口第五阶段

撒马尔罕生活中心

T. 布恩·皮肯斯临终关怀和姑息治疗中心

本塔纳社区

适应当地环境

评审委员会认可的项日中有 41% 的项日描述了他们是如何适应当地环境的。

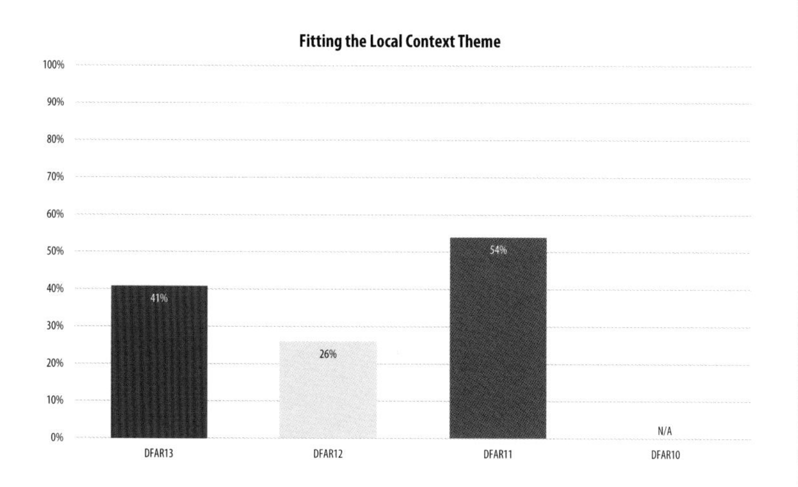

这些项目是为了响应周围环境而设计的，其中有 67% 描述了他们的设计如何采用了当地乡土建筑风格。剩下的 33% 则讨论了他们的项目是如何融入周围的街区的。

被评审委员会认可的项目中，描述了他们是如何适应当地环境的项目包括：

- 阿肯色退伍军人事务部：新国家退伍军人之家
- 本菲尔德农场老年住宅区
- 炉石之家
- 德雷克塞尔壁炉辅助生活设施
- 米尔城市之角——阿比坦公寓与米尔城公寓
- 撒马尔罕生活中心
- 春湖村：主园区与西林住宅区
- 博物馆路斯泰顿项目
- 滨水区托克沃顿之家
- 维拉·海丽老年住宅区和圣安东尼餐厅与社会服务中心
- 沃维克·伍德兰斯——摩拉维亚庄园养老院的社区

有趣的是，评审委员会认可的提交材料中，有三分之二的项目描述了与当地环境相适应的情况，这些项目被归类为具有现代美学风格。(参见之前“现代室内美学”项目主题部分)。

设计师评语

阿肯色退伍军人事务部：新国家退伍军人之家

“重要的是项目设计延续了社区的南方历史遗迹特征，反映了居住在那里的退伍军人们熟悉的风格。团队研究了历史悠久的著名福特鲁茨联邦退伍军人事务部园区的材料运用和在南方占主导地位的住宅建筑风格。由此产生的设计借鉴了福特鲁茨联邦退伍军人事务部园区的外部材料和细节设计、内饰以及在南部的家庭生活中识别度极高的舒适的前门廊。”

本菲尔德农场老年住宅区

“设计团队开发建设了符合卡莱尔地方性社区建筑风格的建筑，其设计元素比较常见，和卡莱尔本地住宅没什么两样。”

炉石之家

“团队参观了佩拉城市广场以便从传统荷兰社区中获取灵感，所以其细节与美学、屋顶风格、前廊和富有色彩的材料都效仿佩拉城。小别墅的颜色直接取自佩拉市自己出版的《源自荷兰地区设计手册》。”

花园村——美食餐厅与乡村公地

“大量使用与当地农耕生活相关的地区性元素——罐头瓶作为统一风格的元素……以一个新的形象升级乡村公地，且与周边兰开斯特县社区农业和轻工业的外观相结合、风格相通。”

德雷克塞尔壁炉辅助生活设施

“通过与劳尔·梅里恩历史委员会合作，设计团队选用本地材料，既补充了现在的宅邸又体现出独特的梅恩莱恩风格。”

撒马尔罕生活中心

“这个生活中心设计得颇具圣芭芭拉历史风格——白色泥灰墙、屋顶红色的瓦、壁龛的细节、铁艺栏杆等。”

春湖村：主园区与西林住宅区

“这个团队很幸运，原来的园区本身就有着优良的设计品质，如布局、规模、一致的材料语言和丰富的民间工艺美术风格等。保持内在品质和园区品质的原有属性，却为平衡提升市场占有率所带来的好处制造了相反的挑战。设计团队探索各种设计选择，涉及形式、布局、照明和饰面的改进，关键项目的目标之一是完成最终的设计——出台一个包括整个园区的综合解决方案，并将它完美无缺地推向市场，而目前的市面上根本没有像这样做的。无论是业主还是居民都已经注意到这一点，并将其视为项目的最大成就。”

滨水区托克沃顿之家

“设计要求满足滨水区重建指导方针中的特殊情况，包括建筑的表现形式与使用材料要与新英格兰滨水区的传统建筑相一致。”

沃维克·伍德兰斯——摩拉维亚庄园养老院社区

“这个项目的设计和审批流程正在进行，并不断与利蒂茨工作人员和建筑官员进行合作与互动，以创造一个新的社区，从建筑上和规模上模仿利蒂茨的特征，包括与现有住房空间前后一致的较高密度。社区的特征参照了利蒂茨——沃维克联合战略整体规划，保存了这一地区的主要特征。为了加强住宅规模，伍兹公寓大楼的建筑立面还沿着镇上的街道呈现出互连建筑的外观。多变的色调和建筑材料用在各种类型的独栋房和连栋房上，反映出了现有现有的社区风格。”

生态可持续性

评审委员会认可的项日中，有 92% 的项目（所有项目中占比 94%）具有生态可持续特点。然而，只有评审委员会认可的项目中的 38% 在他们的项目描述文本中确实讨论了生态可持续性——尽管和上一届的24%相比，这的确是一个重大的增长。

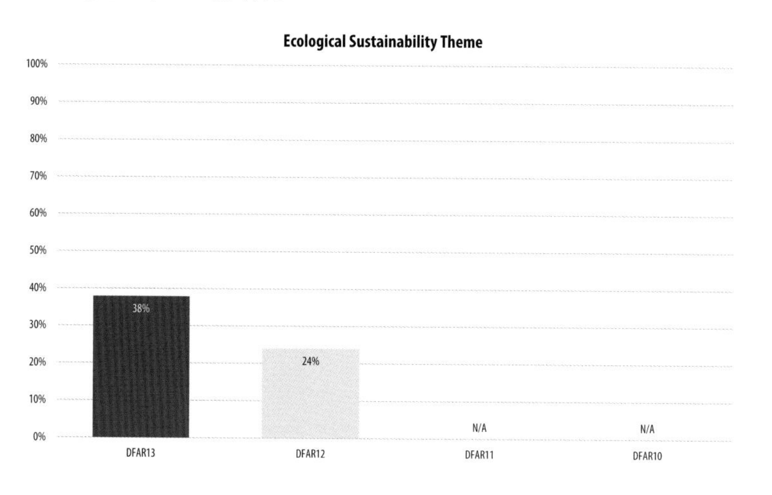

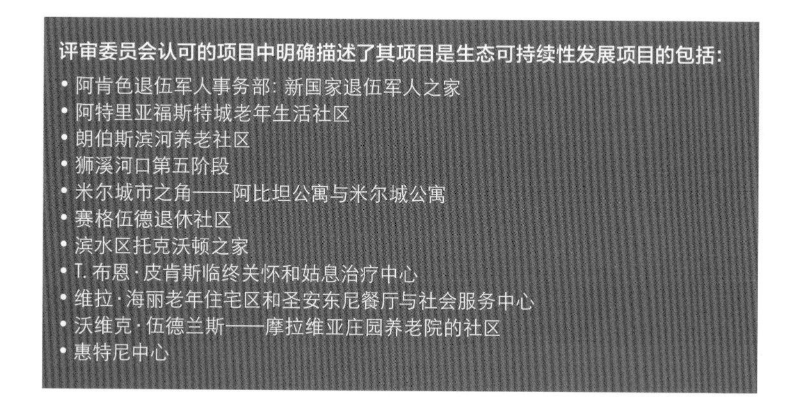

评审委员会认可的项目中明确描述了其项目是生态可持续性发展项目的包括：

- 阿肯色退伍军人事务部：新国家退伍军人之家
- 阿特里亚福斯特城老年生活社区
- 朗伯斯滨河养老社区
- 狮溪河口第五阶段
- 米尔城市之角——阿比坦公寓与米尔城公寓
- 赛格伍德退休社区
- 滨水区托克沃顿之家
- T. 布恩·皮肯斯临终关怀和姑息治疗中心
- 维拉·海丽老年住宅区和圣安东尼餐厅与社会服务中心
- 沃维克·伍德兰斯——摩拉维亚庄园养老院的社区
- 惠特尼中心

评审委员会认可的绿色项目中有 26%（所有项目中绿色项目占 29%）为独立机构登记或认证为生态可持续性发展项目（例如领先能源与环境设计认证）。在评审委员会认可的绿色项目中，有 19% 的项目已经获得或正在进行领先能源与环境设计认证等级评定；另外有 11% 或将获取不同的认证（例如加利福尼亚绿色建筑等级认证 [CalGreen]、能源之星等）。评审委员会认可的项目中有 70%，无论以何种方式，其设计就是追求满足绿色标准，却不会进行那些正式的认证流程。同样，所有提交的绿色项目中有 78% 指出他们的设计目的就是满足绿色标准，但不会走正式的认证流程。在评审委员会认定的项目中，对于项目有最大影响的绿色特征包括：能源效率、采光最大化、建设地点设计考量。

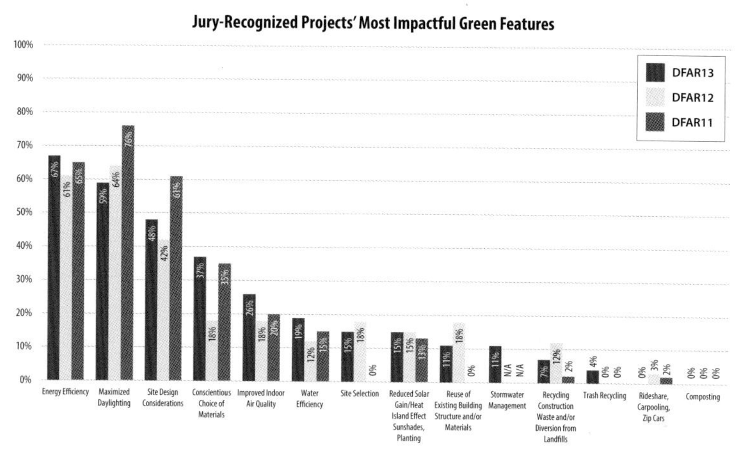

此外，评审委员会认定的项目中有 28% 是建立在绿地（以前未被开发，农业或自然景观除外）上的；21% 是在灰地（一个未被充分利用的房地产或土地，如过时的或失败的零售和商业地带购物中心等）上的；21% 是在棕地（以前用于工业或商业用途，土地往往需要整治危险废物或污染等）上的。

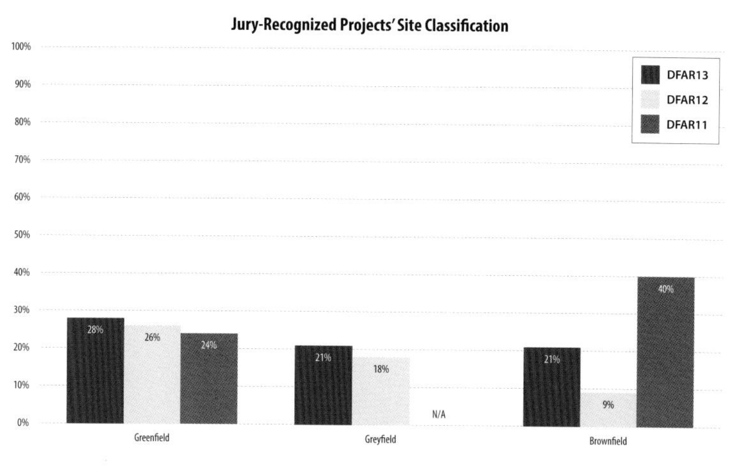

当被问及项目设计中包含生态可持续性特点的主要动机时，设计师的反应是相当类似的：体现客户和项目提供者的目标和价值观。再说，这也是在所有评审委员会认可的项目中最普遍的反应。然而，改善建筑物住户的健康或福祉，其重要性因作为一种动因而出现重大突升。

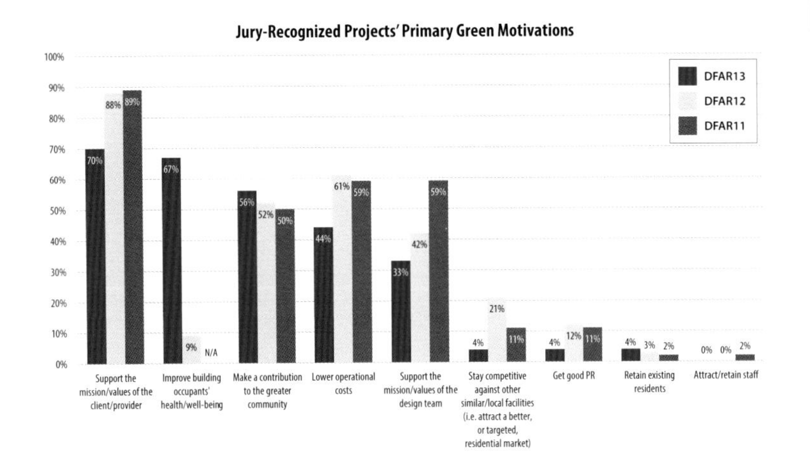

本届项目也会被问及当设计团队试图将绿色特性融合到项目中时所面临的挑战。评审委员会认可的绿色项目中有 75% 提出他们的确遇到了困难——大多数人发现实际成本超支是最大的挑战，几乎接近预算。少数其他项目也提出难以和客户就共同的愿景达成共识，客户总是要求最低限度的可持续性设计，或获得州一级的绿色功能认证即可。

阿肯色退伍军人事务部：新国家退伍军人之家

“尽管该项目没有追求认证，但团队还是非常自觉地基于可持续发展理念做出每一个决策。重要考虑因素包括：充分利用建设现场资源，包括先进的用水管理；选择高效机电系统；选择优质安全的室内材料等。”

朗伯斯滨河养老社区

“因为建筑物是东西走向的，所以翻新建筑的朝向并不理想。建筑东西两面不可避免地暴露在新奥尔良炎热的气候之下，而老年居民则一天大部分时间都待在卧室中。早上和下午日头较低，光线较强，这需要独特的设计解决方案。作为新奥尔良特色的、普遍存在的两层门廊，锌包钢托架在主结构下组成悬臂，在每个支架边缘或“遮阳板”边缘设有 1.2 米的玻璃饰面朝南或向北。”

狮溪河口第五阶段

“可持续发展的措施包括：家庭预热热水系统太阳能热水器；光伏板以抵消公共区域用电负荷；可回收和低挥发性有机化合物材料；耐旱景观与现场雨水保持和过滤系统；高效用水装置和能源之星电器用具，浴室和吊扇；低汞灯具、高效照明。”

赛格伍德退休社区

“赛格伍德有几个绿色可持续的设计特点，包括：所有的雨雪形成的地表径流，流到地下，通过三个地窖和排水井储存，经过滤排放到蓄水层里……此外，天气、环境因素和极端季节性天气波动的分析，如夏季和冬季风型和阳光照射情况，选取恰当的位置配置庭院，对于室内的环境如何获取日光和捕捉山景等。”

沃维克·伍德兰斯——摩拉维亚庄园养老院的社区

“沃维克伍德兰斯雨水径流将被收集起来，通过一些集雨花园进行处理，通过植物过滤径流和将之输送到社区绿地下的地下储存设施之前，可以改良土壤。”

家庭模式与人本关怀

因为需要考虑到建筑住户的精神、社交、情感和身体健康，因此其生活品质将受到项目设计和运作的影响，重要的是提供以人为中心的护理环境和物理环境。

以人为中心的护理促进了日常生活的选择、目的和意义。以人为中心的护理意味着，养老院的居民们可以得到一定水平的身体上照料、精神上的慰藉和心理幸福感，这个目标以把人作为护理规划和决策过程的中心为荣。

评审委员会认定的项目中有 63% 的项目提出家庭式护理是其项目组成的一部分。然而，这些项目中只有 38% 在他们的项目描述文本中实际讨论了家庭式或以人为中心的护理，不过这个比例仍略高于过去几年。

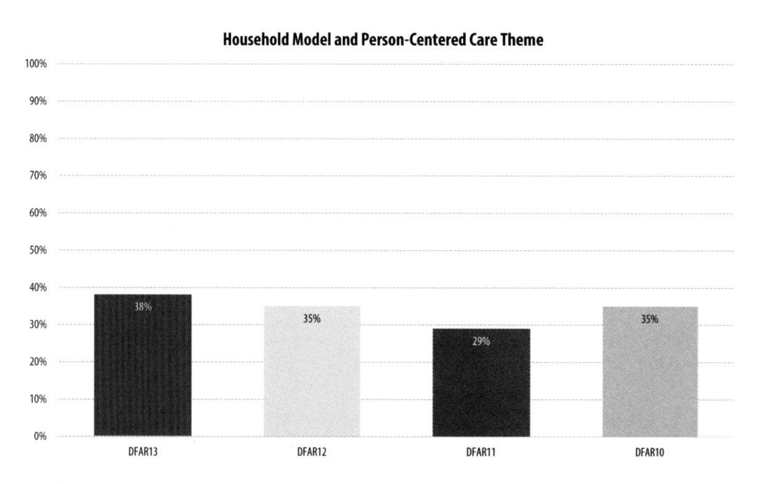

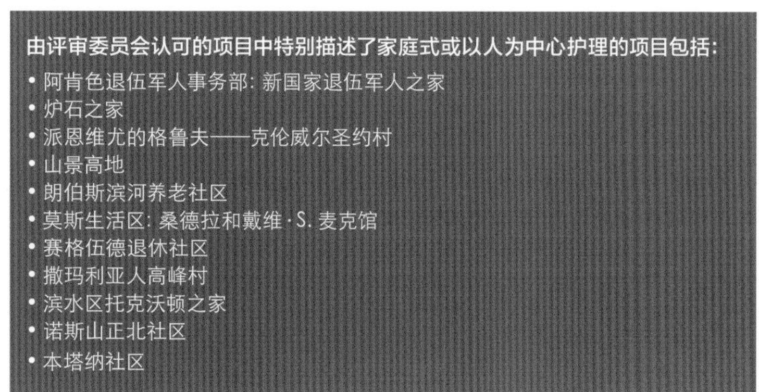

由评审委员会认可的项目中特别描述了家庭式或以人为中心护理的项目包括：

- 阿肯色退伍军人事务部：新国家退伍军人之家
- 炉石之家
- 派恩维尤的格鲁夫——克伦威尔圣约村
- 山景高地
- 朗伯斯滨河养老社区
- 莫斯生活区：桑德拉和戴维·S. 麦克馆
- 赛格伍德退休社区
- 撒玛利亚人高峰村
- 滨水区托克沃顿之家
- 诺斯山正北社区
- 本塔纳社区

基于对评审委员会认可项目的方案分析，正如他们所说，项目中有一个家庭式护理区，而且 61% 的项目中的确有一个家庭式护理区，且通常为 10 至 12 个单居室围绕一个共享的生活、餐饮、厨房区域。28% 的项目实际归类为“邻里式”，这些通常是由两到三组的 10 至 12 个单居室（通常共计 15 到 20 多个住户）围绕一个共享的生活、餐饮、厨房区域。剩下的 11% 则是家庭式和邻里式两者都有。在这些情况下，辅助生活项目被安置在邻里式和家庭式的专业护理区。

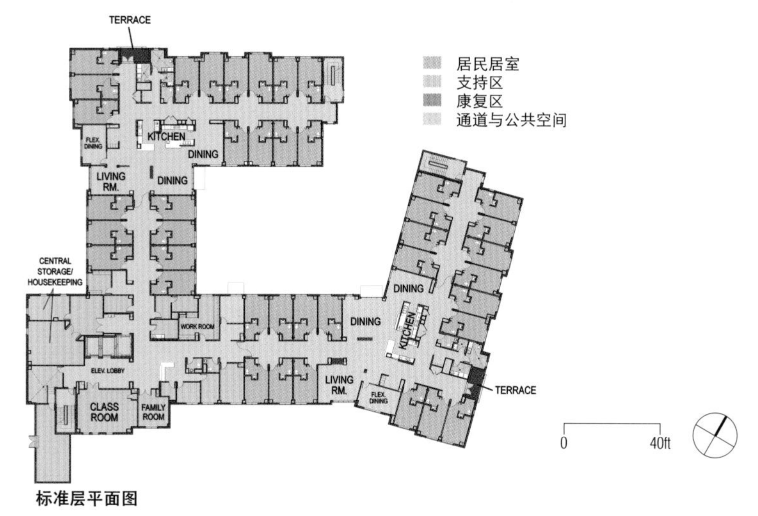

从莫斯生活区：桑德拉和戴维·S. 麦克馆的平面布置图可以看出，两个家庭式护理区的两翼（侧楼）。一个家庭式护理区通常被定义为 10—12 个单居室围绕一个共同的生活、餐饮、厨房区域。

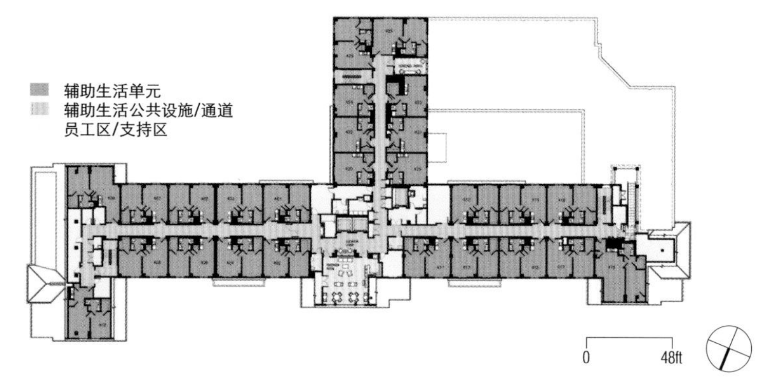

从滨水区托克沃顿之家的平面布置图可以看出，在这种情况下，附近有三个侧面可以共享公共区域。邻里式区域通常定义为两到三组的 10 至 12 个单居室（通常总计 15 至 20 多个住户）围绕一个共同的生活、餐饮、厨房区域。

纳入家庭模式的服务设施类型各不相同，其中包含家庭模式的项目中有28% 是辅助生活设施。

67% 是为老年痴呆症患者，需要给予记忆支持的人提供辅助生活的设施；39% 是长期专业护理设施；17% 是为老年痴呆症患者，需要给予记忆支持的人提供专业护理的设施；22% 是短期—长期康复设施；6%（只有一个项目）是临终关怀设施；6%（只有一个项目——阿肯色退伍军人事务部：新国家退伍军人之家）是一个“通用”灵活的设计，可以根据市场需求调整它的住户类型（在短期—长期护理、记忆支持、短期康复之间进行变化）。总体而言，家庭式护理区的平均规模为 994 平方米（在553 至 1632 平方米的范围内），平均为 15 个居民（在 9 至 21 个居民范围内）。根据设施类型，其数值为：

- 辅助生活家庭式护理区——平均规模为 1413 平方米（在 1194 到 1632 平方米范围内），平均 17 个居民（在 14 至 20 个居民范围内）。
- 辅助生活——老年痴呆症、记忆支持家庭式护理区——平均规模为 915 平方米（在 553 至 1301 平方米范围内），平均 14 个居民（在 9 至 18 个居民范围内）。
- 长期专业护理家庭式护理区——平均规模为 312.4 米（在 677 至 1259 平方米范围内），15 个居民（在 10 至 21 个居民范围内）。
- 专业护理——老年痴呆症、记忆支持家庭式护理区——平均规模为 1087 平方米（在 1036 至 1138 平方米范围内），平均 18 个居民（在 16 至 20 个居民范围内）。
- 短期康复家庭护理区——平均规模为 873 平方米（在 677 至 1003 平方米范围内），平均 15 个居民（在 12 至 20 个居民范围内）。
- 临终关怀家庭式护理区（资料不足）。

进一步对平面布置图的分析显示，评审委员会认可的项目中有 65% 包含了一个家庭护理区，该区域是位于中心的共同区域，被住户们的卧室所围绕。其他 35% 在公共和私人空间上则有着更明显的间隔。

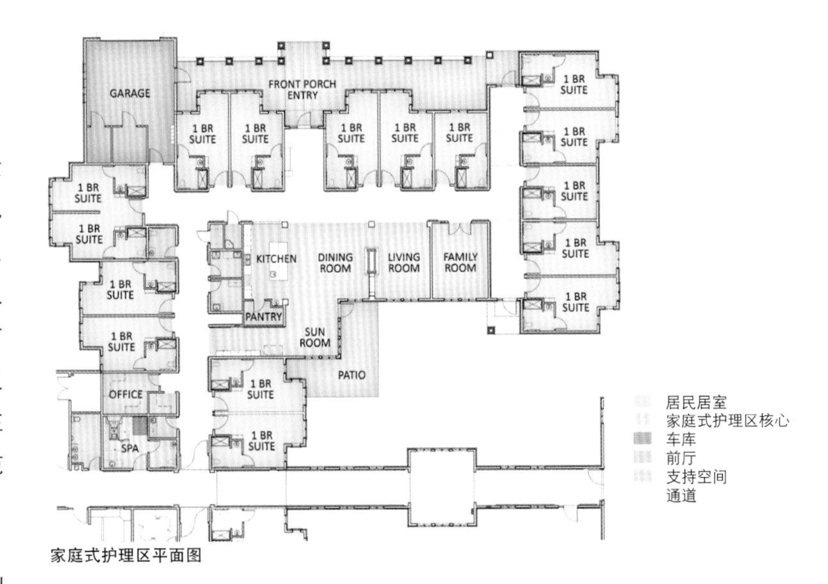

家庭式护理区平面图

从炉石之家的平面布置图可以看出其家庭式护理区的设计，这一公共空间位于平面图的中心，但在公共和私人区域之间没有间隔。

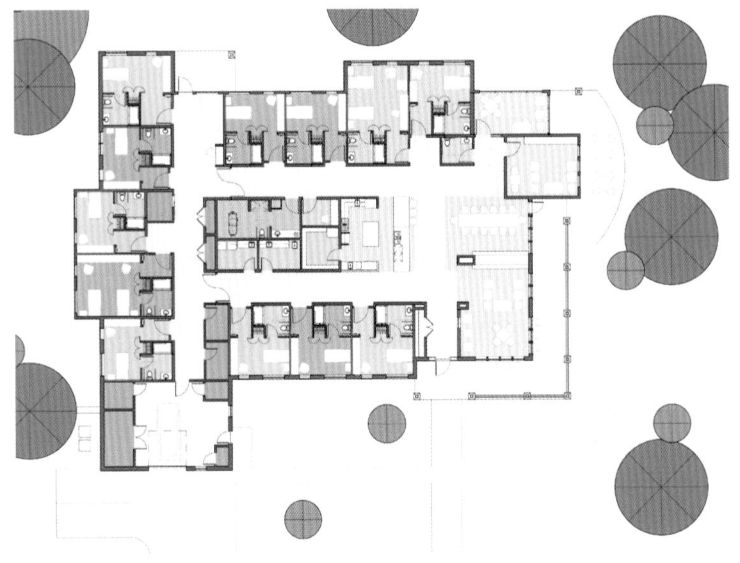

家庭式护理区平面图

从阿肯色退伍军人事务部：新国家退伍军人之家的平面布置图可以看出其家庭式护理区的设计，而且其公共空间是与各卧室分开较远的，公共区域与私人区域也有间隔。

*基于少于五个项目的计算结果

阿肯色退伍军人事务部：新国家退伍军人之家

“该项目目标是创造远离制度模式的文化改变，实现规模较小的以居民为中心，且如家一般的护理模式。这一家庭式护理区的设计可以适应多种多样的人群，可以根据特定群体的需要量身定做——他们真的是社区生活的中心。灵活通用的家庭式护理区可适应各种需要，包括长期护理、姑息治疗、康复等。”

炉石之家

“该别墅的设计是通过将护理人员充分整合到居住环境中而形成一种主要的社区文化改变……他们可以集中精力做典型的幕后活动，如准备食物、监护和日常作息部分等。居民们也喜爱这些融合在日常生活中的互动……今天，每个人都扮演着别墅中的一个角色。护理人员通过把自己变得更加多才多艺，以使自己成为一个混合型看护人、家庭主妇和朋友。”

山景高地

“带有住宅式厨房的房屋环境，也让护理团队能全天应对居民的膳食需求，并及时送达到护理地点。除了提供一个熟悉的家一般的环境之外，这里还在能力允许的情况下，让居民可以自行选择(酌情决定）早餐、午餐和点心，以及参与使用洗碗机等清理工作。这让居民既锻炼了他们的独立性，又在熟悉的环境中培养了个人爱好。当然，他们也可以提出需求，参与建筑施工前的规划……项目的主要目标是设计要关注居民的护理服务。在进行会见或者有非常的业务操作需求时，会首先提供给那些最需要家庭护理项目的人们，并通过设计实现了一个安全、平静、如在家一般的环境。舒适的环境存在于每一个层次的设计和业务操作之中，从建筑内外，到把居民分组到单人房之中，再到隐蔽安全的措施和配有相近的内部材料、饰面、固定装置的屋后中央核心功能，等等。”

撒玛利亚人高峰村

“撒玛利亚人高峰村仍是当前医疗模式设计实践的对立面。这个雅致的街区被精心设计，支持以人为本的护理方法，在这个设施中，以工匠风格的细节创造有吸引力的生活空间，营造与众不同的邻里特色……设计决策主要基于强化功能项目的能力，以满足个人居住需求、习惯、目标以及对引导决策的好恶，比如每个居民在何时何地想要吃什么，而不是为了达到最大效率的护理系统化。”

提升社区意识

当老年生活项目提供了空间，鼓励居民离开他们的私人住宅和与他人互动时，它鼓励人们建立良好的人际关系，形成和提升社区意识。社交互动有助于居民减少隔离，可提高生活质量，甚至当居民互相照顾时，可以培养安全感。事实上，有研究表明社交活动和富有成效的参与作为老年人的健身活动来说是很有影响力的。

评审委员会认可的项目中有 31% 描述了提升社区意识。

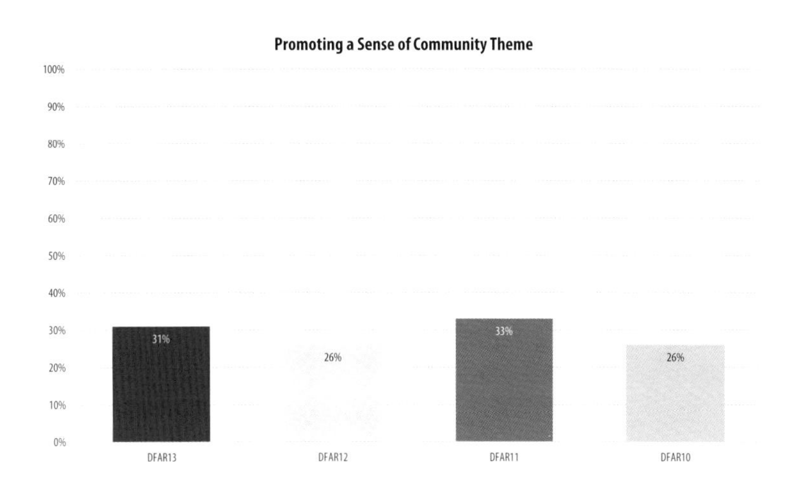

在评审委员会认可的项目中，社区意识这一主题正在通过鼓励社交的公共空间而得以提升——非正式的、自发的社交互动空间（例如，居民在大厅或邮箱处偶然遇见，参与家庭活动等），以及正式的、有计划的社交互动空间（例如，在活动室或剧院的互动）。还描述了公共用餐场所，并提供一个人员循环流动的系统，易于进入的公共区域，鼓励大家使用。

由评审委员会认可的项目中，描述了提升社区意识的项目包括：

- 阿肯色退伍军人事务部：新国家退伍军人之家
- 炉石之家
- 花园村——美食餐厅与乡村公地
- 山景高地
- 朗伯斯滨河养老社区
- 狮溪河口第五阶段
- 撒玛利亚人高峰村
- 本塔纳社区
- 维拉·海丽老年住宅区和圣安东尼餐厅与社会服务中心

设计师评语

花园村——美食餐厅与乡村公地

“种类繁多的座位选择可以营造出几代人用餐时能进行良好交流对话的气氛。”

狮溪河口第五阶段

“该综合设施提供了光线充足的居住单位和公共空间，强化了社区团体感，吸引老年人走出他们的居所与邻居交往。公共区域包括（提供了一大串清单）……这些空间设计鼓励通过自发聚会和谈话进行健康的社会互动。此外还有老年中心的现场服务提供者进行援助和咨询。”

撒玛利亚人高峰村

“所有的居民都可以经室内通道进入公共建筑的社交和服务设施之中。项目提供者选择以超出现行社交和支持空间相关的法规要求标准，在公共建筑中提供安全和出行方便的各种各样的活动和服务设施。这些空间可用于社区活动和举行会议，使居民有机会证明自己是社区生活的一部分而不是孤立的。”

本塔纳社区

“基于拟建大厦的城市化密度情况，另一个目标是分流社区人口到邻近社区中，以保持适量的居民数，从而融合绿屋计划组织的价值观，使之成为具有混合功能的高层城市化住宅环境。南大楼的家庭搭配工作完成得很好，使他们有一个如家一般的独立生活住宅，从而得到了社区连通性的平衡。”

利用街区设施

评审委员会认可的项目中有 24% 描述了利用街区设施——这是一个新主题，在以往的大赛各轮评审中没有作为一个独立的概念出现过（而不是整合到以前的主题中——连接到更大的社区）。该类别的大部分项目都在利用本地服务和设施，如商业或零售空间、餐饮、图书馆和社区中心等。有些是混合用途开发项目的一部分，有几个坐落在一个适合步行的社区或链接到交通运输系统。两个项目利用了附近的公用场地和其他的户外空间。

由评审委员会认可的项目中描述了利用街区设施的项目包括：

- 阿特里亚福斯特城老年生活社区
- 狮溪河口第五阶段
- 米尔城市之角——阿比坦公寓与米尔城公寓
- 赛格伍德退休社区
- 博物馆路斯泰顿项目
- 维拉·海丽老年住宅区和圣安东尼餐厅与社会服务中心
- 沃维克·伍德兰斯——摩拉维亚庄园养老院的社区

设计师评语

阿特里亚福斯特城老年生活社区

“阿特里亚的城市老年生活旗舰项目展示了选址的新方法与反响热烈的设计，将居民融入更大的邻里活动中，并邀请邻居进入建筑。这个六层楼的老年生活设施坐落于福斯特城，是更大的福斯特广场发展项目不可分割的一部分，由该项目的主要开发商承建。他们的主要目的是在福斯特城核心区域建造一个适合步行的、可多代同堂型的老年生活社区……凭借选址优势，该建筑不夸张地说几乎就是个街区——有公共图书馆、沿着海滨的公众公园、城市老年中心、私立学校、未来的公民大礼堂、犹太社区中心、零售和市政厅等一应俱全。”

米尔城市之角——阿比坦公寓与米尔城公寓

“米尔城市之角是一个捷通导向型、混合功能的开发项目，包括住宅单位、商业和零售空间等。重新开放了历史上曾连通到河边的林荫大道……这个城市的老年园区开创了城市老年生活的新范式。老人们将有机会在城市环境中优雅地变老，这个城市出行方便，有很多吸引人的事物和便利设施，加上多种模式的公共交通，可以减少或避免开车出行。现在的明尼阿波利斯居民将能够留在自己的社区中生活，即使他们的年龄和需求发生了变化。该项目的城市属性促进了积极的生活方式，建设高标准的自行车道、步行道、河边林荫道、城市公园、餐厅、剧院以及其他市中心便利设施等。”

沃维克·伍德兰斯——摩拉维亚庄园养老院的社区

“从摩拉维亚庄园养老院到此步行距离很短，新的独立生活社区正在销售给那些有活力的老人们，他们不仅可以方便地出入附近可持续护理退休老人的设施，而且离有社区娱乐中心的城镇也不是很远，穿过大街就是繁华主街的商店和服务设施……摩拉维亚庄园养老院使自己作为一个社区内的团体而言和其他的有所差别，它更看重与当地企业、商店、餐馆的合作关系。活跃的成年居民也有意向使用自己附近的许多资源和设施。”

见解与创新——摄影师名单

209 页，连接自然的户外空间（从左上方顺时针方向）：托马斯·麦康奈尔、爱丽丝·奥布莱恩、罗伯特·本森、与自然的联系——采光（从左到右）：罗伯特·本森、与自然的联系——视野（左上角从顺时针方向）：拉里·勒弗维尔、D2 建筑设计事务所、托马斯·麦康奈尔、托马斯·麦康奈尔。

211 页，现代室内美学（从左上方顺时针方向）：ZGF 科特建筑设计有限公司（ZGF Cotter Architects Inc）、珀金斯·伊斯特曼建筑设计事务所、马克·鲍埃斯克莱尔、丹尼尔·纽康、罗伯特·本森、斯科特·吉布森。

212 页，传统室内美学（左到右）：爱丽丝·奥布莱恩、拉里·勒弗维尔。现代和传统室内美学的混合（从右上顺时针方向）：© 萨里与弗莱；斯科特·吉布森、爱丽丝·奥布莱恩。

215 页，健身或健康设施空间（从左上角顺时针方向）：R.H. 威尔逊、R.H. 威尔逊、克里斯·库珀、D2 建筑设计事务所、克里斯托弗·拉克有限公司。

216 页，学习或活动设施空间（从左上角顺时针方向）：内森·考克斯、艾德·怀特、克里斯·库珀、大卫·维客利、爱丽丝·奥布莱恩、德里克·里夫斯、克里斯·库珀

217 页，用餐设施空间（从左上角顺时针方向）：内森·考克斯、克里斯·库珀、拉里·勒弗维尔、爱丽丝·奥布莱恩、斯科特·吉布森、艾德·怀特、D2 建筑设计事务所、克里斯·库珀。户外设施空间（从左上角顺时针方向）：凯利·珍妮弗、斯科特·吉布森、D2 建筑设计事务所、PRDG 建筑设计事务所、福克纳设计小组和 MESA 设计小组。

218 页（从上到下）：珀金斯·伊斯特曼建筑设计事务所、波尔克·斯坦利·威尔科克斯建筑设计事务所、吉尔伯特森摄影有限责任公司。

219 页（从左上方顺时针方向）：爱丽丝·奥布莱恩、克里斯·库珀、斯科特·吉布森。

224 页（从左到右）：吉尔伯特森摄影有限责任公司、拉里·勒弗维尔。

225 页：内森·考克斯。

226 页：建筑设计事务所。

227 页：BKV 建筑集团。

注：

1 Bentayeb, M., Simoni, M., Norback, D., Baldacci, S., Maio, S., Viegi, G., & Annesi-Maesano, I., 2013，老年室内空气污染与呼吸系统健康，《环境科学与健康学报》，Part A, 48(14), 1783–89.

2 Gabriel, Z., & Bowling, A.，2004，老年人口生活质量透视，《老年与社会》，24, 675–91.

3《走向卓越的美国家庭式护理运动》，2014 年 3 月 17 日，(http://www.nhqualitycampaign.org/star_index.aspx?controls=personcenteredcareexploregoal)

4 Glass, T. A., Mendes de Leon, C., Marottoli, R. A., & Berkman, L. F.，1999，《基于社交与生产活动对美国老年人口生存状况预测的研究》，BMJ, 319, 478–83.

项目数据

阿肯色退伍军人事务部：新国家退伍军人之家

客户、业主、供应商：阿肯色州中部退伍军人之家；阿肯色州，北小石城
建筑设计：珀金斯·伊斯特曼建筑设计事务所、波尔克·斯坦利·威尔科克斯建筑设计事务所、
室内设计：珀金斯·伊斯特曼建筑设计事务所
景观建筑：生态设计集团（Ecological Design Group）
结构工程：肯尼斯·琼斯联合有限公司（Kenneth Jones & Associates,Inc）
机电工程：TMC 公司
土木工程：生态设计集团

建筑数据

长期专业护理（总平方米）：8091
长期专业护理（净平方米）：居住空间，7134
长期专业护理（净平方米）：公共空间，957

长期专业护理			
单元类型	单元数量	规模范围（净平方米）	典型尺寸（净平方米）
私人房间*	96	31–38	31
总计（所有单元）	96		

*单独住户

项目成本（实际成本或估计成本——如果该项目尚未建成；不包括软装设计、场地费或软成本）

长期专业护理，新建筑总成本（美元）：1890万
*该单位的设计是很灵活的，因此任何一个长期专业护理住宅也可以用作专业护理——老年痴呆症、记忆支持住宅或短期康复住宅。

建筑数据

辅助生活（净平方米）：12403
辅助生活（净平方米）：居住空间，9383
辅助生活（净平方米）：公共空间，3019
辅助生活——老年痴呆症、记忆支持（总平方米）：1765
辅助生活——老年痴呆症、记忆支持（净平方米）：居住空间，1301
辅助生活——老年痴呆症、记忆支持（净平方米）：公共空间，465

辅助生活*			
单元类型	单元数量	规模范围（净平方米）	典型尺寸（净平方米）
工作室	30	33	31
单居室	86	48–57	50
两居室	12	70–79	72
总计（所有单元）	128		

* 独立生活和辅助生活单位没有区别。所有数字都记录在辅助生活单位之下。15%的单位都致力于记忆支持服务（生活指导）。

辅助生活—老年痴呆症、记忆支持			
单元类型	单元数量	规模范围（净平方米）	典型尺寸（净平方米）
私人房间*	16	20–33	30
半私人房间**	8	46–65	53
总计（所有单元）	24		

*单住户
**两住户，拥有独立床位，但共享浴室

项目成本（实际成本或估计成本——如果该项目尚未建成；不包括软装设计、场地费或软成本）

辅助生活——老年痴呆症、记忆支持，新建筑总成本（美元）：4550万

阿特里亚福斯特城老年生活社区

客户、业主、供应商：阿特里亚老年生活公司
建筑设计：珀金斯·伊斯特曼建筑设计事务所
总承包商：美国 WEBCOR 建筑公司（Webcor）
室内设计：珀金斯·伊斯特曼建筑设计事务所
景观设计：RHAA 景观设计事务所（RHAA）
结构工程：内什坎·门宁格公司（Nishikian Menninger）
机电工程：界面工程公司（Interface Engineering）、百老汇机电公司（Broadway Mechanical）
土木工程：CBG 集团（CBG）
照明设计：斯普瑞格电气（Sprig Electric）
电梯顾问：范·杜森
防水工程顾问：辛普森·冈珀茨

本菲尔德农场老年住宅区

客户、业主、供应商：经济适用房街区建设有限公司；马萨诸塞州，卡莱尔建筑设计：黛米拉·谢弗建筑设计事务所
总承包商：戴尔布鲁建设（Dellbroo Construction）
室内设计：黛米拉·谢弗建筑设计事务所
景观设计：子午线联合公司（Meridian Associates）
结构工程：洛杉矶菲斯结构工程公司（LA Fuess）
机电工程：R. W. 苏利文公司（RW Sullivan）
土木工程：子午线联合公司
绿色顾问：城市栖息地倡议有限公司（Urban Habitats Initiatives）

建筑数据

独立生活（总平方米）：2556
独立生活（净平方米）：住宅空间，1569
独立生活（净平方米）：公共空间），328

独立生活			
单元类型	单元数量	规模范围（净平方米）	典型尺寸（净平方米）
单居室	17	49–68	49
两居室	9	73–79	76
总计（所有单元）	26		

可达性良好的独立生活单位（%）：8
适应性良好的独立生活单位（%）：92

项目成本（实际成本或估计成本——如果该项目尚未建成；不包括软装设计、场地费或软成本）

独立生活，新建筑总成本（美元）：5318946

居民性别详细统计

女性（%）：62
男性（%）：38

居民状况

独居（%）：69
与配偶或伴侣生活（%）：31

居民支付来源

私人支付（%）：81
政府补助金（%）：19

寇盆宁翻修项目

客户、业主、供应商：阿伯·阿克斯联合卫理公会退休社区有限公司；北卡罗莱纳州，温斯顿·塞勒姆
建筑设计：兰伯特建筑事务所
总承包商：城市建设公司（City Structures）
室内设计：兰伯特建筑事务所
机电工程：联合土木工程公司（Allied Civil Engineering）；奥普蒂玛工程公司（Optima）

建筑数据

独立生活（总平方米）：2211
独立生活（净平方米）：住宅空间，2211
独立生活单位的可达性（%）：100

独立生活			
单元类型	单元数量	规模范围（净平方米）	典型尺寸（净平方米）
单居室	20	54–57	54
总计（所有单元）	20		

项目成本（实际成本或估计成本——如果该项目尚未建成；不包括软装设计、场地费或软成本）

独立生活，翻修/现代化总成本（美元）：3330000

居民性别详细统计

女性（%）：80
男性（%）：20

居民状况

独居（%）：80
与配偶或伴侣生活（%）：20

居民支付来源

私人支付（%）：100

炉石之家

客户、业主、提供者：韦斯利来福服务机构炉石分部；爱荷华州，佩拉
建筑设计：波普建筑设计有限公司
总承包商：韦茨公司
室内设计：波普建筑设计有限公司

建筑数据

辅助生活（总平方米）：1939
辅助生活（净平方米）：住宅空间），969
辅助生活（净平方米）：公共空间，971
辅助生活——老年痴呆症、记忆支持（总平方米）：1036
辅助生活——老年痴呆症、记忆支持（净平方米）：住宅空间，458
辅助生活——老年痴呆症、记忆支持（净平方米）：公共空间，578
（仅村舍型别墅公共空间）
专业护理——老年痴呆症、记忆支持（总平方米）：1,036
专业护理——老年痴呆症、记忆支持（净平方米）：住宅空间，458
专业护理——老年痴呆症、记忆支持（净平方米）：公共空间，578
（仅农舍型别墅公共空间）

辅助生活			
单元类型	单元数量	规模范围（净平方米）	典型尺寸（净平方米）
单居室	15	50–78	50
两居室	3	78	78
总计（所有单元）	18		

辅助生活——老年痴呆症、记忆支持			
单元类型	单元数量	规模范围（净平方米）	典型尺寸（净平方米）
私人房间*	15	26-30	30
半私人房间**	1	30	30
总计（所有单元）	16		

*单住户
**两住户，拥有独立床位，但共享浴室

专业护理——老年痴呆症、记忆支持			
单元类型	单元数量	规模范围（净平方米）	典型尺寸（净平方米）
私人房间*	60	26-30	30
半私人房间**	4	30	30
总计（所有单元）	64		

*单住户
**两住户，拥有独立床位，但共享浴室

项目成本（实际成本或估计成本——如果该项目尚未建成；不包括软装设计、场地费或软成本）

辅助生活——老年痴呆症、记忆支持，总成本增加（美元）：2114000
专业护理——老年痴呆症、记忆支持，总成本增加（美元）：2114000
（仅农舍型别墅）

居民性别详细统计

女性（%）：辅助生活，84；农舍型别墅家庭式护理，72
男性（%）：辅助生活，16；农舍型别墅家庭式护理，18

居民状况

独居（%）：92
与配偶或伴侣生活（%）：8

居民支付来源

私人支付（%）：59.5
医疗补助或医疗保险支付（%）：34
其他支付来源（%）：1.5（临终关怀）

健身中心翻修扩建项目

客户、业主、供应商：阿伯·阿克斯联合卫理公会退休社区有限公司；北卡罗莱纳州，温斯顿·塞勒姆
建筑设计：兰伯特建筑事务所
总承包商：城市建设公司
机电工程：联合土木工程公司（Allied Civil Engineering）；奥普蒂玛工程公司（Optima Engineering）

项目成本（实际成本或估计成本——如果该项目尚未建成；不包括软装设计、场地费或软成本）

可持续护理退休社区，翻修、现代化改造总成本（美元）：低于300万

居民状况

独居（%）：80
与配偶或伴侣生活（%）：20

居民支付来源

私人支付（%）：100

福克斯通社区

客户、业主、供应商：长老会家庭服务机构；明尼苏达州，威札塔
建筑设计：因赛特建筑设计事务所
总承包商：阿道夫森与皮特森建筑（Adolfson & Peterson Construction）
室内设计：老年生活方式设计公司（Senior Lifestyle Design）
景观设计：LHB 建筑工程公司（LHB Minneapolis）
结构工程：埃里克森劳埃德联合公司（Ericksen Roed & Associates）
机电工程：卡吉斯—弗肯布莱吉公司（LHB Minneapolis）
电气工程：卡吉斯—弗肯布莱吉公司
土木工程：LHB 建筑工程公司明尼阿波利斯分公司

建筑数据

独立生活（总平方米）：24434（+ 1858为车库）
独立生活（净平方米）：住宅空间，17280
独立生活（净平方米）：公共空间，3345 （+ 3809为通道）
辅助生活（总平方英）：5574
辅助生活（净平方米）：住宅空间，3196
辅助生活（净平方米）：公共空间，1487（+929为通道）
辅助生活——老年痴呆症、记忆支持（总平方米）：1301
辅助生活——老年痴呆症、记忆支持（净平方米）：住宅空间，743
辅助生活——老年痴呆症、记忆支持（净平方米）：公共空间，3902（+186年为通道）
长期专业护理（总平方米）：2044
长期专业护理（净平方米）：住宅空间，1022
长期专业护理（净平方米）：公共空间，697（+ 325为通道）

独立生活

单元类型	单元数量	规模范围（净平方米）	典型尺寸（净平方米）
单居室	32	73-88	78
单居室（带书房）	10	88-102	95
两居室	29	110-121	113
两居室（带书房）	76	125-260	127
总计（所有单元）	147		

辅助生活

单元类型	单元数量	规模范围（净平方米）	典型尺寸（净平方米）
工作室	10	42-54	44
单居室	42	51-65	58
两居室	5	87-102	97
总计（所有单元）	57		

辅助生活——老年痴呆症、记忆支持

单元类型	单元数量	规模范围（净平方米）	典型尺寸（净平方米）
私人房间*	18	42-60	44
总计（所有单元）	18		

*单独住户

长期专业护理

单元类型	单元数量	规模范围（净平方米）	典型尺寸（净平方米）
私人房间*	26	32-35	33
半私人房间**	2	48	48
总计（所有单元）	28		

*单住户
**两住户，拥有独立床位，但共享浴室

项目成本（实际成本或估计成本——如果该项目尚未建成；不包括软装设计、场地费或软成本）

新建筑总成本（美元）：6830万
独立生活，新建筑总成本（美元）：3800万
辅助生活—老年痴呆症、记忆支持，新建筑总成本（美元）：1100万美元
长期专业护理，新建筑总成本（美元）：560万美元

居民性别详细统计

女性 (%)：独立生活，63；辅助生活，74；长期专业护理，74
男性 (%)：独立生活，37；辅助生活，26；长期专业护理，26

居民状况

独居 (%)：独立生活，66；辅助生活，90；长期专业护理，100
与配偶或家庭伴侣生活 (%)：独立生活，33.75；辅助生活，10
与护理者生活 (%)：独立生活，0.25

居民支付来源

私人支付 (%)：98x
医疗补助/医疗保险支出 (%)：2

皇家橡树园养老社区友谊之屋

客户、业主、供应商：皇家橡树园养老社区；亚利桑那州，森城
建筑设计：托德联合公司 (Todd & Associates, Inc.)
总承包商：Sundt 建筑有限公司 (Sundt Construction, Inc)
室内设计：托马斯—霍利克设计事务所 (Thoma-Holec Design)
景观设计：托德联合公司
结构工程：贝库姆诺伊尔克公司 (Bakkum Noelke)
机电工程：亚利桑那 LSW 建造公司 (LSW Engineers Arizona)
电气工程：亚利桑那 LSW 建造公司
土木工程：场地顾问有限公司 (Site Consultants, Inc.)

建筑数据

辅助生活——老年痴呆症、记忆支持 (总平方米)：5485
辅助生活——老年痴呆症、记忆支持 (净平方米)：住宅空间，1866
辅助生活——老年痴呆症、记忆支持 (净平方米)：公共空间，2123

辅助生活——老年痴呆症、记忆支持			
单元类型	单元数量	规模范围 (净平方米)	典型尺寸 (净平方米)
私人房间*	56	30	30
总计 (所有单元)	56		

*单住户

项目成本（实际成本或估计成本——如果该项目尚未建成；不包括软装设计、场地费或软成本）

辅助生活——老年痴呆症、记忆支持，新建筑总成本 (美元)：13798858

居民性别详细统计

女性 (%)：70
男性 (%)：30

居民状况

独居 (%)：100

居民支付来源

私人支付 (%)：100

派恩维尤的格鲁夫——克伦威尔圣约村

客户、业主、供应商：圣约克伦威尔村；康涅狄格州，克伦威尔
建筑设计：阿门塔·艾玛建筑设计事务所
总承包商：CE Floyd 公司
室内设计：阿门塔·艾玛建筑设计事务所

建筑数据

辅助生活——老年痴呆症、记忆支持 (总平方米)：566
辅助生活——老年痴呆症、记忆支持 (净平方米)：住宅空间，263
辅助生活——老年痴呆症、记忆支持 (净平方米)：公共空间，281

辅助生活——老年痴呆症、记忆支持			
单元类型	单元数量	规模范围 (净平方米)	典型尺寸 (净平方米)
私人房间*	9	23-46	26
总计 (所有单元)	9		

*单住户

项目成本（实际成本或估计成本——如果该项目尚未建成；不包括软装设计、场地费或软成本）

辅助生活——老年痴呆症、记忆支持，翻修/现代化总成本 (美元)：993024

居民性别详细统计

女性 (%)：75
男性 (%)：25

居民状况

独居 (%)：100
与配偶或伴侣生活 (%)：辅助生活 (仅新公寓)，20；记忆支持，0；专业护理，0

居民支付来源

私人支付 (%)：100

德雷克塞尔壁炉辅助生活设施

客户、业主、供应商：自由路德会；宾夕法尼亚州，巴拉辛瓦伊德
建筑设计：SFCS 建筑设计事务所
总承包商：沃尔森建设公司 (Wohlsen Construction Company)

建筑数据

辅助生活 (总平方米)：5380
辅助生活 (净平方米)：住宅空间，2500
辅助生活 (净平方米)：公共空间，1242
辅助生活——老年痴呆症、记忆支持 (总平方米)：1617
辅助生活——老年痴呆症、记忆支持 (净平方米)：住宅空间，820
辅助生活——老年痴呆症、记忆支持 (净平方米)：公共空间，349

辅助生活			
单元类型	单元数量	规模范围（净平方米）	典型尺寸（净平方米）
工作室	6	37-42	37
单居室	52	40-49	41
单居室（带书房）	2	58	58
总计（所有单元）	60		

辅助生活——老年痴呆症、记忆支持			
单元类型	单元数量	规模范围（净平方米）	典型尺寸（净平方米）
Private room*	20	40-44	41
总计（所有单元）	20		

*单住户

项目成本（实际成本或估计成本——如果该项目尚未建成；不包括软装设计、场地费或软成本）

辅助生活，总成本增加（美元）：1530万

辅助生活——老年痴呆症、记忆支持，总成本增加（美元）：692542（公共区域）

居民性别详细统计

女性（%）：辅助生活：89；辅助生活—老年痴呆症、记忆支持：60

男性（%）：辅助生活：11；辅助生活——老年痴呆症、记忆支持：40

居民状况

独居（%）：100

居民支付来源

私人支付（%）：100

山景高地

客户、业主、供应商：浸信会地产；加拿大，不列颠哥伦比亚省，沙尼治

建筑设计：科特建筑师有限公司

联合建筑设计：帕金斯·伊斯特曼建筑设计事务所

总承包商：拉克建筑集团（Lark Group）

室内设计：帕金斯·伊斯特曼建筑设计事务所

景观设计：凡德扎尔姆联合公司（Van der Zalm + Associates Inc.）

结构工程：韦勒·斯密斯·鲍尔斯结构工程顾问公司（Weiler Smith Bowers）

机电工程：威廉姆斯工程公司（Williams Engineering）

电气工程：威廉姆斯工程公司

土木工程：联合工程公司（Associated Engineering）

老年环境专家：莫里森·赫希菲尔德（Morrison Hershfield）——建筑围护结构和绿色能源与环境设计咨询顾问）

建筑数据

长期专业护理（总平方米）：13835

长期专业护理（净平方米）：住宅空间，4803

长期专业护理（净平方米）：公共空间，1540

专业护理——老年痴呆症、记忆支持（总平方米）：2516

专业护理——老年痴呆症、记忆支持（净平方米）：住宅空间，873

专业护理——老年痴呆症、记忆支持（净平方米）：公共空间，280

长期专业护理			
单元类型	单元数量	规模范围（净平方米）	典型尺寸（净平方米）
私人房间	220	20-23	22
总计（所有单元）	220		

专业护理——老年痴呆症、记忆支持			
单元类型	单元数量	规模范围（净平方米）	典型尺寸（净平方米）
私人房间	40	20-23	22
总计（所有单元）	40		

项目成本（实际成本或估计成本——如果该项目尚未建成；不包括软装设计、场地费或软成本）

长期专业护理，新建筑总成本（美元）：5080万

专业护理——老年痴呆症、记忆支持，新建筑总成本（美元）：920万

居民性别详细统计

女性（%）：长期专业护理，59；专业护理——老年痴呆症、记忆支持，10

男性（%）：长期专业护理，26；专业护理——老年痴呆症、记忆支持，5

居民状况

独居（%）：100

居民支付来源

政府补助金（%）：70

私人支付（%）：30

朗伯斯滨河养老社区

客户、业主、供应商：朗伯斯滨河养老社区；路易斯安那州，新奥尔良

建筑设计：瓦戈纳与巴尔建筑设计事务所

总承包商：伍德沃德建筑设计建造公司（Woodward Design + Build）

景观设计：双子海岸有限责任公司（Twin Shores, LLC）

机电工程：MCC 股份有限公司（MCC, Inc）

建筑数据

辅助生活（总平方米）：1193

辅助生活（净平方米）：住宅空间，518

辅助生活（净平方米）：公共空间，393

长期专业护理（总平方米）：3553

长期专业护理（净平方米）：住宅空间，1388

长期专业护理（净平方米）：公共空间，672

专业护理——老年痴呆症、记忆支持（总平方米）：767

专业护理——老年痴呆症、记忆支持（净平方米）：住宅空间，306

专业护理——老年痴呆症、记忆支持（净平方米）：公共空间，109

辅助生活			
单元类型	单元数量	规模范围（净平方米）	典型尺寸（净平方米）
工作室	1	37-46	46
单居室（带书房）	10	36-69	46
总计（所有单元）	11		

长期专业护理			
单元类型	单元数量	规模范围（净平方米）	典型尺寸（净平方米）
私人房间*	16	20-33	20
总计（所有单元）	16		

*单住户

专业护理——老年痴呆症、记忆支持			
单元类型	单元数量	规模范围（净平方米）	典型尺寸（净平方米）
私人房间*	56	24-25	25
总计（所有单元）	56		

*单住户

辅助生活单元可达性（%）：100

项目成本（实际成本或估计成本——如果该项目尚未建成；不包括软装设计、场地费或软成本）

辅助生活——老年痴呆症、记忆支持，翻修/现代化总成本（美元）：434585
长期专业护理，总成本（美元）：15534260
专业护理——老年痴呆症、记忆支持，翻修/现代化总成本（美元）：355571

居民性别详细统计

女性（%）：辅助生活（仅新公寓），80；记忆支持，87；专业护理，68
男性（%）：辅助生活（新公寓只），20；记忆支持，13；专业护理，32

居民状况

独居（%）：辅助生活（仅新公寓），80；记忆支持，100；专业护理，100
与配偶或伴侣生活（%）：辅助生活（仅新公寓），20；记忆支持，0；专业护理，0

居民支付来源

私人支付（%）：99
其他支付来源（%）：1 *

*朗伯斯房屋基金会提供资金，以协助那些无法承受目前费率结构以进行私人支付的人们。

花园村——美食餐厅与乡村公地

客户、业主、供应商： 花园村；宾夕法尼亚州，新荷兰
建筑设计： RLPS 建筑设计事务所
总承包商： 沃菲尔建筑公司（Warfel Construction Company）
室内设计： RLPS 室内设计事务所
机电工程： 奥尔德森工程有限公司（Alderson Engineering, Inc.）
餐饮服务： SCOPOS 酒店管理集团（SCOPOS Hospitality Group）
声学设计： 都市声学公司（Metropolitan Acoustics）

建筑数据

独立生活（总平方米）：2151
独立生活：（净平方米）：公共空间，1811

项目成本（实际成本或估计成本——如果该项目尚未建成；不包括软装设计、场地费或软成本）

独立生活，翻修/现代化总成本（美元）：300万

居民性别详细统计

女性（%）：63
男性（%）：37

居民状况

独居（%）：63
与配偶或伴侣生活（%）：37
私人支付（%）：96
医疗保险支付（%）：3
其他支付来源（%）：1

狮溪河口第五阶段

客户、业主、供应商： 联合加州地产公司（Related California）；奥克兰东湾亚裔地方发展公司（EBALDC）；加利福尼亚州，奥克兰
建筑设计： HKIT 建筑设计事务所
总承包商： 尼比兄弟公司（Nibbi Brothers）
机电工程： 汤米西乌联合公司（Tommy Siu & Associates）

建筑数据

独立生活（总平方米）：9376
独立生活（净平方米）：住宅空间，6581
独立生活（净平方米）：公共空间，492
可达性良好的独立生活单位（%）：5（7个单位）
适应性良好的独立生活单位（%）：95（121个单位）

独立生活			
单元类型	单元数量	规模范围（净平方米）	典型尺寸（净平方米）
工作室	2	38	38
单居室	116	50	40
两居室	10	65-79	75
总计（所有单元）	128		

项目成本（实际成本或估计成本——如果该项目尚未建成；不包括软装设计、场地费或软成本）

独立生活，新建筑总成本（美元）：23978658

居民性别详细统计

女性（%）：55
男性（%）：45

居民状况

独居（%）：49
与配偶或伴侣生活（%）：51

居民支付来源

政府补助金（%）：100

米尔城市之角——阿比坦公寓与米尔城公寓

客户、业主、供应商：伊库曼老年住宅开发公司，路普地产开发公司，沃尔地产公司；明尼苏达州，明尼阿波利斯
建筑设计：BKV 建筑集团
总承包商：弗拉纳公司（Frana Companies）
室内设计：BKV 建筑集团
景观设计：BKV 建筑集团
结构工程：BKV 建筑集团
机电工程：BKV 建筑集团
电气工程：BKV 建筑集团
土木工程：皮尔斯皮尼联合公司（Pierce Pini & Associates）
历史顾问：赫斯罗伊斯公司（Hess, Roise and Company）

建筑数据

独立生活（总平方米）：12821（米尔城市之角公寓）；10684（阿比坦公寓）
独立生活（净平方米）：住宅空间，10312（米尔城市之角公寓）；7711（阿比坦公寓）
独立生活（净平方米）：公共空间，650（米尔城市之角公寓）；1115（阿比坦公寓）
辅助生活——老年痴呆症、记忆支持（总平方米）：2759（阿比坦公寓）
辅助生活——老年痴呆症、记忆支持（净平方米）：住宅空间，1700（阿比坦公寓）
辅助生活——老年痴呆症、记忆支持（净平方米）：公共空间，427（阿比坦公寓）

独立生活			
单元类型	单元数量	规模范围（净平方米）	典型尺寸（净平方米）
工作室*	3	50-53	50
单居室*	48	64-74	70
单居室**	120	61-65	62
单居室（带书房）*	1	-	63
两居室*	34	91-121	102
两居室**	30	85-95	94
总计（所有单元）	236		

*阿比坦
**米尔城市之角公寓

可达性良好的独立生活单位（%）：2
适应性良好的独立生活单位（%）：98

辅助生活——老年痴呆症、记忆支持			
单元类型	单元数量	规模范围（净平方米）	典型尺寸（净平方米）
私人房间**	48	29–49*	34
总计（所有单元）	48		

*阿比坦公寓
**单住户

项目成本（实际成本或估计成本——如果该项目尚未建成；不包括软装设计、场地费或软成本）

独立生活，新建筑总成本（美元）：1630万（米尔城市之角公寓）；1800万（阿比坦公寓；停车场不包括在内）
辅助生活——老年痴呆症、记忆支持，新建筑总成本（美元）：450万（阿比坦公寓）

莫斯生活区：桑德拉和戴维·S. 麦克馆

客户端、业主、供应商：莫斯生活区；佛罗里达州，西棕榈滩
建筑设计：帕金斯·伊斯特曼建筑设计事务所
总承包商：怀汀—特纳承包公司（Whiting-Turner Contracting Company）
景观设计：寇特莱尔 & 希尔林有限公司（Cotleur & Hearing Inc.）；涅维拉威廉姆斯公司（Nievera Williams）
结构工程：欧 - 唐奈公司（O' Donnell），那卡拉脱公司（Naccarato），米格诺格纳 & 杰克逊公司（Mignogna & Jackson）
机电工程：TLC 工程公司（TLC Enginering）
照明设计：帕金斯·伊斯特曼建筑设计事务所
土木工程：迈克尔斯考拉联合公司（Michael Schorah & Associates）

建筑数据

短期康复（总平方米）：8898
短期康复（净平方米）：住宅空间，2882
短期康复（净平方米）：公共空间，2971

短期康复			
单元类型	单元数量	规模范围（净平方米）	典型尺寸（净平方米）
私人房间*	120	21-23	22
总计（所有单元）	120		

*单住户

项目成本（实际成本或估计成本——如果该项目尚未建成；不包括软装设计、场地费或软成本）

短期康复，新建筑总成本（美元）：26340000

居民性别详细统计

女性（%）：61.5
男性（%）：38.5

居民状况

独居（%）：100

居民支付来源

私人支付（%）：10.63
医疗保险支付（%）：73.38
联邦医疗保险优良计划或HMO保险（%）：15.99

赛格伍德退休社区

客户、业主、供应商：基斯科老年生活社区；犹他州，南乔丹
建筑设计：GGLO 建筑设计公司
建筑档案：BWA 建筑设计事务所（BWA Architects）
总承包商：雷姆洛克建设公司（Rimrock Construction）
室内设计：GGLO 建筑设计公司
景观设计：GGLO 建筑设计公司
结构工程：邓恩工程公司（Dunn Engineering）
机电工程：范·博伊拉姆与弗兰克公司（Van Boerum & Frank）
电气工程：愿景工程公司（Envision Engineering）
土木工程：NV5 公司

建筑数据

独立生活（总平方米）：14088
独立生活（净平方米）：住宅空间，8585
独立生活（净平方米）：公共空间，3741
辅助生活（总平方米）：6158
辅助生活（净平方米）：住宅空间，3515
辅助生活（净平方米）：公共空间，1605
辅助生活——老年痴呆症、记忆支持（总平方米）：1480
辅助生活——老年痴呆症、记忆支持（净平方米）：住宅空间，808
辅助生活——老年痴呆症、记忆支持（净平方米）：公共空间，345

独立生活

单元类型	单元数量	规模范围（净平方米）	典型尺寸（净平方米）
工作室	14	55	55
单居室	28	65-89	76
单居室（带书房）	18	77-80	80
两居室	27	98-115	103
两居室（带书房）	12	135	135
总计（所有单元）	99		

可达性良好的独立生活单位（%）：20
其他独立生活单位（%）：80

辅助生活

单元类型	单元数量	规模范围（净平方米）	典型尺寸（净平方米）
工作室	52	43-51	51
单居室	22	54-63	56
单居室（带书房）	4	70	70
总计（所有单元）	78		

辅助生活——老年痴呆症、记忆支持

单元类型	单元数量	规模范围（净平方米）	典型尺寸（净平方米）
私人房间*	23	32-42	42
总计（所有单元）	23		

*单住户

项目成本（实际成本或估计成本——如果该项目尚未建成；不包括软装设计、场地费或软成本）

独立生活，新建筑总成本（美元）：1500万
辅助生活——老年痴呆症、记忆支持，新建筑总成本（美元）：1400万

居民性别详细统计

女性（%）：独立生活，70；辅助生活——老年痴呆症、记忆支持，85
男性（%）：独立生活，30；辅助生活——老年痴呆症、记忆支持，15

居民状况

独居（%）：未知
与配偶或伴侣生活（%）：未知

居民支付来源

私人支付（%）：100

撒玛利亚人高峰村

客户、业主、供应商：撒玛利亚人公共卫生系统；纽约州，沃特敦
建筑设计：RLPS 建筑设计事务所
总承包商：珀塞尔 - LECESSE 联合风险投资公司 (Purcell-LECESSE Joint Venture)
项目管理：伯尼尔卡尔联合公司 (Bernier Carr & Associates)
室内设计：RLPS 室内设计事务所
结构工程：A. W. Lookup 公司 (A. W. Lookup)
机电工程：里瑟工程公司 (Reese Engineering)
照明工程：里瑟工程公司
土木工程：GYMO 公司 (GYMO)
餐饮服务：JEM 联合公司 (JEM Associates)

建筑数据

辅助生活（总平方米）：7891
辅助生活（净平方米）：住宅空间，4374
辅助生活（净平方米）：公共空间，920
长期专业护理（总平方米）：10071
长期专业护理（净平方米）：住宅空间，3980
长期专业护理（净平方米）：公共空间，1663

辅助生活

单元类型	单元数量	规模范围（净平方米）	典型尺寸（净平方米）
工作室	84	34	34
单居室	34	42-48	48
单居室（带书房）	2	78	78
总计（所有单元）	120		

长期专业护理

单元类型	单元数量	规模范围（净平方米）	典型尺寸（净平方米）
私人房间*	56	26-29	26
半私人房间**	56	44	44
总计（所有单元）	112		

*单住户
**两住户，拥有独立床位，但共享浴室

项目成本（实际成本或估计成本——如果该项目尚未建成；不包括软装设计、场地费或软成本）

长期专业护理，新建筑总成本（美元）：23120000

居民性别详细设计

女性（%）：辅助生活，81；长期专业护理，73
男性（%）：辅助生活，19；长期专业护理，27

居民状况

独居（%）：99
与配偶或伴侣生活（%）：1

居民支付来源

私人支付（%）：20.69
医疗补助/医疗保险支付（%）：77.93
其他支付来源（%）：1.38

撒马尔罕生活中心

客户、业主、供应商：撒马尔罕退休社区；加利福尼亚州，圣芭芭拉
建筑设计：基尔伯恩建筑有限责任公司
总承包商：特拉布科联合公司（Trabucco and Associates）
室内设计：金斯勒室内设计事务所（Kinsler Interior Design）
景观设计：阿卡迪亚工作室（Arcadia Studio）
结构工程：迪布尔工程股份有限公司（Dibble Engineers, Inc.）
土木工程：彭菲尔德 & 史密斯公司（Penfield & Smith）

项目资金来源

其他资金来源（%）：100

谢尔比护理中心

客户、业主、供应商：第一卫生保健管理公司和博蒙特卫生系统；密歇根州，谢尔比镇
建筑设计：福斯科，谢弗与帕帕斯建筑有限公司
总承包商：T. H. 马什建设有限公司（T. H. Marsh Construction Co.）
室内设计：内部空间设计有限公司（Innerspace Design, Inc.）
景观设计：肯尼斯韦考尔景观设计事务所（Kenneth Weikal Landscape Architecture）
结构工程：西曼斯基联合有限责任公司（Shymanski & Associates, LLC）
机电工程：珀塔帕·范胡希尔工程有限责任公司（Potapa-Van Hoosear Engineering, LLC）
电气工程：TAC 联合有限责任公司（TAC Associates, LLC）
土木工程：诺瓦克 & 弗劳斯工程公司（Nowak & Fraus Engineers）
硬件顾问：杰诺斯基咨询有限公司（Jenosky Consulting, Inc.）

建筑数据

短期康复（总平方米）：2114
短期康复（净平方米）：住宅空间，763
短期康复（净平方米）：公共空间，342

短期康复			
单元类型	单元数量	规模范围（净平方米）	典型尺寸（净平方米）
私人房间*	28	27-28	27
总计（所有单元）	28		

*单住户

项目成本（实际成本或估计成本——如果该项目尚未建成；不包括软装设计、场地费或软成本）

短期康复，新建筑总成本（美元）：380万

居民性别详细统计

女性（%）：60
男性（%）：40

居民状况

独居（%）：70
与配偶或伴侣生活（%）：30

居民支付来源

私人支付（%）：17
医疗保险支付（%）：83

春湖村：主园区与西林住宅区

客户、业主、供应商：圣公会老年社区；加利福尼亚州，圣罗莎
建筑设计：帕金斯·伊斯特曼建筑设计事务所
总承包商：卡希尔承包公司（Cahill Contractors Inc）
室内设计：帕金斯·伊斯特曼建筑设计事务所
景观设计：想象索诺马事务所（Imagine Sonoma）
结构工程：KPFF 咨询工程公司（KPFF Consulting Engineers）
机电工程：R&A 工程解决方案公司（R&A Engineering Solutions）
电气工程：西尔弗曼 & 莱特公司（Silverman & Light）
土木工程：奥多比联合公司（Adobe Associates）
健康顾问：年龄动力学（Age Dynamics）

建筑数据

独立生活（总平方米）：15429（西林园区*）
独立生活（净平方米）：住宅空间，10283（西林园区）
辅助生活（总平方米）：1878
辅助生活（净平方米）：住宅空间，417
辅助生活（净平方米）：公共空间，924
辅助生活——老年痴呆症、记忆支持（总平方米）：543
辅助生活——老年痴呆症、记忆支持（净平方米）：住宅空间，283
辅助生活——老年痴呆症、记忆支持（净平方米）：公共空间，219

*西林园区未规划公共空间。所有的公共空间指走廊，电梯大堂，支持空间和垂直通风空间。所有规划内的活动空间都在主园区内。

独立生活			
单元类型	单元数量	规模范围（净平方米）	典型尺寸（净平方米）
单居室（带书房）	4	105	105
两居室	20	115-146	137
两居室（带书房）	38	145-169	154
总计（所有单元）	62		

适应性良好的独立生活单位（%）：100

辅助生活			
单元类型	单元数量	规模范围（净平方米）	典型尺寸（净平方米）
工作室	2	44-45	44-45
单居室	6	50-60	50-60
总计（所有单元）	8		

辅助生活——老年痴呆症、记忆支持			
单元类型	单元数量	规模范围（净平方米）	典型尺寸（净平方米）
私人房间*	11	23-30	24-29
总计（所有单元）	11		

*单住户

项目成本（实际成本或估计成本——如果该项目尚未建成；不包括软装设计、场地费或软成本）

独立生活，新建筑总成本（美元）：38860000

辅助生活——老年痴呆症、记忆支持，新建筑总成本（美元）：615000

居民性别详细统计

女性（%）：独立生活（西林住宅区），58；辅助生活（春湖村K& L建筑），67；辅助生活——老年痴呆症、记忆支持（春湖村K& L建筑），70

男性（%）：独立生活（西林住宅区），42；辅助生活（春湖村K& L建筑），33；辅助生活——老年痴呆症、记忆支持（春湖村K& L建筑），30

居民状况

独居（%）：49

与配偶或伴侣生活（%）：51

居民支付来源

其他支付来源（%）：100

博物馆路斯泰顿项目

客户、业主、供应商：老年生活质量公司（SQLC）；德克萨斯州，沃思堡

建筑设计：D2 建筑设计事务所

总承包商：安德烈斯建设（Andres Construction）

室内设计：布丽奇特博哈茨联合公司（Bridget Bohacz + Associates）

景观设计：塔利联合公司（Talley Associates）

结构工程：洛杉矶菲斯结构工程公司

机电工程：里德，威尔斯，本森公司（Reed, Wells, Benson）

土木工程：蒂格纳尔珀金斯公司（Teague Nall Perkins）

餐饮服务：杰姆联合公司（Jem Associates）

建筑数据

独立生活（总平方米）：31497

独立生活（净平方米）：住宅空间，22597

独立生活（净平方米）：公共空间，3377

辅助生活（总平方米）：3460

辅助生活（净平方米）：住宅空间，1962

辅助生活（净平方米）：公共空间，1193

辅助生活——老年痴呆症、记忆支持（总平方米）：1062

辅助生活——老年痴呆症、记忆支持（净平方米）：住宅空间，652

辅助生活——老年痴呆症、记忆支持（净平方米）：公共空间，134

长期专业护理（总平方米）：2571

长期专业护理（净平方米）：住宅空间，1222

长期专业护理（净平方米）：公共空间，219

独立生活

单元类型	单元数量	规模范围（净平方米）	典型尺寸（净平方米）
单居室	40	86	86
单居室（带书房）	30	96–142	107
两居室	90	118–142	124
两居室（带书房）	27	158–181	158
总计（所有单元）	187		

辅助生活

单元类型	单元数量	规模范围（净平方米）	典型尺寸（净平方米）
单居室	36	41–59	48
两居室	6	76–87	80
总计（所有单元）	42		

辅助生活——老年痴呆症、记忆支持

单元类型	单元数量	规模范围（净平方米）	典型尺寸（净平方米）
私人房间*	18	30–39	36
总计（所有单元）	18		

*单住户

长期专业护理

单元类型	单元数量	规模范围（净平方米）	典型尺寸（净平方米）
私人房间*	42	24–36	29
半私人房间**	3	42–58	46
Total (all units)	45		

*单住户

**两住户，拥有独立床位，但共享浴室

可达性良好的独立生活单位（%）：根据需要而定

适应性良好的独立生活单位（%）：100

项目成本（实际成本或估计成本——如果该项目尚未建成；不包括软装设计、场地费或软成本）

独立生活，新建筑总成本（美元）：54768510

辅助生活，新建筑总成本（美元）：7673088

辅助生活——老年痴呆症、记忆支持，新建筑总成本（美元）：2355404

长期专业护理，新建筑总成本（美元）：5699814

居民性别详细统计

女性（%）：独立生活，63；辅助生活，58.5；辅助生活——老年痴呆症、记忆支持，50；长期专业护理，63

男性（%）：独立生活，37；辅助生活，41.5；辅助生活——老年痴呆症、记忆支持，50；长期专业护理，73

居民状况

独居（%）：独立生活，47；辅助生活，85；辅助生活——老年痴呆症、记忆支持，100；长期专业护理，100

与配偶或伴侣生活（%）：独立生活，52；辅助生活，15；辅助生活——老年痴呆症、记忆支持，0；长期专业护理，0

与朋友或家人生活（如兄弟姐妹）（%）：独立生活，1；辅助生活，0；辅助生活——老年痴呆症、记忆支持，0；长期专业护理，0

居民支付来源

私人支付（%）：100（独立生活；辅助生活；辅助生活——老年痴呆症、记忆支持）

医疗补助/医疗保险支付（%）：46（长期专业护理）

T. 布恩·皮肯斯临终关怀和姑息治疗中心

客户、业主、供应商： 长老会社区服务机构；德克萨斯州，达拉斯
建筑设计： PRDG 建筑设计事务所
总承包商： 林贝克建筑 (Linbeck)
室内设计： 福克纳设计集团 (Faulkner Design Group)
景观设计： MESA 设计事务所 (MESA)

建筑数据

临终关怀 (总平方米)：7209
临终关怀 (净平方米)：住宅空间，1462
临终关怀 (净平方米)：公共空间，1025

临终关怀			
单元类型	单元数量	规模范围 (净平方米)	典型尺寸 (净平方米)
私人房间*	36	40–48	40
总计 (所有单元)	36		

*单住户

项目成本（实际成本或估计成本——如果该项目尚未建成；不包括软装设计、场地费或软成本）

临终关怀，新建筑总成本 (美元)：21547000 (不含地皮费用)

滨水区托克沃顿之家

客户、业主、供应商： 托克沃顿之家；罗得岛州，东普罗维登斯
建筑设计： 黛米拉·谢弗建筑设计事务所
总承包商： 卡特勒联合公司 (Cutler Associates)
室内设计： 托马—霍利克设计事务所 (Thoma-Holec Design)
景观设计： GLA 有限公司 (GLA Inc.)
结构工程： 工程师设计集团 (Engineers Design Group)
机电工程： AKF 公司 (AKF)
岩土工程： GZA 岩土环境工程有限公司 (GZA Geoenvironmental Inc.)
土木工程： 伍达德 & 库兰公司 (Woodard & Curran)
照明顾问： 艾伯纳西照明设计事务所 (Abernathy Light Design)

建筑数据

辅助生活 (总平方米)：6936
辅助生活 (净平方米)：住宅空间，3771
辅助生活 (净平方米)：公共空间，880
辅助生活——老年痴呆症、记忆支持 (总平方米)：2422
辅助生活——老年痴呆症、记忆支持 (净平方米)：住宅空间，804
辅助生活——老年痴呆症、记忆支持 (净平方米)：公共空间，527
长期专业护理 (总平方米)：2381
长期专业护理 (净平方米)：住宅空间，912
长期专业护理 (净平方米)：公共空间，692
短期康复 (总平方米)：1003
短期康复 (净平方米)：住宅空间，458
短期康复 (净平方米)：公共空间，207

辅助生活			
单元类型	单元数量	规模范围 (净平方米)	典型尺寸 (净平方米)
工作室	17	34–54	39
单居室	54	48–72	52
两居室	1	76	76
总计 (所有单元)	72		

辅助生活——老年痴呆症、记忆支持			
单元类型	单元数量	规模范围 (净平方米)	典型尺寸 (净平方米)
私人房间*	31	23–34	24
总计 (所有单元)	31		

*单住户

长期专业护理			
单元类型	单元数量	规模范围 (净平方米)	典型尺寸 (净平方米)
私人房间*	35	23–35	24
总计 (所有单元)	35		

*单住户

短期康复			
单元类型	单元数量	规模范围 (净平方米)	典型尺寸 (净平方米)
私人房间*	17	23–35	24
总计 (所有单元)	17		

*单住户

项目成本（实际成本或估计成本——如果该项目尚未建成；不包括软装设计、场地费或软成本）

辅助生活，新建筑总成本 (美元)：14386572
辅助生活——老年痴呆症、记忆支持，新建筑总成本 (美元)：5061942
长期专业护理，新建筑总成本 (美元)：5061942
短期康复，新建筑总成本 (美元)：2131344

居民性别详细设计

女性 (%)：辅助生活，80；辅助生活——老年痴呆症、记忆支持，65；长期专业护理，66
男性 (%)：辅助生活，20；辅助生活——老年痴呆症、记忆支持，35；长期专业护理，34

居民状况

独居 (%)：98
与配偶或伴侣生活 (%)：2

居民支付来源

私人支付 (%)：78
医疗保险支付 (%)：22

诺斯山正北社区

客户、业主、供应商：斯通华思特有限公司；马萨诸塞州，尼达姆
建筑设计：JSA 有限公司
总承包商：康西格利建设 (Consigli Construction)
室内设计：韦尔斯利设计事务所 (Wellesley Design)
景观设计：科普利·沃尔夫 (Copley Wolff)

建筑数据

独立生活 (总平方米)：31349
独立生活 (净平方米)：住宅空间，25456
独立生活 (净平方米)：公共空间，5475
辅助生活 (总平方米)：3947
辅助生活 (净平方米)：住宅空间，3474
辅助生活 (净平方米)：公共空间，690
辅助生活——老年痴呆症、记忆支持 (总平方米)：1063
辅助生活——老年痴呆症、记忆支持 (净平方米)：住宅空间，936
辅助生活——老年痴呆症、记忆支持 (净平方米)：公共空间，690
长期专业护理 (总平方米)：4657
长期专业护理 (净平方米)：住宅空间，4098
长期专业护理 (净平方米)：公共空间，2431
短期康复 (总平方米)：1070
短期康复 (净平方米)：住宅空间，942
短期康复 (净平方米)：公共空间，608

独立生活			
单元类型	单元数量	规模范围 (净平方米)	典型尺寸 (净平方米)
工作室	1	39	39
单居室	9	53–55	53
单居室 (带书房)	5	65–77	70
两居室	12	80–93	86
两居室 (带书房)	9	93–105	96
三居室	1	113	113
总计 (所有单元)	37		

可达性良好的独立生活单位 (%)：10
适应性良好的独立生活单位 (%)：65
其他独立生活单位 (%)：25

辅助生活			
单元类型	单元数量	规模范围 (净平方米)	典型尺寸 (净平方米)
工作室	15	31–41	32
单居室	15	48–51	49
两居室	3	71-79	74
总计 (所有单元)	33		

辅助生活——老年痴呆症、记忆支持			
单元类型	单元数量	规模范围 (净平方米)	典型尺寸 (净平方米)
私人房间*	12	25	25
总计 (所有单元)	12		

*单住户

长期专业护理			
单元类型	单元数量	规模范围 (净平方米)	典型尺寸 (净平方米)
私人房间*	60	27–28	28
总计 (所有单元)	60		

*单住户

短期康复			
单元类型	单元数量	规模范围 (净平方米)	典型尺寸 (净平方米)
私人房间*	12	26–29	26
总计 (所有单元)	12		

*单住户

项目成本（实际成本或估计成本——如果该项目尚未建成；不包括软装设计、场地费或软成本）

独立生活：63773863；专业护理：1168971
辅助生活——老年痴呆症、记忆支持，新建筑总成本 (美元)：7186510
长期专业护理，新建筑总成本 (美元)：18110007
短期康复，新建筑总成本 (美元)：3449526

居民性别详细统计

女性 (%)：独立生活，74；专业护理，100
男性 (%)：独立生活，26；专业护理，23

居民状况

独居 (%)：独立生活，98；专业护理，77
与配偶或伴侣生活 (%)：独立生活，2；专业护理，0

居民支付来源

个人支付 (%)：独立生活，100；专业护理，85
医疗保险金 (%)：独立生活，0；专业护理，15

本塔纳社区

客户、业主、供应商：巴克纳退休服务机构；德克萨斯州，达拉斯
建筑设计：D2 建筑设计事务所
室内设计：室内设计联合公司 (Interior Design Associates)
景观设计：塔利联合公司公司
结构工程：洛杉矶菲斯结构工程公司
土木工程：帕切科·科赫 (Pacheco Koch)
小型房屋护理顾问：绿色之家项目 (The Greenhouse Project)
医疗顾问：爱迪尔咨询公司 (Ideas Consulting)

建筑数据

独立生活（总平方米）：31904
独立生活（净平方米）：住宅空间，23248
独立生活（净平方米）：公共空间，5742
辅助生活（总平方米）：3866
辅助生活（净平方米）：住宅空间，2991
辅助生活：净平方米（公共空间）：876
辅助生活——老年痴呆症、记忆支持（总平方米）：1772
辅助生活——老年痴呆症、记忆支持（净平方米）：住宅空间，850
辅助生活——老年痴呆症、记忆支持（净平方米）：公共空间，922
长期专业护理（总平方米）：3703
长期专业护理（净平方米）：住宅空间，1579
长期专业护理：净平方米（公共空间）：852
短期康复（总平方米）：1666
短期康复（净平方米）：住宅空间，736
短期康复（净平方米）：公共空间，197

独立生活			
单元类型	单元数量	规模范围（净平方米）	典型尺寸（净平方米）
单居室	31	81–105	89
单居室（带书房）	31	103–125	105
两居室	88	112–153	128
两居室（带书房）	30	133–150	141
三居室	9	180	180
总计（所有单元）	189		

可达性良好的独立生活单位（%）：根据需要而定
适应性良好的独立生活单位（%）：100

辅助生活			
单元类型	单元数量	规模范围（净平方米）	典型尺寸（净平方米）
工作室	6	38–54	43
单居室	30	54–67	55
两居室	2	85	85
总计（所有单元）	38		

辅助生活——老年痴呆症、记忆支持			
单元类型	单元数量	规模范围（净平方米）	典型尺寸（净平方米）
私人房间*	26	33–51	34
总计（所有单元）	26		

*单住户

长期专业护理			
单元类型	单元数量	规模范围（净平方米）	典型尺寸（净平方米）
私人房间*	46	27–39	31
总计（所有单元）	46		

*单住户

短期康复			
单元类型	单元数量	规模范围（净平方米）	典型尺寸（净平方米）
私人房间*	24	27–39	31
总计（所有单元）	24		

*单住户

项目成本（实际成本或估计成本——如果该项目尚未建成；不包括软装设计、场地费或软成本）

独立生活，新建筑总成本（美元）：6000万
辅助生活——老年痴呆症、记忆支持，新建筑总成本（美元）：320万
长期专业护理，新建筑总成本（美元）：未完工
短期康复，新建设总成本（美元）：未完工

维拉·海丽老年住宅区和圣安东尼餐厅与社会服务中心

客户、业主、供应商：加州默西住宅开发公司，圣安东尼基金会；加利福尼亚州，旧金山
建筑设计：HKIT 建筑设计事务所
总承包商：尼比兄弟公司
机电工程：汤米西乌联合公司

建筑数据

独立生活（总平方米）：6414（安东尼基金会规划空间面积为3688）
独立生活（净平方米）：住宅空间，3261
独立生活（净平方米）：公共空间，683（室内435；室外248）

独立生活			
单元类型	单元数量	规模范围（净平方米）	典型尺寸（净平方米）
工作室	43	33–41	35
单居室	46	41–49	45
两居室	1	79	79
总计（所有单元）	90		

可达性良好的独立生活单位（%）11（9个单位）
适应性良好的独立生活单位（%）：89（81个单位）

项目成本（实际成本或估计成本——如果该项目尚未建成；不包括软装设计、场地费或软成本）

独立生活，新建筑总成本（美元）：41779571

居民性详细统计

女性（%）：49
男性（%）：51

居民状况

独居（%）：55
与配偶或伴侣生活（%）：45

居民支付来源

政府补助金（%）：100

沃维克·伍德兰斯——摩拉维亚庄园养老院社区

客户、业主、供应商: 摩拉维亚庄园养老院; 宾夕法尼亚州, 利蒂茨
建筑设计: RLPS 建筑设计事务所
总承包商: 沃尔森建筑公司(公寓); EG 斯托茨弗斯建筑公司(EG Stoltzfus)(联排别墅)
室内设计: RLPS 建筑设计事务所
结构工程: 麦金托什工程公司(MacIntosh Engineering)
机电工程: 里瑟工程公司
土木工程: RGS 联合公司(RGS Associates)

建筑数据

独立生活(总平方米): 36500
独立生活(净平方米): 住宅空间, 23002
独立生活(净平方米): 公共空间, 492

独立生活			
单元类型	单元数量	规模范围(净平方米)	典型尺寸(净平方米)
单居室	9	95	95
单居室(带书房)	25	118–148	133
两居室	34	129–180	148
两居室(带书房)	35	144–173	169
三居室	33	207–281	240
总计(所有单元)	136		

可达性良好的独立生活单位(%) 0
适应性良好的独立生活单位(%): 100

项目成本(实际成本或估计成本——如果该项目尚未建成; 不包括软装设计、场地费或软成本)

独立生活, 新建筑总成本(美元): 4400万(第一阶段估算)

惠特尼中心

客户、业主、供应商: 惠特尼中心; 康涅狄格州, 哈姆登
建筑设计: SFCS 建筑设计事务所
总承包商: KBE 建筑公司(KBE Building Corporation)
室内设计: SFCS 建筑设计事务所
景观设计: 米兰妮 & 马克布鲁姆设计事务所(Milone & MacBroom)
结构工程: SFCS 建筑设计事务所
机电工程: SFCS 建筑设计事务所
电气工程: SFCS 建筑设计事务所
土木工程: 米兰妮 & 马克布鲁姆设计事务所

建筑数据

独立生活(总平方米): 15835
独立生活(净平方米): 住宅空间, 10610
独立生活(净平方米): 公共空间, 5225

独立生活			
单元类型	单元数量	规模范围(净平方米)	典型尺寸(净平方米)
单居室(带书房)	12	100–102	101
两居室	30	122–140	130
两居室(带书房)	31	133–144	138
三居室	15	156–166	158
Total (all units)	88		

可达性良好的独立生活单位(%) 10
适应性良好的独立生活单位(%): 53
其他独立生活单位(%): 37

项目成本(实际成本或估计成本——如果该项目尚未建成; 不包括软装设计、场地费或软成本)

独立生活, 新建筑总成本(美元): 46349875(包括场地工程3935673)
独立生活, 翻修/现代化总成本(美元): 4349448

居民性别详细统计

女性(%): 61.7
男性(%): 38.3

居民状况

独居(%): 50.6
与配偶或伴侣生活(%): 48.1
与朋友或家人(如兄弟姐妹)生活(%): 1.3

居民支付来源

私人支付(%): 100

新时代设计工作室

十五个德克萨斯农工大学(Texas A&M University)建筑系学生面临着想象老龄化设计中的“下一代”到底是个什么样子。他们开发了八种不同的设计方案，探索了多种替代方法，研究了农村、郊区、城市等建设地点环境

工作室的工作重点

主要的项目目标是让参与者参与到创造老龄化设计新模式的过程当中，而不是基于现有模式与范例去建造。大二的学生们被选中，他们可能会有的新想法，而相对不受“已经知道太多”的阻碍。为了激发学生们的创新能力，他们被要求从根本上重新考虑以下问题：在美国，我们该如何变老？我们想在哪里生活？我们如何进行设计才能满足那些在2020年，2030年和2040年将达到退休年龄的人们的需要？通过做这项工作，该团队希望发现和发展那些尚未被发现的方法，提供可纳入未来老龄化环境的见解。

工作室组成

学生们与研究人员、地产开发商、未来学家、供应商、行业专家等一同工作，为这些新模型创造概念性的设计。他们花了将近一个月的时间来研究这些问题，然后开始头脑风暴，去得到他们的“主要观点”。像在建筑设计中与邻居们和潜在住户们共同工作一样，学生们被这些专业人士鼓励，将他们的项目作为原型，以能够适应各种未来的环境。由美国建筑师协会老年住宅健康设计中心、德克萨斯农工大学和卡瓦卢家具(Kwalu)赞助，在德克萨斯奥斯汀，学生们于2016年4月10日召开的老龄化环境大会上，展示了他们的项目，而建筑师、景观设计师和老年护理提供商们则作为他们的观众。

左图和右图：在新时代设计工作室工作的学生们
对页图：2016老龄化环境展会业务陈述，德克萨斯奥斯汀
摄影：德克萨斯农工大学

Functional Program

湖畔度假村——在田园寓所的老年生活

米兰达·吉尔克里斯（Miranda Gilcrease）和索菲亚·诺瓦克（Sophia Novak）

乡下的老人们想住在哪里?

在采访老人们时，一个浮现出的主题是他们不愿去城市里面，而愿意在农村环境中度过一辈子。为了不把老人们从他们的舒适区域中迁移出来而使其不适应，我们需要在他们选择的地方，建造他们可以居住的居所，同时还能保证他们满足医疗需求。

农村与老龄的结合

在农村地区，如圣奥古斯汀（人口少于 3000 人），当谈到老龄化时，由于缺乏设施而往往被忽视。然而，这些地方却恰恰是远离喧嚣城市生活的理想地。那么为什么不在农村环境中创建一个有完备老龄化设施，而且还可以用于家庭和游客们的社区呢?

点点滴滴汇聚成河流，桩桩件件创造出整体

这个学生团队想确保有益健康的自然属性很好地融入他们的设计。水、绿化和透气舒适的空间等被置于非常重要的位置，以给居民们提供最大的益处。步行路线通往人群聚集区域，而这些区域可以激发建设当地人们的社区意识。紧密结合在一起的各种空间对于个人隐私而言，在保留了其独立性和个体性的同时也减少人们之间的隔绝。

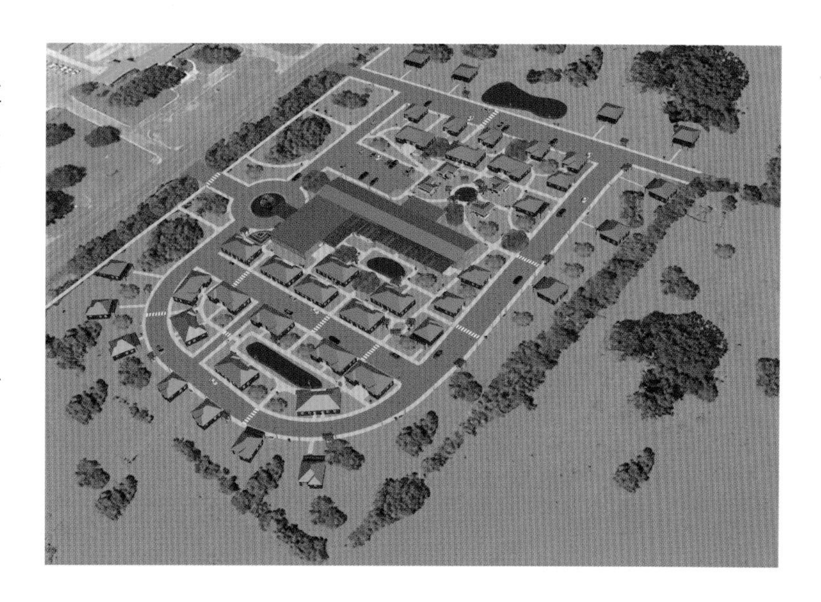

上图：连接别墅与中心建筑的步行道
左下图：带壁炉的大厅可以看到中心庭院和池塘
右下图：环绕池塘周围的遮阳座椅，促进私下的交流
效果图：德克萨斯农工大学

将天然退休社区（NORCs）转化为郊外的老龄友好型社区

克里斯蒂娜·柯伦和莎拉·瑞德

“不必担心，我们会改变。”

终身住宅：在原来的社区进行老龄化建设

这个项目将现有的郊区街道改造为适于老年人步行的社区。主要的概念是发展小型中心式老年服务设施，使之影响力遍布整个社区。每个小型老年中心都将为老年人提供一个社交中心，以及一些健康服务和家庭护理服务。

在我的郊外社区中，我能如何变老？

大多数人更愿意与朋友和家人呆在同一个社区内。在老年中心里建立会所，提供居民护理房，将使得我们在原来社区中慢慢变老的愿望成为可能。

适合全国任何郊外社区

老年中心这个理念随着时间的推移，能帮助居民逐步适应在中央活动区内进行社交。使社区成为老年友好型的手段是强调其可步行性。现有街道将连接新的步行道，使老人能更容易到达老人中心。这可能将通过对附近居民实行税收优惠，将条形空地立契转让，以修建新的步行道。这个模式可以对全国各地的郊外社区进行改造。

上图：有步行道和老年中心的郊区
中图：室内外连接
左下图：路的尽头变成室外座位区
右下图：现有房屋变成老年设施
效果图：德克萨斯农工大学

漫步乡村——一个适合老年人居住的街区

凯特·杰克逊（Kate Jackson）和休·瓦尔迪兹（Sue Valdez）

革命性的社区中心

我们的设计将传统的住宅区转换成了一个更高密度的、行人导向的老年社区，增加了小别墅，把后院变成了适于步行的小公园。

P.H.A.S.E. 是人行漫步道 (Promenade)、家庭式护理设施 (Household-Model Care Facility)、康乐会所 (Amenities Clubhouse)、老年别墅 (Senior Cottages)、现有住宅 (Existing Homes) 的缩写。

大多数现有房屋将原封不动，只是为防止老小区因居民搬迁到护理设施而破败荒芜，所以要留下这些房子以保持其社区的性质不变。一个主要的人行步道穿过前院营造出了一个安全空间以鼓励老人们步行。小别墅、康乐会所、家庭式护理设施沿着这个人行步道建立，促进了人们的社区意识。小别墅有三种不同的尺寸，可以让人们选择他们想要的空间大小。位于中心的会所和家庭式护理设施对于每个人来说出入都比较方便。康乐会所是一个很大的聚会活动场所，里面还有一个家庭式保健处，为居民和附近的邻居提供派遣服务。

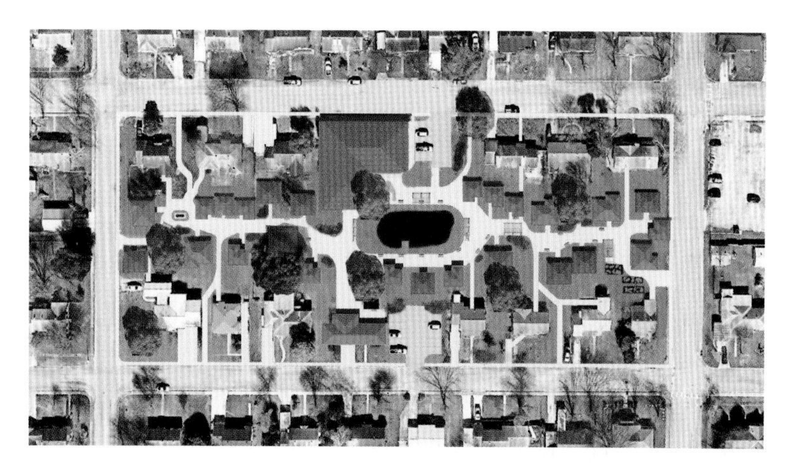

上图：一个中央步行道、一些小别墅和老年设施被加入到传统小区当中
中图：作为散步目的地和视觉焦点的池塘
左下图：双拼别墅支持社交互动
右下图：连接步行道，鼓励老人们进行体育活动
效果图：德克萨斯农工大学

屋顶的生活——适合于建筑群

安吉拉·布劳恩（Angela Brown）和阿什利·贾斯特（Ashley Just）

“当生活在一个社区的心脏地带时，请保持你的独立性。”

与隔绝孤立进行斗争

老年生活设施往往与世隔绝，缺乏社交互动。这种隔绝可能导致老人们的自主能力和社区的连通性的丧失，从而降低个人的健康状况和幸福感。如果不想让老人们隔绝孤独，那么必须提供新的服务设施。为何不将其整合到已有设施如商店、咖啡馆和书店的一个建设地点中去呢?

将老人们连接到城镇的心脏地带

让老年人重返社区，通过鼓励社交互动以增进他们的健康，通过社区的可步行性建立一种积极的生活方式和与自然的连接。这个理念探索出了一种方法，即通过房屋建筑群未充分利用的顶部结构，使之更好地连接到附近的设施中，以适应现有的闹市街区。在德克萨斯州布莱恩的历史街区上，现存的 ACME 玻璃仓库（ACME 玻璃公司）顶部的建筑物已经对此做出了示范。周边的居住单元围绕着位于中心的，有家庭式医疗服务设施的公共区域，可以为个人提供基本的医疗保健服务。这一理念可以适用于任何适合步行的、具备已有设施的城市或小镇。

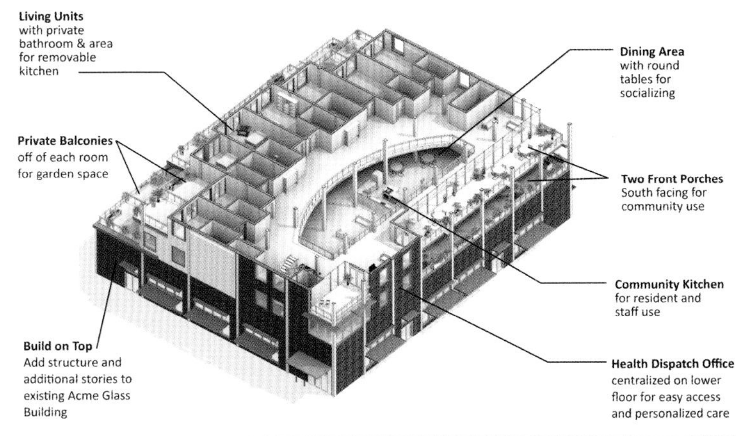

上图：每层都有私人和公共的绿色空间
中图：重新改造的建筑为市镇的中心增加了活力
左下图：出入方便的屋顶园艺单元
右下图：屋顶花园和日光室提升了项目的可持续性，使得人们可以很容易地进入到自然环境中
效果图：德克萨斯农工大学

积极的老年生活——转变成一个活跃的生活社区

凯特·雷耶斯（Katie Reyes）和安娜·罗德里格斯（Ana Rodriguez）

活跃的生活社区越来越受欢迎，但他们对于老年人来说真是一个好地方吗？我们的研究发现，遭受抑郁症折磨的老年人比例很高。这可能在一定程度上是因为他们处于一个与自然和社会隔绝的环境中，这在许多老年护理社区中很常见。生活在一个活跃的社区中，可以帮助老年人获得积极的体验而重新融入社会，同时保持独立性和身心健康。

为生命的各个阶段而营造的环境

穆勒区是一个卓越的、精心设计的、活跃的德州奥斯汀生活社区，这里的老人们受益于使老年生活更加丰富的活动，这个适于步行的社区中心鼓励着老人们引领积极的生活方式。他们可以在此享受各种活动——探访邻里、与各年龄段的人交往。

以社区为基础的规划：重返社会的关键

在社区中的积极活动有助于老年人保持一种生活的目标感，对他们的身心健康有着积极的影响。我们建筑的一楼有一个学习中心和健身健康中心，向全社会开放，为人们提供社交互动、智力成长和保持健康的机会。

上图：老年单位有到医疗保健、咖啡馆和杂货店等设施的直接入口
中图：住宅护理设施在一楼服务设施上面的多个楼层
左下图：书店向附近的居民开放，促进人们的互动交流
右下图：咖啡馆和餐厅吸引着周围社区的人们
效果图：德克萨斯农工大学

演变中的护理——老年护理+日间服务+看护

何塞 · A. 奥利沃（Jose A. Olivo）和弗兰西斯科 · J. 里维拉（Francisco J. Rivera

随着年龄的增长，我们中的许多人需要在我们的生活里有一个更平稳的过渡。这个“家”的概念已成为老年人社区护理方针讨论的中心问题。本设计在单一项目中结合了三个不同的老年服务设施，为居民们提供一个平稳的过渡——从老人们的家里到老年护理服务设施。

既来之则安之

该设计包括一个老年活动中心、一个成人日间服务设施和一个家庭式护理服务设施。目标是确保所有成员和居民都尽可能住得舒适，感觉像个家庭成员而不是像个无助老人那样生活。

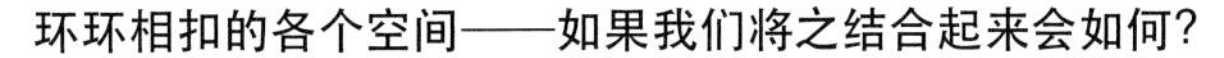

环环相扣的各个空间——如果我们将之结合起来会如何？

老年活动中心的设计使老年人可以在白天就使用这一设施，而不一定要在晚上。随着时间的推移和需求的增加，他们可以作为全职居民来使用这个新的社区。

上图：主入口反映了附近的建筑环境
中图：在灵活多变的空间中进行日常活动与交叉护理
左下图：护理单位可以与老年居民共用日间活动的庭院
右下图：当地居民参加老年中心的活动
效果图：德克萨斯农工大学

中高层老年公寓——打造多层次的城中村

雷蒙德 · 刚萨雷斯（Raymond Gonzales）和梅根 · 莱特尔（Meggan Lytle）

与隔绝孤独和依赖做斗争

老年生活可导致隔绝孤立和缺乏独立性。结合专业护理、辅助生活和独立生活设施，在步行友好的、设施丰富的市镇中心环境中使居民们体验到真正的生活氛围。

为什么是市中心呢?

这个项目在德克萨斯州圣安东尼奥市中心，是一个有许多景点的中等密度环境，如河滨步道和几个餐厅等。生活在城市的中心将有助于整合居民到社区之内，与之融为一体，与孤立隔绝挥手告别。市中心环境使居民更容易体会到邻里关系，恢复他们失去的独立性。圣安东尼奥有着活跃的街头生活，对于老人们来说，参与到他们周围的世界中去很是诱人。

保持积极的生活方式

一些理论如新老年学和脱离理论（社会撤离理论）等显示，那些在变老时保持活跃的人会有更好的精神状态，身体也更加健康。没有积极的生活方式，人们可能变得孤立退缩。这个项目中烦人屋顶花园与中央庭院在为社区和同龄人们提供了积极活动的机会。

上图：许多位于附近的城市设施
中图：咖啡店和商店连接着庭院，人们可以在邻近的街道行走、休憩
左下图：多个护理楼层环绕着庭院以环道相连
右下图：护理楼层的公共空间
效果图：德克萨斯农工大学

垂直护理模式——代际城市生活

伊恩·桑茨奇（Ian Santschi）

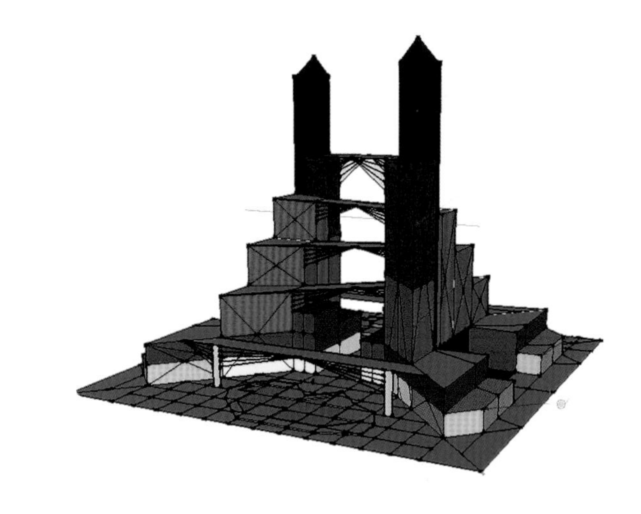

建一道墙把人聚在一起

一个建筑物如何消除日益衰老的成年人与社区之间界限？这座大楼解决了日益增长的老年人与年轻人的问题，并打算利用城市人口的力量，为这座城市的退休人员带来连续的和更多的财政上的可持续生活方式。

垂直护理模式

垂直护理模式的概念专门用于一个密集的城市人口中，因为它可以利用这个城市的力量造福老年居民们。为了解决老龄化人口面临的经济问题，这个学生的设计重新安排了城市人口和经济资源，与老年人的生活方式更好地联系起来。垂直堆叠城市的经济体，将其整合到该建筑本身的全部规划，大大降低了生活成本。这些可以通过底层的商业和零售功能，中间层的过渡设施和辅助生活设施，以及上层的住宅公寓来实现。所有这些功能都服务于提高居民与社会的联系，使生活成本更易于管理。

云中花园

这个设计背后的另一个主要概念是生态化设计的益处。该设计的计划是为了大量回收用于建造屋顶公园和花园的土地。“漂浮”在中间的公园，在概念和形式上成为了统一两个建筑物的设计，鼓励居民们使用它们，通过这个与大自然美景接触的机会体验这个建筑的独特之处。

上图：该建筑的各个楼层内提供不同类型的住房、护理区和社区功能
中图：宽大高耸的建筑将云中花园倒映在河中
下图：许多楼层都有屋顶花园让人们亲近自然
效果图：德克萨斯农工大学

建筑事务所索引